JN133118

「地図感覚」から
都市を読み解く
——新しい地図の読み方
今和泉隆行
Takayuki Imaizumi
晶文社

装丁：MIKAN-DESIGN　美柑和俊＋滝澤彩佳

はじめに――都市を読む「地図感覚」とは？

何気なく地図を見ていて、こんな話をする人がいます。

「このへんは古い建物が多くて、昔からの中心地だけど、こっちのほうに新しい幹線道路と住宅地ができて、そっちにお店が増えて、人の流れが変わってきたんだね」と。

さらに、そこに住んでいる人々の年齢層や住民の気質の違いにも言及します。まるで行って見てきたかのようですが、そこには一度も足を運んだことがないようです。手品のような話ですが、彼は一体どこからその情報を得ているのでしょうか。

答えは地図です。地図そのものの中にさまざまな情報が折り畳まれているのです。人類が身の回りの生活フィールドを記録し、移動をはじめた頃から、「地図」は生まれました。地図は今に至るまで、絶えず進化を続けてきたのです。地図が正確であるかどうかで、ときに生死を分かつこともありました。そして移動を重ねるたびに地図は次々と更新されていき、その情報量は増す一方になっていきます。地図は、その時代の人々が求めたものが凝縮された図だったのです。

蟻や蜂はどこに餌があって、どこに危険があるかを互いに伝達し合っています。犬の中にも自分たちの行動範囲を匂いで読み解く匂いの地図のようなものがあるそうです。しかし、そうした情報を図化して共有できるのは人間くらいでしょう。

地図は、描かれた時代の世相を映したもので、複数の時代の地図を並べて見ると、歴史絵図にもなります。また、太古の昔は簡素な地図が多かったものの、時代を追うごとに情報量が増え、今や複雑なものになってきました。そして、現実という三次元（3D）の具体を二次元（2D）に落とし込んでいるので、それを読み解くのはそれなりに準備も必要になってきます。しかし、地図から現代の日常、世相を読む方法、地図の使い方は誰も教えてくれません。そのため、「地図が読めない」「地図は難しい」等々の苦手意識をもつ人も多いと思います。

地図は苦手で、自分では持っていないし、積極的に見ることもない……と言う人もいますが、そんな人でも、まったく見ないということはないはずです。車を運転する人はカーナビで地図を見るでしょう。初めて行く目的地や待ち合わせ場所でも住所だけ分かっていれば、スマホで検索すると地図が出てきます。このように、スマートフォンやカーナビで無意識に地図を見る機会は増えています。そのとき、多くの人は現在地と目的地と、その二点を結ぶ最短ルートをさがすことが多いでしょう。けれども、地図の使い方はそれだけではありません。冒頭のエピソードのように、地図から現代社会の日常に焦点を当てて、人々の生活や都市の動きを読み解くこともできるのです。地図が読み解けるようになると、どんなことが得られるのでしょうか。

- **理想の住環境や街、日常生活が地図から選べるようになる。**
- **ビジネスをはじめようとするとき、どこが適切か地図からわかるようになる。**
- **都市がこれまでどのように発展し、今後どのような展開になっていくか見通せるようになる。**

地図を読み解くためのキーワードは「**地図感覚**」です。聞きなれない言葉かもしれません。それも当然のことで、言いはじめたのは私です。人々が潜在的に持っている地理感覚や土地勘、経験を地図で引き出して読み解く感覚を、ここでは地図感覚と呼んでいます。

地図感覚を身につけた人には、不動産や建築等の実務でよく地図を見ていた人もいれば、ただただ好きで地図をよく見ていた人までいますが、どうやってこの地図感覚を身につけたのでしょうか。この質問をしても、多くの人は「なんかよく地図を見ているうちに、何となく読めるように……」とお茶を濁してしまいます。おそらく無自覚にその感覚を養っているからでしょう。

実は私もその一人で、地図を見てひとしきり話をしたあと「どうやって読み解いたの？」とたびたび聞かれることがありました。それが重なるうちに、これはある種の技能なのだということに気づきましたが、知らず知らずに身につけていたものだったのです。地図に出会った最初の頃（4、5歳頃）は地図で家の周辺の様子を眺めたり、目的地をみつけてその経路をさがすなど、いわゆる「普通の使い方」をしていましたが、そのうち未知の場所に興味が移り、見る範囲が広がっていきました。

そして実際にどこかに出かけたあとは、場所の違いと、その違いが地図上でどう描き分けられているかを見比べるようになったのです。それらをくり返すうちに、「**地図における法則性**」が何となく見えてくるようになりました。やがて、この法則性に慣れてくると、地図上の模様から、その場所の風景や状況のあたりがつけられるようになってきました。

申し遅れましたが、私は実在しない都市の地図を描く「空想地図」の作者で、現代の人間社会の日常を地図に描いています。この空想地図については「みんなの空想地図」（2013年、白水社）にまとめましたが、本書では空想地図ではなく、地図表現の中で重要な「地図感覚」を紐解いてまいります。この地図感覚があれば、地図を見たとき実際にどうなっているかその場所の様子がつかめ、土地勘もついてきます。もちろん私と同様、思い描いた風景を空想の地図として描くこともできるようになるでしょう。

私の主な仕事は、地理的な情報をつかみやすい形で伝えることです。文章、記事を書くこともあれば、デザイン、ワークショップ、講義、講演で伝えることもあります。現在、まさに地図感覚で仕事をしているようなものですが、そうした場で地図感覚そのものの話をすると反響が大きく、「地図の見方が変わった」「楽しめるようになった」という反応をいただきます。そこで、地図に抵抗感がある人でも読みながら楽しく地図感覚を身につけられる方法を紹介できればと思い、本書を執筆することにしました。

・縮尺が書かれていない地図でも、距離感が大体つかめる
・道路の模様からその土地の新旧や風景が見えてくる
・主要な施設の大きさや分布を見ると、都市の発展過程や集客力、街の賑わいが読み解ける

地図感覚は、こういった読み解きを可能にします。もちろんそこには実用的な利点もありますが、なにより見る人の日常や経験を感覚的に映したり、重ねたり、都市の全貌やその動きを俯瞰することに新鮮な楽しさがある、ということも伝えられればと思っています。これまでわからなかったことが感覚的につかめるようになると、いろいろな場所、いろいろな地図に出会ったときに、おもしろい発見ができるようになるでしょう。

地図を感覚的に読めるようになったとき、なじみのある地域の地図だけでなく、馴染みのない地域の地図を見ても、その地の日常や風景が浮かび、そこに自分が住んだら、という想像をすることができるようになります。それは今生きている日常に役立つとともに、ときに実用性をもたない空想の楽しみをも提供してくれるのです。

近年は「ブラタモリ」等で、それまでほとんど知られることのなかった地理、地図趣味が少しずつ知られるようになってきました。特に地形と歴史については多数の本が出版され、多くの人が興味を持っていることがうかがえます。しかし、本書で扱うような現代の日常や都市地図についての本はなく、なかなか話題にもあがりませんが、より身近に感じていただけるおもしろい切り口だと考えています。

地図を感覚的に読み解くポイントはいくつかありますが、前述の通りこれまで言語化されてきませんでした。地図は感覚的に、絵を眺めるようにして見える部分もあれば、データを読み取るようにして見える部分もあります。

そう言うと、複雑で難しそうですが、特に難しい知識や技術は不要です。データを読み取るように、と言っても、大小や密度、分布を比べるくらいです。どこをどう見比べるとどんなことが見えてくるか、簡単な解説を添えています。地図と解説の間を頻繁に行き来するので、左ページに地図を掲載し、その読み解き方を右ページで紹介することで、見開きで完結して読み解ける構成にしました。なお、本文中に出てくる地図には方角の表記がありませんが、すべて北が上になるように掲載しています。

現代においては、ネットで地図が見られるだけでなく、Ｇｏｏｇｌｅストリートビュー等で現地の風景が確認できるほか、過去の地図や航空写真、住んでいる人々の概況（人口、年齢層、その推移等）がわかる国勢調査の結果も、インターネット上で参照できます。その他地域情報も、あらゆるＷｅｂサイトで見ることができ、もはや「地図からあたりをつける」アナログな地図の読解技能は不要なのではないか、と思う人もいるでしょう。

目的とするエリア内の情報をただ参照するだけで良ければそれでも構いません。それが一体どういうことか、他の地域や過去と比較してどうか、今後はどうなりそうか、というように着眼点や疑問点を得て深めたい場合、その周辺の地域やその地域を含む「**土地の全体感**」をつかみたい場合、まるでその場に行ったことがあるかのような土地勘をつかみたい場合、案外アナログな地図感覚が役立ちます。

たとえば、ある地域の人口統計を見て、周辺に比べて若い年齢層が多いことが分かったとします。Ｗｅｂに頼る場合はここで終わりです。しかし別途、該当地域の地図を見ることで「ここは古くからの市街地で、周辺により新しい新興住宅地がある」ことに気づくと、新興住宅地のほうが年齢層が高く、逆にこの古い市街地で若年層が多い理由が気になってきます。

こうして新たな着眼点、疑問点を得て調べてみると、新たな事実が見えてくることがあります。アナログな感覚とインターネットの両方を行き来するように使えると、より色々なことが見えてくるでしょう。目が一つしかないと、平面的にしか見えないことが、目が2つあることで立体的に見えてくる……そんな人間の目のように、立体的にその地域を見ることができるようになります。

あらゆる場所に足を運び、足で稼ぐことは重要ですが、全国津々浦々のすべてを回るのは現実的ではありません。本書で紹介する地図感覚は、ネットのあらゆる情報と、足を運んで得られるあらゆる情報や空気感、こうした断片的な地理情報をつなげる感覚でもあります。あなたのあらゆる日常の断片や経験と地図がつながる新たな感覚、**新しい世の中の「つかみ方」**を紐解き、それを楽しんでいただければと思っております。

地図を読み解くと、理想の新生活が見つかる

ネット社会となった現代、ネットさえあればどこに住んでも同じかというと、案外そうでもありません。ほとんどの人が毎日どこかの職場や学校に出勤・通学せざるを得ません。仕事の選択肢や人間関係は依然として、住む場所によって大きく変わってきます。遠い場所への引っ越しは、人生の転換期にもなるでしょう。東京か地方か、でも大きく異なりますが、同じ東京、あるいは同じ地方都市でも、市街地、郊外の新興住宅地、田園地帯のどこに住むかで大きな違いが生まれます。

進学や就職、転職で見知らぬ土地へ引っ越す際に、職場や学校からの距離や家賃、家の設備や築年数で選ぶだけでなく、街の雰囲気や周辺環境で選びたい人も多いのではないでしょうか。土地勘のない場所では、そういった選び方はできないのでしょうか。見知らぬ新天地で、周辺をくまなく回るしかないのでしょうか。しかし、そのような時間を取れない人がほとんどでしょう。東京や大阪等の大都市に住むとなると、住む場所の選択肢は無数にありますが、自分に合った環境を知らないまま、たまたま見つけた物件のある街に住んでしまう人は少なくありません。

地図感覚さえあれば、地図を見ただけで大体の土地勘はつかめるようになります。街の個性や雰囲気、利便性、自然や開放感……人によって求めるものは違いますが、こうした違いも、地図から読み解けます。どんな雰囲気の街でどんな日常生活を送るか、その選択肢は無数にありますが、地図はそんな人生の選択の目次になるのです。本書ではこうした、日常を読み解く手がかりをご案内します。

地図を読み解くと、ビジネスが変わる

たとえば、新しくお店を開店するとします。ネットショップでない限り、どこでお店をはじめるかは重要です。賃料が高くても多くの人が行き交う場所にするのか、家賃を抑えて不便でもわざわざ来てもらうようにするのか、迷うところです。

古くからの街で、古くからずっと住んでいる人を集めるのか、さまざまな出身の人が家庭を持ってから引っ越してくる新興住宅地の人を集めるのか、歩いて来やすい店にするのか、車で来やすい店にするのか。周辺が電車や徒歩がメインの地域か、車移動がメインの地域かという違いも重要です。また、周辺にどんな店があるのか、店以外にはどのような集客施設があるのか、それによっても集まる人は変わってきます。

こうした違いは、実際に色々な場所に行ってみると分かります。もちろん、愚直にくまなく候補地を歩いて調べても良いでしょうが、すべての道を通り、すべての駅で降りることは現実的ではありません。地図を眺めた上で、おおまかなあたりをつけて選択肢をいくつかに絞り、実際に行ってみると良いでしょう。

お店をはじめるとなると距離感や風景だけでなく、どんな生活をしている人が、どのくらいの範囲から集まってくるのか、周辺の他の地域と何がどう違うかも気になってきます。本書では、こうした情報を読み解くヒントをご案内します。

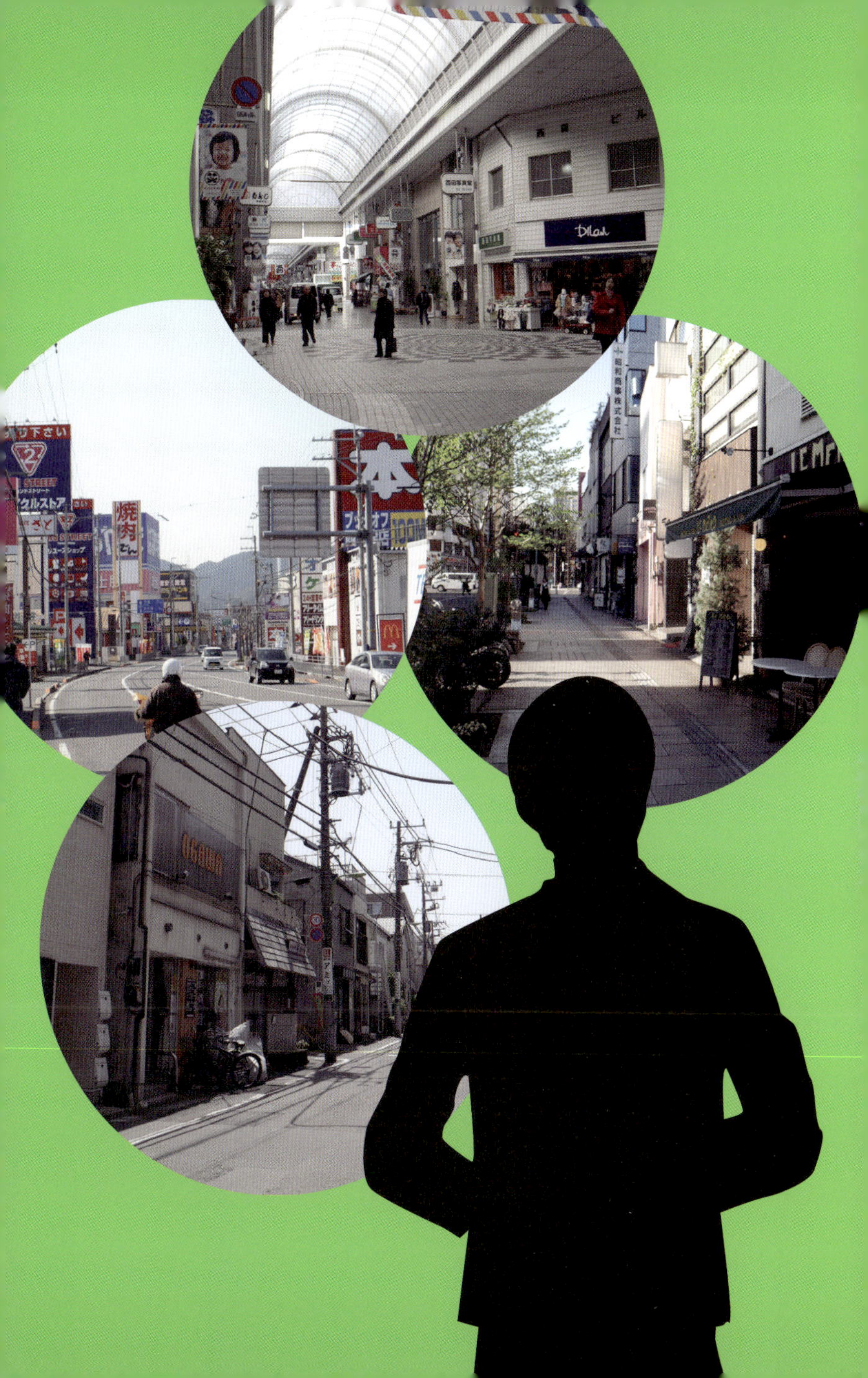

STREET
焼肉
本

「地図感覚」から都市を読み解く——新しい地図の読み方

目次

点と線でつかむ土地勘……20

面でつかむ土地勘……84

土地勘から都市勘へ……160

点と線でつかむ土地勘

突然「地図を見てみよう」と言われても、
どこを見ると何が見えるか、最初は分かりません。
そこでまずは、スーパーや学校、駅等、馴染みのあるもの、
想像のつくものを探してみましょう。
そしてその大きさを比べて見るのです。
近いですか？　行きやすいですか？　その距離感も重要です。
みつけた場所を「点」とすると、それぞれの点を結ぶ
経路や距離は「線」と言えます。
点となるスポットの大きさも重要です。体になじむ地図をみつけて、
実際の建物の大きさや距離の体感と、
地図上の大きさや長さの感覚をつなげていきましょう。

1 体になじむ地図をみつける

➡p.23

2 身近な場所の大きさを地図で見る

➡p.41

3 地図上の長さと距離の体感をつなげる

➡p.63

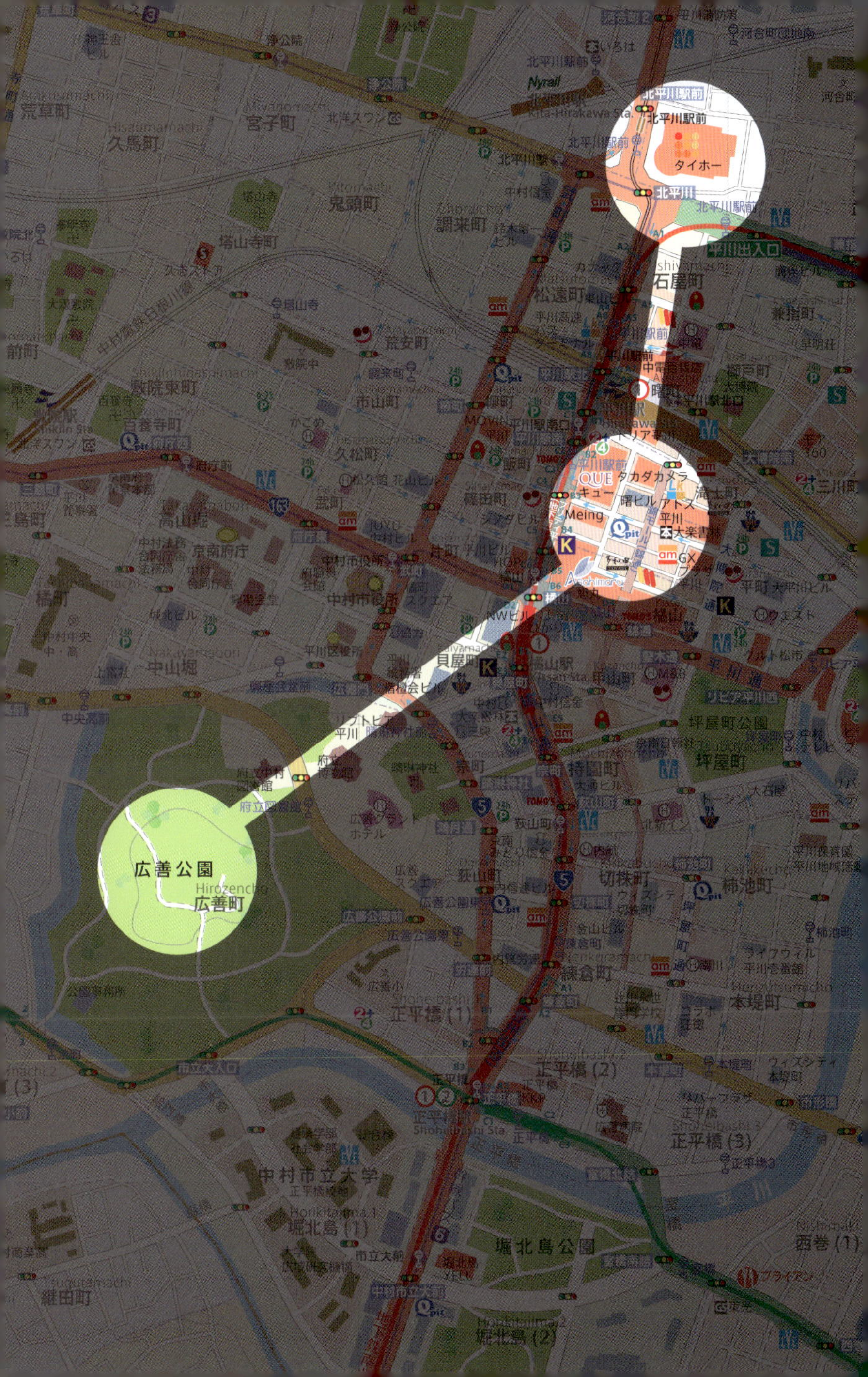

北平川駅前
タイホー
北平川
石屋町
QUE キュー
タカダカメラ
アトス
平川
Meing
GX
広善公園
Hirozencho
広善町
荒草町
宮子町
久馬町
鬼頭町
塔山寺町
調来町
松遠町
荒安町
敷院東町
市山町
百養寺町
久松町
武町
高山堀
京南府庁
中村市役所
中山堀
貝屋町
持園町
坪屋町
坪屋町公園
切株町
柿池町
練倉町
本堤町
正平橋 (1)
正平橋 (2)
正平橋 (3)
中村市立大学
堀北島 (1)
堀北島公園
堀北島 (2)
継田町
西巻 (1)
兼指町
平川

点と線でつかむ土地勘

1

体になじむ地図をみつける

学校で使った地図帳、場所を検索したら自動的に現れる地図サイトやアプリ……地図は、与えられるばかりになっていませんか？　時と場合、好みに応じて、地図を選んでみましょう。この章は、一見情報量が多いですが、慣れるとひと目で情報がつかめる「都市地図」にフォーカスします。まずは、人の多いところを地図で読み解いてみます。

道具が体になじむまで

地図の話に入る前に、何か1つ、使い慣れた道具を思い出してください。なかでもこだわって選んだものは、使えれば何でも良い訳ではなく、使い勝手や性能に重宝していることでしょう。このように選んで買ったものを思い出してみましょう。

たとえば、包丁には色々な種類があります。包丁の選び方をネットで検索すると、色々な種類の包丁と使い方が出てきます。料理の経験がないと、ただただ種類の多さに圧倒され、結果的に万能な包丁を選ぶことになるでしょう。しかし、硬くて繊維質の根菜類と、柔らかくて細胞のつながりが強い肉類では、切る際の力の入れ方は違います。このように素材ごとの切りやすさ、切りにくさを覚えていると、包丁を選ぶとき、刃の長さや薄さ、持ち手の形を見ながら「こんな包丁だと楽だな……」と、体になじんで使いやすいシーンを想像します。

道具には用途や志向、目的によって多様なラインナップがあるように、地図にもさまざまなラインナップがあり、自分になじむものを探してみることが重要です。無意識に与えられる地図――

学校では地図帳、最近の日常ではGoogleマップ——だけを使う人も多いのですが、用途によって使い分けるのがベストです。

Googleマップは、さすがは検索で創業し、今や世界の情報を束ねる標準型を作るGoogleの地図で、検索性には優れています。目的地やそこまでのルートを検索する地図の代表格、Googleマップは、手元のスマホで無料で使える地図として、世界中で爆発的に普及しました。

下の地図は神奈川県川崎市の主要駅、新百合ヶ丘駅前の地図です。近くで日用品や食品はないかとGoogleマップで「スーパー」を検索すると、スーパーの店名や位置が出てきます。都市地図は検索性には優れない一方、そのときの目的地以外の情報が多数載っています。日用品を揃える他の選択肢としてドラッグストアがあること、ついでに空き時間を過ごせるファストフード店、カフェが複数あることも分かります。このように、検索した時点で思いつかない目的地がみつかることもあります。目的地や検索ワードがはっきりしないときの行き先探し、街の全体的な雰囲気を確認したいときにも都市地図は重宝します。

都市地図

Googleマップで「スーパー」を検索した場合

いろいろな地図の得意分野

見たいものや用途によって、どんな地図が適しているかを左の表にまとめました。世界地図や地図帳、道路地図、衛星写真等、広域を見渡すものや、地質図のような専門的な地図は、ここでは割愛し、建物や小さな道路等の情報が載った、詳細な地図に絞って紹介します。無料のネット地図、地図アプリは、Ｇｏｏｇｌｅマップ❸に限りません。ここで紹介するＹａｈｏｏ！地図❺、マピオン地図❻は、パソコンのブラウザから見られるサイトと、スマートフォンで見られるアプリの両方があります。この他にも、ＭａｐＦａｎ、いつもナビ、Ｂｉｎｇ地図といった地図サービスがあります。

しかしネット地図では、学校で習う地図記号を見かけません。地図記号は国土地理院が発行する地形図❷で使われる記号ですが、特に公共公益施設や植生の情報をカバーしています。左ページのサンプルでも、地形図では左上の〇（区役所）、⊕（病院）、Y（消防署）が目立ち、右下の建物については特に情報がありませんが、都市地図❹では右下にイオンやマクドナルドのアイコンがあり、商業施設が集まっていることが分かります。このように、得意とする情報が地図によって異なり、ビジュアルも異なるので、それぞれの地図の強みを知っておいて損はありません。本書で紹介するような都市観察には昭文社の都市地図、Ｙａｈｏｏ！地図、マピオン地図が向き、地形や植生等、自然環境の観察には地形図が向いています。また、地図には著作権があり、加工や利用は制限されています。ＯｐｅｎＳｔｒｅｅｔＭａｐ❽は、案内図や説明図を作る際に、加工、転載のしやすい地図として重宝します。

地図は目的に応じて使い分けると便利

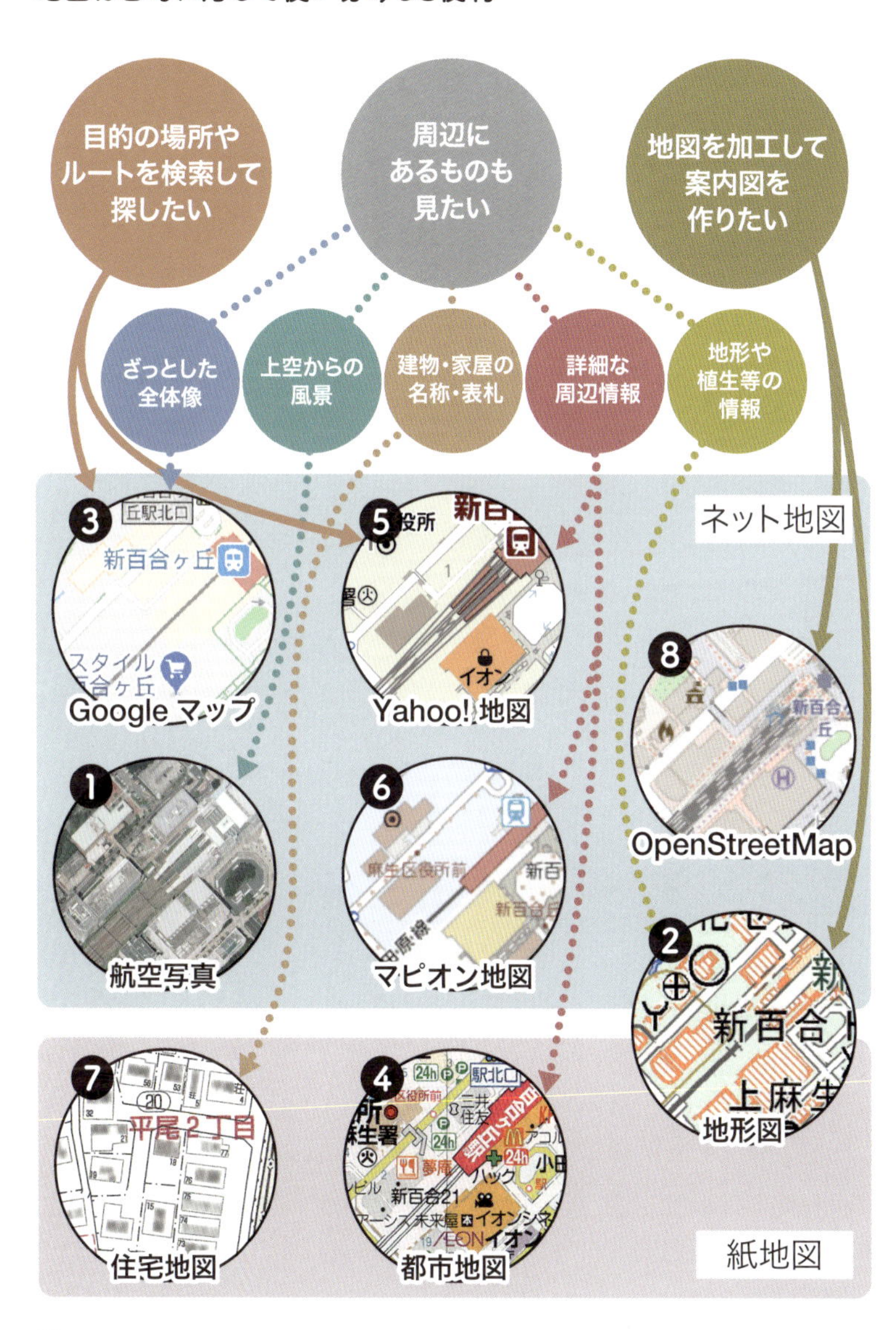

航空写真と地形図

地図はどのようにして作られるのでしょうか。かつて伊能忠敬は、日本中の海岸や街道をひたすら歩いて天体観測をしながら位置を測り、地図を作りました。現在では全国各地に測量のためのポイント（基準点）が置かれ、それぞれの緯度と経度、標高と、基準点同士の距離や位置関係が測られています。その他、撮影用の飛行機から撮られた航空写真（空中写真）も地図製作で用いられます。

航空写真❶は、以前はなかなか見ることのできない貴重なものでしたが、今ではネット地図で簡単に見ることができるようになりました。国土地理院はこれを「空中写真」と呼んでいますが、同じ意味です。航空写真を見てみると、建物の形や道路、線路、樹木や畑地の色まで見えてきますが、ここがどこかは分かりません。道路も樹木に覆われていると、そこが道路かどうかも分かりません。上空から見えるものしか写っていないからです。そこで必要な情報を調査して載せたのが地図です。

地図の本家本元は地形図❷で、市販の地図やネットの地図は、地形図の情報をもとに各社で情報を付加、編集、デザインして作られています。地形図は2013年から大小すべての建物が赤色で描かれ、地形の陰影がグラデーションで描かれるようになりました。ここでは◯（区役所）、⊗（警察署）、〒（郵便局）といった地図記号が見られますが、地形図の強みは当然「地形」です。等高線がはっきりと描かれ、‖（田）、∨（畑）、Q（広葉樹林等）といった土地利用も地図記号で示されています。地形や植生に強く、山間僻地までくまなくカバーされているため、研究者や専門家の他には、とりわけ登山者に愛用されています。

❶航空写真（空中写真）

❷地形図（2万5千分の1地形図）※2.5倍に拡大

※地形図は2万5千分の1の縮尺で作られていますが、他の地図と揃えるため、2.5倍（1万分の1）に拡大しています。

Googleマップと昭文社都市地図（マップル）

今や地図と言えば、誰もが身近に見ているのがGoogleマップ❸でしょう。改めて見てみると、豊富な情報を有する割に、見た目はとても情報が少なく、色も薄く描かれています。「目的地を検索して使う地図」ゆえ、検索結果のスポットやルートがはっきり見えるよう、下地となる地図は最低限の情報に絞られているのでしょう。より詳しい情報は、検索するか、拡大することで見えてきます。見た目のシンプルさから、ざっとした全体像を把握するのに向いています。また、風景写真が見られるストリートビューの他、GPSの軌跡を日別に記録できる等、できることは豊富です。

対照的なのが都市地図❹です。大手地図出版社の昭文社では、ここで紹介するような詳細な地図を都市地図、主要道路のみが描かれた広域のものを道路地図と定義しています。こちらは同社の冊子地図『街の達人』シリーズですが、多くの文字情報や色が詰め込まれているのが特徴です。新百合ヶ丘駅周辺を見ると、スーパーやコンビニのロゴが描かれ、どんな店があるかが分かります。主要な施設やマンションの名称、番地（住居表示・地番）、交差点名、バス停名も入っており、行き先や目印になる場所が入っています。そのかわり、等高線は少々薄く描かれており、土地利用は描かれません。地形図が公共公益施設と地形、植生を重視する一方、都市地図は日常生活と移動に関する情報を最大限詰め込んでいます。ネット地図普及までは最もポピュラーなものでしたが、現在でも書店やコンビニにあります。筆者はそんな都市地図で育ち、本書で紹介する地図感覚を身につけました。

❸Googleマップ
1:10,000
0 50 100 150 m
Googleマップ
5倍に拡大
(2000分の1)
万福寺
日本映画大学
百合ヶ丘キャン
1丁目
新百合ヶ
丘駅北口
奈川県 麻生警察署
新百合ヶ丘
イオンスタイル
新百合ヶ丘
木下の保育園
新百合ヶ丘
上麻生隠れ
谷公園
古沢
1丁目
昭和音楽大学 南校舎
小田急多摩線
新百合ヶ丘駅周辺(川崎市麻生区)
❹都市地図(昭文社 街の達人でっか字)
1:10,000
0 50 100 150 m
昭文社 街の達人(全神奈川)
万福寺6
駅入口
麻生局
エムエスビル
ホンダ
クロス
アベニュー
ハイパー
フィットネスクラブ
麻生郵便局前
万福寺1
日本映画大
昭和音楽大・短大部北校
シーズン
アリーナ
道路公園センター
KYリカー
麻生文化センター
図書館
アコルデ
麻生警察署前
麻生署
トヨタ
レンタリース
麻生区役所
麻生署
駅北口
新百合ヶ丘駅
ヶ丘総合病院
平尾入口
スエヒロ館
日産
区役所前
ファインビル
新百合21
小田急OX
古沢
パークハウス
3番街
麻生小
麻生区役所南側
アーシス
未来屋
イオンシネマ
イオン
コナカ
コーポラティブ
ハウス
隠れ谷公園
スポーツクラブ
みずほ
WTCビル
横浜
古沢入口
古沢
共和橋
北島
工務店
パークハウス
トヨペット
市民交流館
しんゆり 2番街
あさのみ
アトリーム
パーク
ハウス
リーヴァットサル
クラブ
昭和音楽大・
短大南校舎
上麻生
コゼット
レガートプレイス
スポーツセンター入口
ベルクレエ
クリニック
新百合ヶ丘駅周辺(川崎市麻生区)

Yahoo!地図とマピオン地図

ここでお見せする2つの地図は、Googleマップと都市地図の間とも言えるデザインです。Yahoo!地図❺の提供元、Yahoo!JAPANはネット企業ですが、地図出版社（アルプス社）を吸収したため、地図会社の地図の作り方を受け継ぎ、最近まで都市地図のようなビジュアルでした。しかし現在は、Googleマップに近いビジュアルになっています。以前は商業施設は橙色、公共施設や学校は茶色、文化体育施設は紫色で描かれ、色分けがなされていましたが、今は商業施設のみピンク色、それ以外の建物は灰色で描かれています。

マピオン地図❻も、都市地図に近いデザインです。Yahoo!地図と同じく建物の種類によって色分けがなされ、市町村区境やバス路線、バス停名が描かれる他、町域（異なる町は異なる色で塗り分けられている）もはっきり読み取れます。印刷して持って行く際にはベストな地図で、「ネットで見られる紙地図」と言っても良いでしょう。これはすべてのネット地図に共通しますが、拡大してある程度以上の拡大率にすると、道路や建物の詳細な形状が表示されます。

こうした、多くの情報を載せるデザインの工夫は、都市地図の進化で培われたものですが、目的地が目視でみつかるだけではありません。少し範囲を広げて眺めるとどこが街で、どこが住宅地で、どこが田舎か……といった様子もなんとなく見えてきます。このように、スポットの情報だけでなく、なんとなく風景や雰囲気を感じ取ることができます。

❺Yahoo!地図

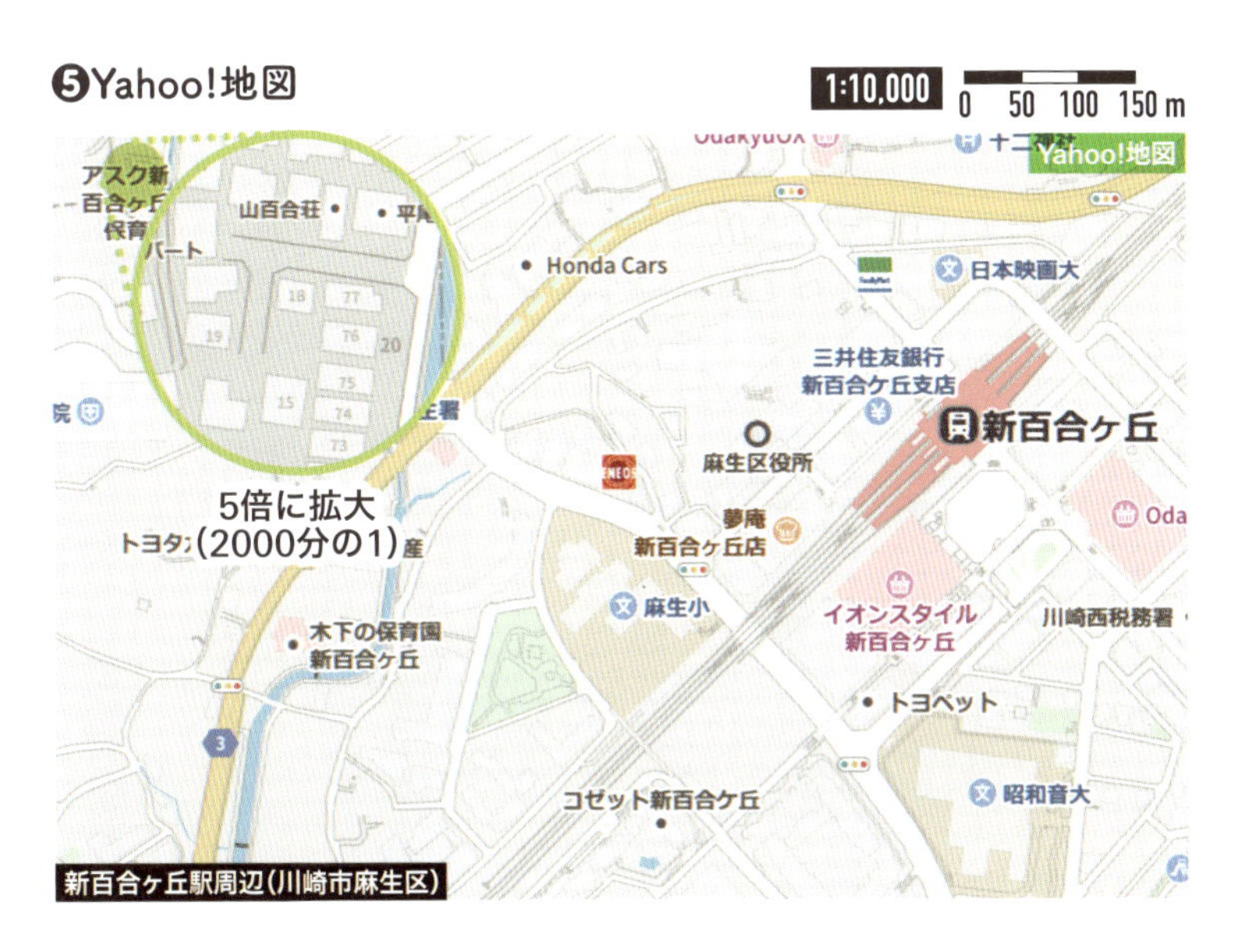

❻マピオン地図

住宅地図とOpenStreetMap

Ｙａｈｏｏ！地図やマピオン地図の元データはゼンリンのものですが、同社の発展を支えたロングセラー商品が住宅地図❼です。全国のほぼすべての建物の名称（施設名、店舗名、表札に記された個人宅名）が記されています。左の地図は他の地図と同じ縮尺になるよう縮小したため、文字はほとんど見えませんが、実際にはこの3〜7倍の、縮尺1500〜3000分の1の縮尺です。民間業者作成の地図ながら、消防署をはじめ官公庁の利用が多く、公的な地図のような面もあります。ネット地図の見た目とは異なりますが、ゼンリンは目的地となり得る網羅的な建物データを持っていたことで、どんな目的でもみつかるカーナビやネット地図ができています。

ゼンリンや昭文社は、地形図のデータをもとに地図を作っていますが、独自の調査結果（建物や道路等の情報）を付加して商品にしているため、著作権があり、無許可での加工や転用ができません。地形図のデータは国土地理院が非営利目的で作成しているため、利用は容易です（量が多い場合や営利目的の場合は要申請）。しかしこの流れとはまったく異なるオープンソース（無償公開、自由に加工、転用が可能）の地図もあります。地図界のウィキペディアと言われるＯｐｅｎＳｔｒｅｅｔＭａｐ（オープンストリートマップ）❽です。注記を入れれば利用は自由で、キャプチャした地図を背景に案内に案内したい情報を入れ、案内図を作って公開する等の加工、活用ができます。有志の個人が現地情報を付加して作っているため、詳しいところとそうでないところの差がある点は要注意です。

❼住宅地図 ※0.15倍に縮小

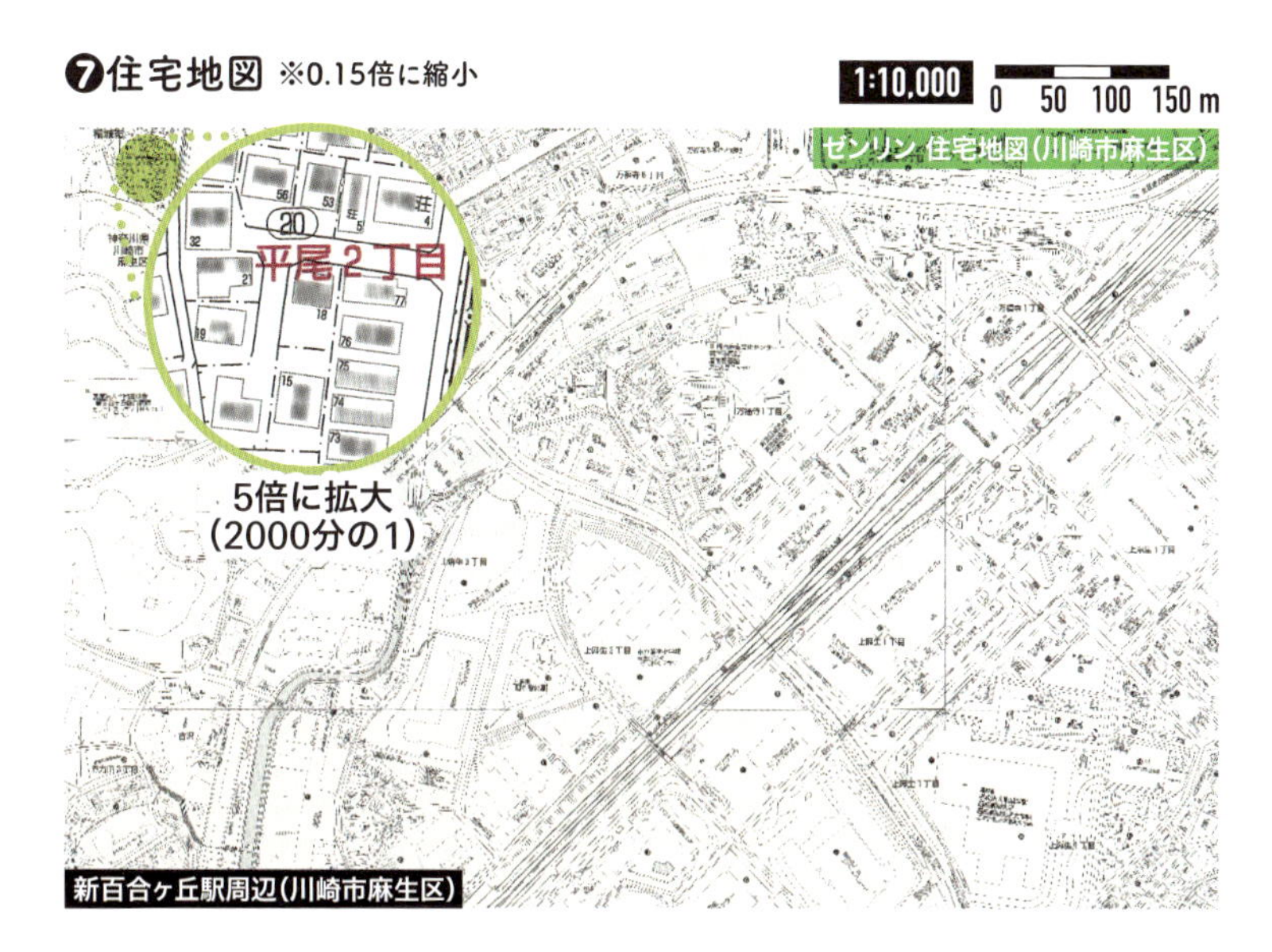

❽OpenStreetMap

人が多く集まるところは、地図上でも文字と色が賑やか

当たり前すぎて、どんな本にも書いてないことですが、誰も書かないのであえて書いてみます。多くの人が集まるところは、地図で見ると文字や色が多くなっていて、地図上から賑わいを感じることができます。さて、なぜそうなるのでしょうか。

とりわけ都市地図は、多くの人の目的地や目印となる場所が描かれます。また、老若男女、多種多様な人を集める街は、商業施設から公共施設、オフィスビル、駅やバスターミナル等の交通拠点があり、それらが狭い範囲に集中するため、文字や色の情報が密集します。

左の地図は新横浜駅周辺の地図です。ぱっと見の印象でも明らかに、北西（左上）と南東（右下）で文字と色の密集度が異なります。北西の北口は街で、往来する人も多そうです。商業施設も多少ありますが、多いのはオフィスビルで、新幹線停車駅の強みを活かしたビジネス街になっています。対照的なのは南東の篠原口で、学校以外はとりわけ大きな施設が見当たりません。

余談ですが、このような差はなぜ生まれるのでしょうか。都市部では基本的に都市計画で建てられる建物の用途や高さを規定していますが、新横浜駅周辺では、北西は規制の少ない商業地域、南東は低層の住宅に限って建てられる低層住居専用地域が主体になっています。新横浜駅の開業（1964年）以前は、むしろ北西側のほうが建物も人気もなく、田畑が広がっていましたが、駅の開業を機に一気に北口側が都市化して現在に至っています。

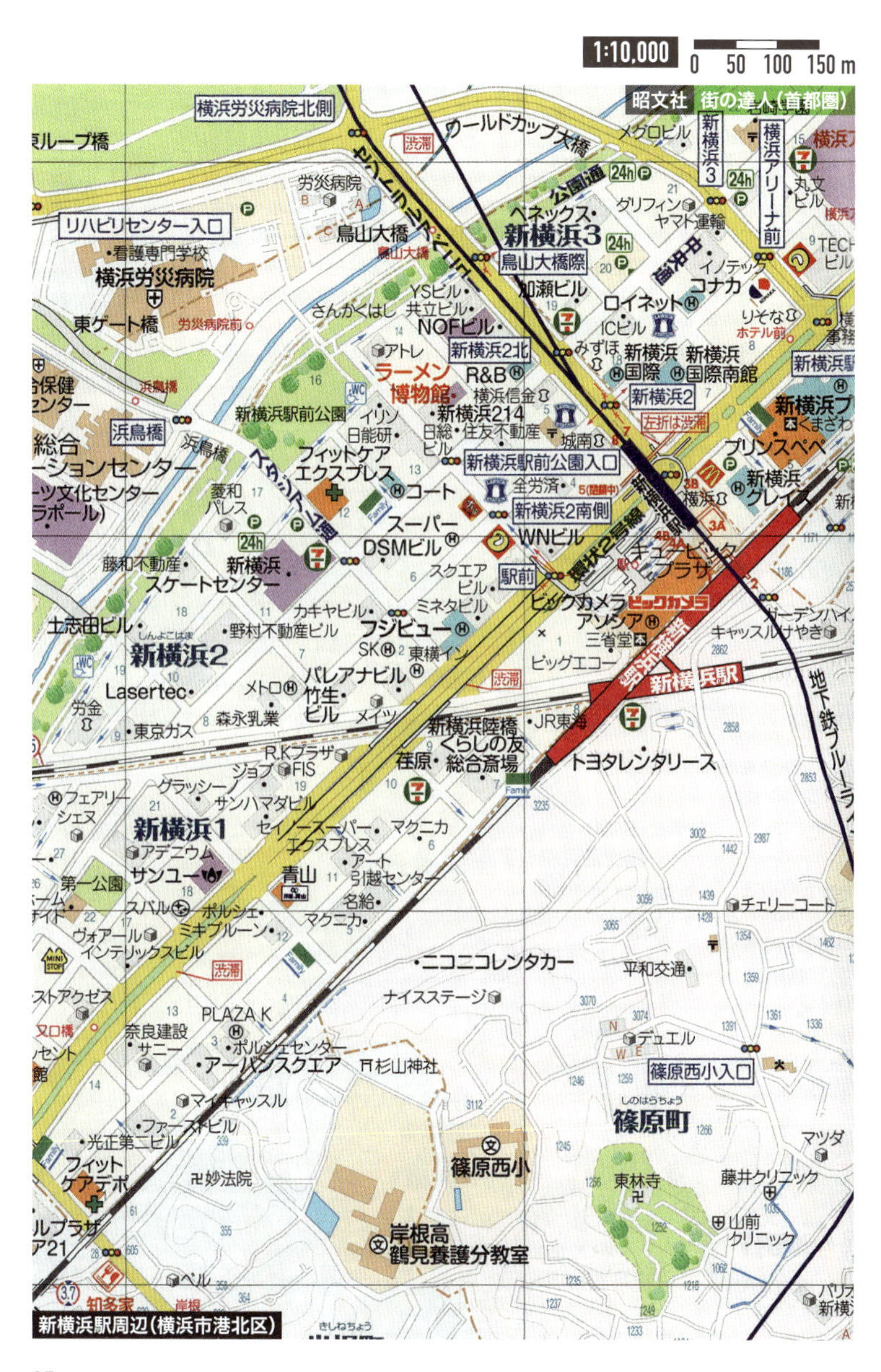
1:10,000
0 50 100 150 m
昭文社 街の達人(首都圏)
横浜労災病院北側
ワールドカップ大橋
メグロビル
新横浜3
横浜アリーナ前
丸文ビル
労災病院
鳥山大橋
公園通
ベネックス・
新横浜3
グリフィン
ヤマト運輸
リハビリセンター入口
看護専門学校
横浜労災病院
鳥山大橋際
加瀬ビル
中央通
イノテック
コナカ
TECHビル
東ゲート橋
労災病院前
さんかくはし
YSビル
共立ビル
NOFビル
ロイネット
ICビル
りそな
ホテル前
新横浜2北
みずほ
新横浜国際
新横浜国際南館
新横浜駅
ラーメン博物館
R&B
横浜信金
新横浜2
浜鳥橋
新横浜駅前公園
イリソ
日能研
新横浜214
日総ビル
住友不動産
城南
左折は渋滞
新横浜プ
くまざわ
プリンスペペ
新横浜駅前公園入口
フィットケアエクスプレス
コート
スタジアム通
菱和パレス
全労済
新横浜グレイス
新横浜2南側
スーパー
DSMビル
WNビル
環状2号線
横浜
キュービックプラザ
藤和不動産
新横浜スケートセンター
スクエアビル
駅前
ミネタビル
ビックカメラ
カキヤビル
フジビュー
アソシア
三省堂
ガーデンハイツ
キャッスルみやき
土志田ビル
野村不動産ビル
SK
東横イン
しんよこはま
新横浜2
ビッグエコー
パレアナビル
竹生ビル
渋滞
新横浜駅
地下鉄ブルーライン
Lasertec
メトロ
労金
東京ガス
森永乳業
メイツ
新横浜陸橋
JR東海
くらしの友総合斎場
R.Kプラザ
ジョブ
FIS
荏原
トヨタレンタリース
フェアリーシェヌ
グラッシーノ
サンハマダビル
新横浜1
セイノースーパー・エクスプレス
マクニカ
アデニウム
サンユー
第一公園
青山
アート引越センター
スバル
ポルシェ
ミキプルーン
名給
マクニカ
チェリーコート
ヴォアール
インテリックスビル
ニコニコレンタカー
平和交通
ナイスステージ
PLAZA K
奈良建設
サニー
ポルシェセンター
アーバンスクエア
杉山神社
デュエル
篠原西小入口
マイキャッスル
しのはらちょう
篠原町
ファーストビル
光正第二ビル
フィットケアデポ
篠原西小
マツダ
妙法院
東林寺
藤井クリニック
岸根高
鶴見養護分教室
山前クリニック
ベル
知多家
新横浜駅周辺(横浜市港北区)

特に人が集まり、地価が高いところにできるものは?

大都市で、特に人が多いところはどうなるでしょうか。前ページと同様、文字と色の賑わいは強くなりますが、特に人が多いところは大型商業施設が数多く立地し、都市地図では商業施設を示す橙色(朱色)の面積が広くなります。最も地価の高いポイントには大型商業施設が出店することが多いですが、こうしたところは通行人が多く、来客数と売上が見込めます。オフィスビルや金融機関も一等地に立地することがありますが、商業施設ほどその効果は大きくありません。最近の再開発は上層階がオフィスビルやマンション、低層階が商業施設、というパターンが増えています。

左の地図は、名古屋市の中心部、栄の地図です。栄駅(地下鉄)と栄町駅(名鉄瀬戸線)と書いてあるあたりがこの街の中心地で、地下街も広がっています。栄駅付近を見ると、三越を中心に、南方面はラシック、松坂屋、パルコ、西方面はスカイル、丸栄(現在は閉店)と大型商業施設が並んでいます。栄駅を南北に貫く、緑地を伴った大通り(久屋大通)を境に、西(左)側は行き交う人も多く、商業施設が立地しますが、さらに西には名古屋駅があり、栄と名古屋駅との間はオフィス街が広がっています。東(右)側は、中日ビル(2019年現在建て替え中)の他、オフィスビルや区役所が並び、こちらもオフィス街になっています。

栄周辺は大通りのみならず、小さな通りも道幅が太くなっています。新横浜も、駅北側だけは小さな通りの道幅が太くなっていました。人の往来、車の往来が多いところは、可能な限り道路が広く作られます。しかし戦災や震災を免れた都市では道路を広げられず、この限りではありません。

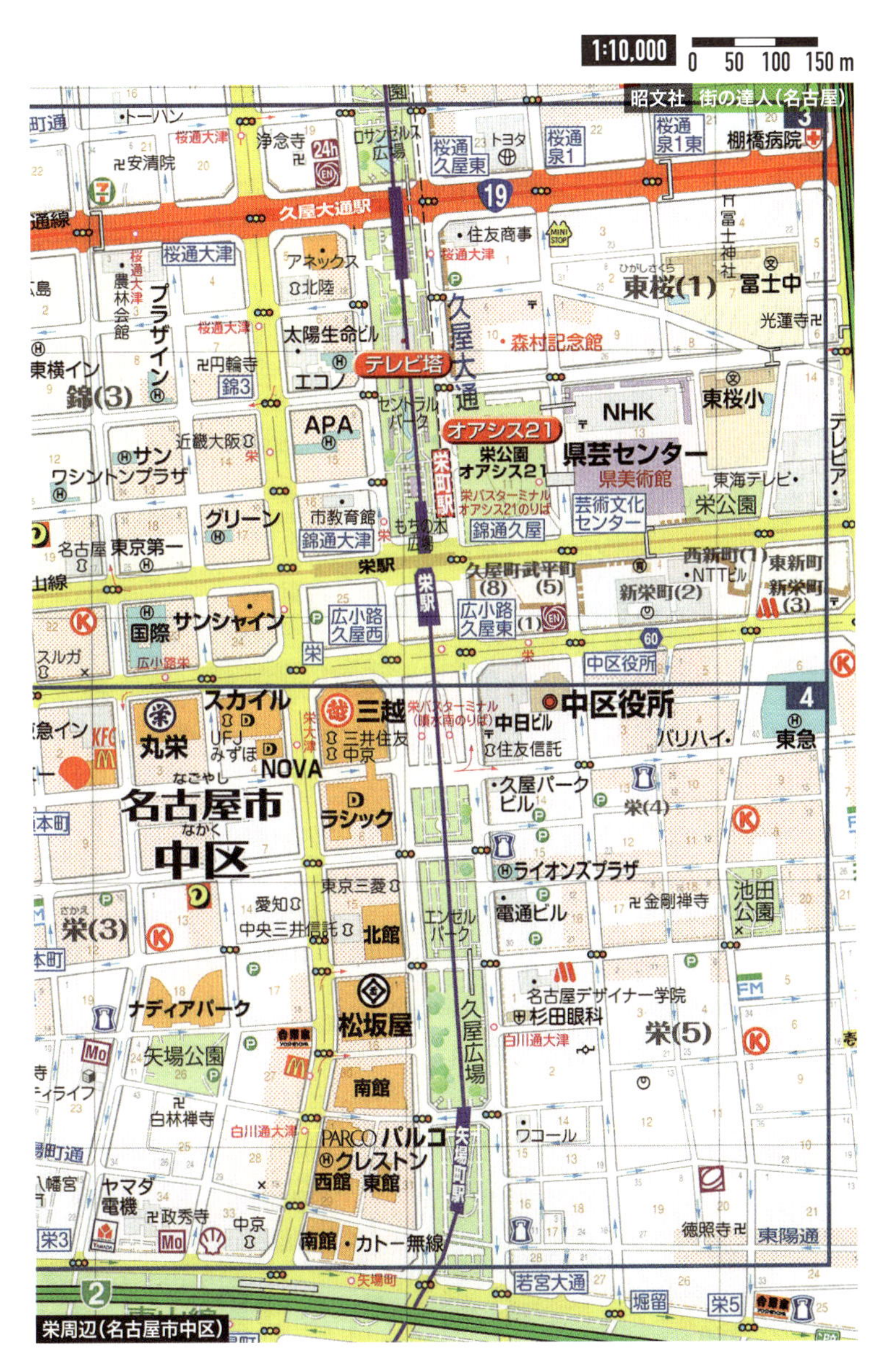
1:10,000
0 50 100 150 m
昭文社 街の達人（名古屋）
栄周辺（名古屋市中区）
久屋大通駅
久屋大通
テレビ塔
オアシス21
栄町駅
栄駅
矢場町駅
栄公園
オアシス21
栄バスターミナル
オアシス21のりば
NHK
県芸センター
県美術館
芸術文化センター
東桜(1)
富士中
東桜小
冨士神社
光蓮寺
森村記念館
住友商事
トヨタ
棚橋病院
錦(3)
栄(3)
栄(4)
栄(5)
名古屋市
中区
中区役所
中日ビル
丸栄
三越
松坂屋
ラシック
パルコ
クレストン
北館
南館
西館
東館
NOVA
ナディアパーク
矢場公園
久屋広場
エンゼルパーク
セントラルパーク
池田公園
新栄町(2)
新栄町(3)
東新町
西新町(1)
久屋町
武平町
(8)
(5)
(1)
広小路久屋東
広小路久屋西
錦通久屋
錦通大津
桜通大津
桜通久屋東
桜通泉1
桜通泉1東
若宮大通
東陽通
白川通大津
APA
サンシャイン
国際
グリーン
東京第一
サン
ワシントンプラザ
東横イン
プラザイン
ライオンズプラザ
電通ビル
ワコール
名古屋デザイナー学院
杉田眼科
金剛禅寺
徳照寺
白林禅寺
政秀寺
円輪寺
浄念寺
安清院
ヤマダ電機
カトー無線
東海テレビ
テレピア
パリハイ
東急
久屋パークビル
市教育館
もちの木広場
太陽生命ビル
アネックス
北陸
エコノ
近畿大阪
三井住友
中京
UFJ
みずほ
住友信託
東京三菱
愛知
中央三井信託
スルガ
NTTビル
ロサンゼルス広場
19
60
2

2 身近な場所の大きさを地図で見る

地図で目的地を探すと、その地点を「点」で見ることが多いですが、目的地の敷地や建物の広さを比べて見てみましょう。学校、駅、スーパーは、それぞれどのくらい違う大きさ、広さなのでしょうか。「よくある大きさ」を知っていると、地図で未知のスポットをみつけても、その規模感がなんとなくつかめてきます。

大きさへの違和感

左のイラストは、誰でも見たことがある日用品や食材を描いてみたものです。しかしよく見ると、大きさがちぐはぐです。左上の切ったりんごに対して、添えられたフォークが小さすぎるのか、あるいはりんごが大きいのか分かりませんが、大きさに差がありすぎます。下のボックスティッシュはりんごに比べてかなり小さなサイズです。右下にマグカップがあり、お茶を入れようと三角形のティーバッグを入れようとしていますが、大きすぎて入りそうにありません。言われてみると、この違和感にはすぐに気づくことでしょう。

使い慣れたもの、見慣れたものについては、大きさの違和感をすぐに感じ取ることができます。しかしそれも、自分の体よりは小さくて、肉眼で大小が分かりやすい大きさで、同時に見比べたことがあるものに限られます。小さいものだと、ゴマの粒の大小、茶葉の大小にはなかなか気づきにくいでしょう。大きいものだと、学校や競技場、ショッピングセンターといった構造物もあれば、湖や島といった広い範囲のものもありますが、地図はこうした、肉眼では全貌を捉えられないほど大きなものを、人々の視野に収まるように大幅に縮小したものです。

学校や競技場、ショッピングセンターは、馴染みがあっても並べて大きさを見比べる機会はなかなかありませんが、地図ではこれらを見比べることができます。色々なものの大きさに見慣れてくると、地図を見ても左のイラストのように、感覚的な大小、違和感がつかめるようになります。

SOFTY
SOFTY

この地図のどこがおかしいか分かりますか？

　ここでも実在しない都市の地図、空想地図を作ってみました。一見普通の地図ですが、よく見るとどうもおかしい……。地図を見慣れている人なら、前のページ同様、一瞬で気がつくはずです。さて、どこがおかしいのでしょうか。まず地図上部の「古輪小学校」の大きさは目立ちますが、どのくらいだと自然な広さでしょうか。岩館駅前にある「バリューS」は、きっと安価な食品スーパーで、地図の右の海岸沿いにある「ファインモール」は大型モールでしょう。そうするとバリューSよりファインモールのほうが格段に大きそうですが、どちらの大きさが正しいのでしょうか。ワンライフドームは屋内野球場でしょう。屋内野球場と言えば「東京ドーム○個分」とはよく聞くものですが、ドームってどのくらいの大きさなのでしょうか。

　縮尺を見ると「1万分の1」ですが、地図上の1㎝が、実際の100mの距離です。岩館駅から浦田町駅、公会堂前駅……と伸びる鉄道ですが、地図の右上に行くと、路上を走り、交差点を90度曲がっていきます。11～13mの長さの路面電車なら曲がりきれるものの、18～20mの一般の列車だと曲がりきれないでしょう。ホームの長さを見ると約2㎝、つまりは200mです。一体何両編成の電車が来るのでしょうか。ホームの長さにも要注目です。小学校やスーパー等、行く機会が多くても、案外何m四方なのか、考える機会はありません。次ページ以降で、この地図の間違いをひとつずつ解き明かしていきます。ぜひ、あなたの身近な地域で似た場所の大きさを、手元の地図で探して、見比べて大きさの感覚をつかんでください。

違和感のある空想地図

1:10,000 0 50 100 150 m

全国各地で必ずみつかる小中学校

ほとんどの人が定期的に行った経験をもつ、数少ない施設が小中学校です。平均的な小学校の面積はおおむね100~150m四方です。文部科学省の学校設置基準によると、運動場（校庭）の最低面積として、小学校は2400㎡（正方形換算、約49m四方）、中学校は3600㎡（同60m四方）の面積を要します。これに加えて校舎が建てられるため、これより一回り広い敷地面積になります。

左ページの点線で囲ったところが一般的な面積の小中学校です。都市部の小学校は朱雀（すざく）第一小学校のように約100m四方の敷地ですが、たとえ田舎で広い敷地がとれても、一辺はその1・5倍くらいです。古くからの市街地でない限り、甲東小学校や清里小学校のような面積が一般的です。鶴見小学校に隣接する鶴見中学校、宮西小学校に隣接する北中学校を比べて見てみると、中学校のほうが広くなっているのが分かります。

例外もあります。東京や大阪の都心の小学校は非常に狭く、体育館やプールが見当たりませんが、敷地が狭い場合、校舎と一体になっていることがほとんどです。また、阿寒湖小学校や北陽小学校のように、北海道ではかなり広い敷地の小学校が見られます。北陽小学校は、生徒数約1400人、40学級（1学年平均200~250人、6~7クラス）で、現在生徒数が全国最大の小学校です。中学校は全国的に、猿島（さしま）中学校のような広い敷地をもつ学校が多々あります。小学校は全国で2万校（中学校は1万校）あるので、地図を見ていてもすぐにみつかることでしょう。

小学校はだいたい100～150m四方

**東京・大阪
都心部は狭い**

東京・大阪の都心部は60～80m四方であることも多い。

一辺100~150m前後

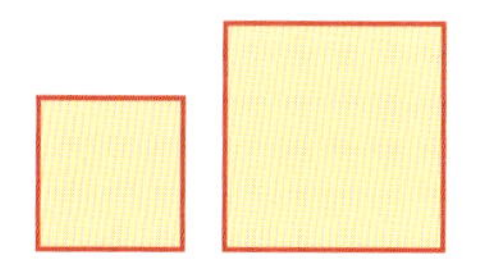

**平均的な
小学校の面積**

都市から地方まで、一辺100～150m四方であることが多い。

一辺200m前後

**北海道の小中学校と
全国的に中学校は広い**

北海道の小中学校と、全国的に中学校は広いことも多い。

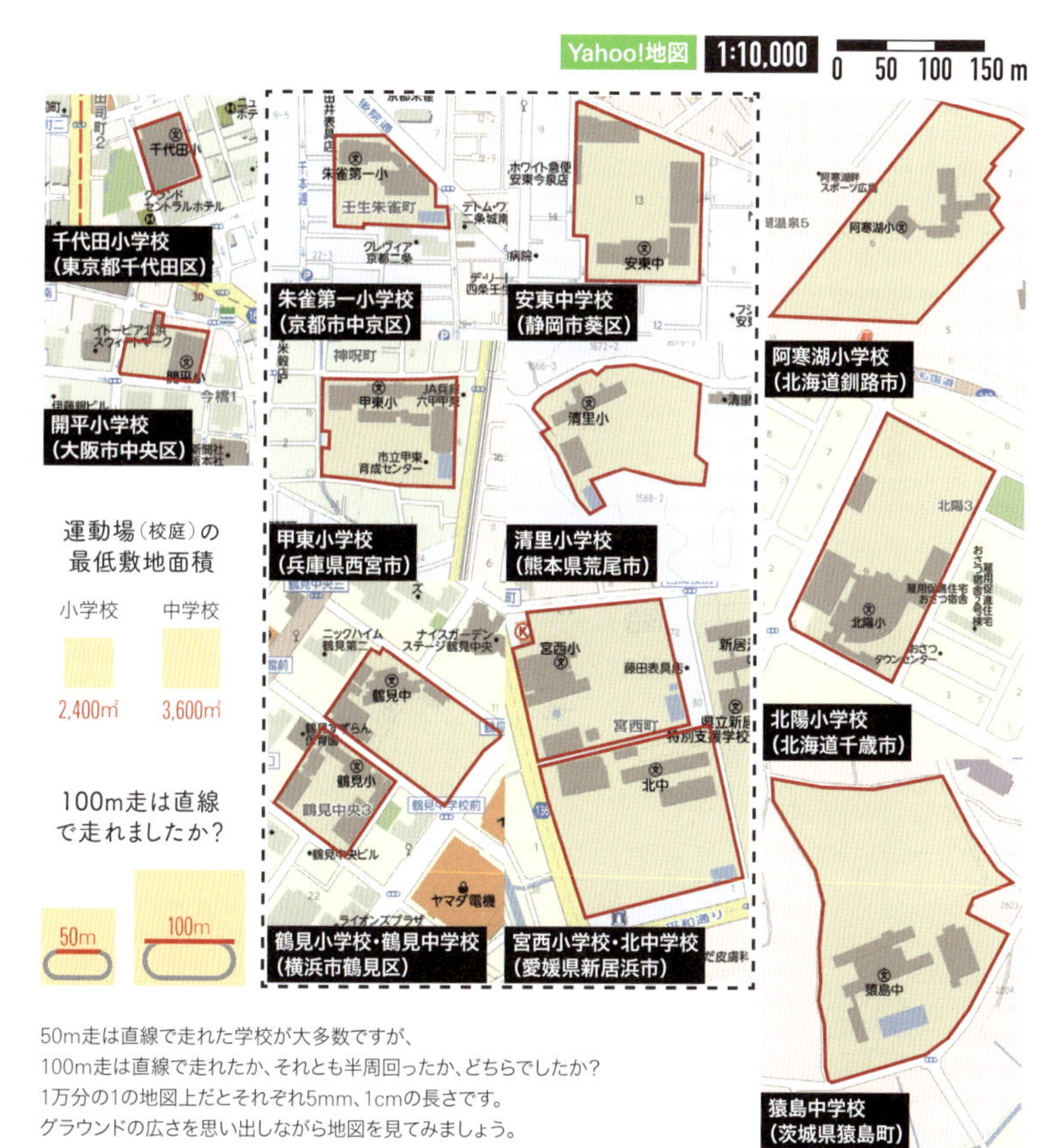

50m走は直線で走れた学校が大多数ですが、
100m走は直線で走れたか、それとも半周回ったか、どちらでしたか？
1万分の1の地図上だとそれぞれ5mm、1cmの長さです。
グラウンドの広さを思い出しながら地図を見てみましょう。

東京ドーム1個分ってどのくらい？

テレビではよく、広い敷地をたとえる際に「東京ドーム◯個分」という単位が頻繁に登場しますが、どうもピンと来ない人も多いと思います。大きさの単位として使われる東京ドームの大きさは、グラウンドではなくドームの建物の面積（4・7万㎡）で、左の地図の赤枠で囲んだ大きさです。この面積は正方形に換算すると、217m四方になり、小中学校よりは広い、少々広めの高校と近い面積です。また、グラウンドは1・3万㎡で、正方形換算すると114m四方、小さめの小学校と近い面積です。大型の屋東京ドームは京セラドーム大阪と近い面積で、ヤフオクドームはそれより少し大きめです。外野球場は少し複雑な形状ですが、こちらも東京ドームと近い面積です。全国に多数ある小規模な野球場もグラウンドの部分は大型の野球場とさほど変わりませんが、観客席の厚みが異なります。

サッカースタジアムは、サッカーコートの大きさ（国際基準、幅64〜75m、長さ100〜120m）を取り囲むように観客席が設けられます。埼玉スタジアム2002は国内最多、63700人を収容できる面積をもつサッカー専用のスタジアムですが、サッカー競技場は、陸上競技場を兼ねる場合が多々あります。味の素スタジアム、ヤンマースタジアム長居はサッカーコートの周囲に400mトラックのある陸上競技場があり、観客席はそれを取り囲む形になっており、東京ドームより少し広い面積になっています。「東京ドーム◯個分」と言われたときのために、東京ドームと近い面積のなじみの場所をみつけておきましょう。

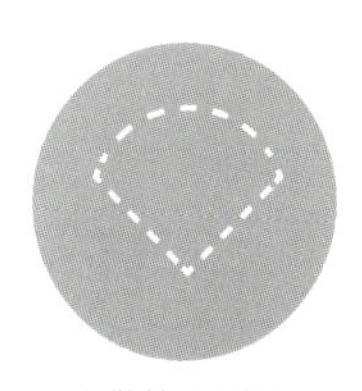

小学校より広い
ドーム球場

円形かそれに近い形になり、屋外野球場の面積と近い。

観客席が厚い
大型屋外野球場

観客席の面積が広いため、野球場の面積も広くなる。

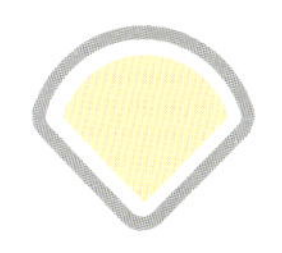

全国に多数ある
小規模な野球場

小学校全体の面積と近い。(校庭より広い)

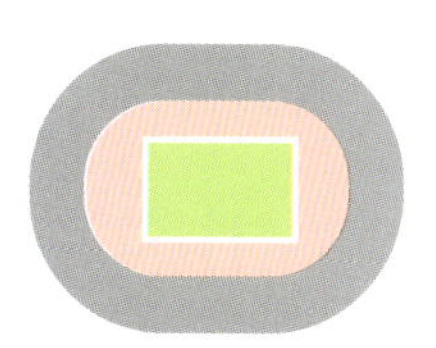

サッカースタジアム・
陸上競技場

両方を兼ねる施設はサッカーコートの外側に陸上トラックがある。

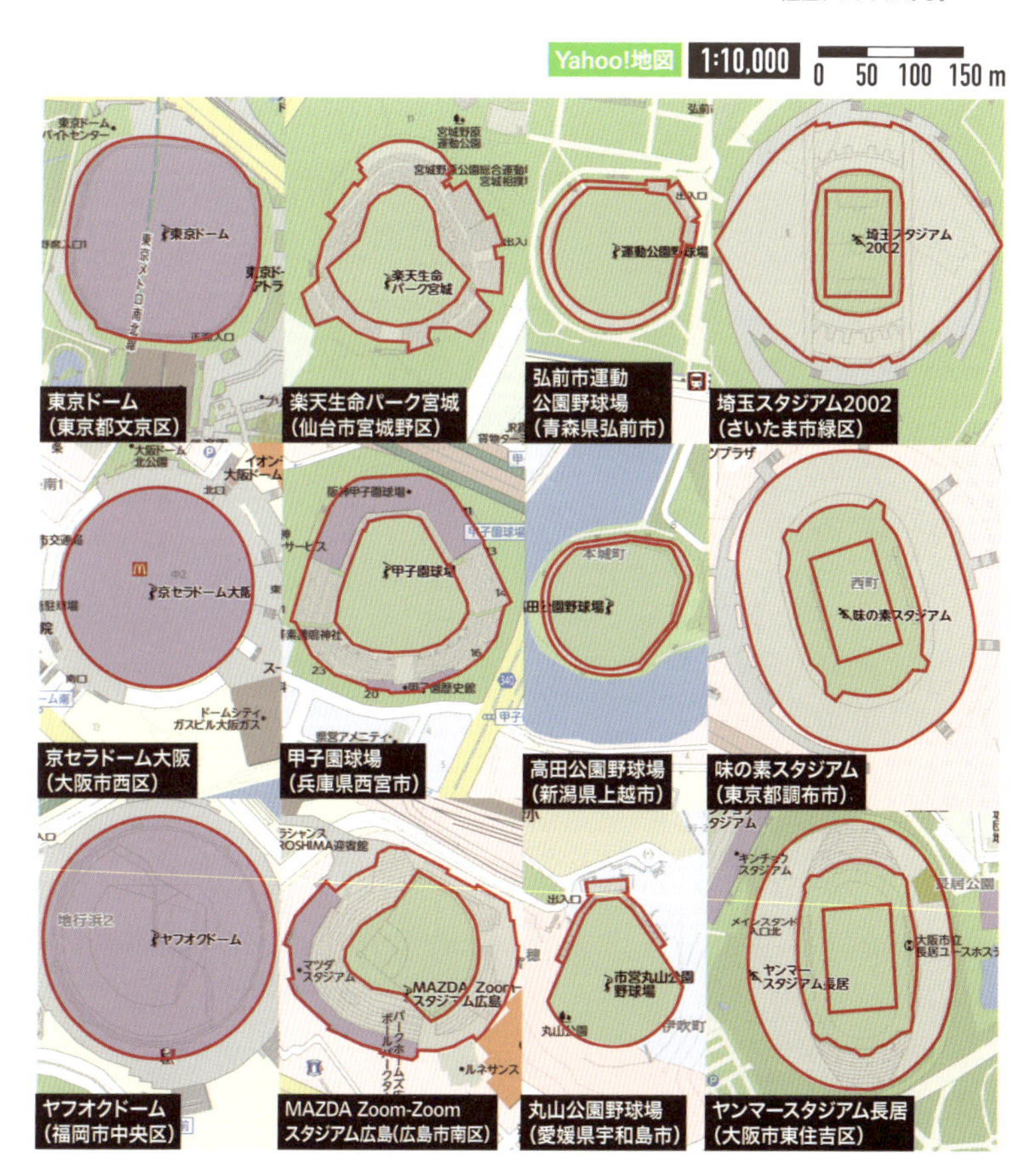

駅の広さは、車両の長さ×ホームの数

大都市圏の人々は、必ずと言って良いほど「駅」を使います。なかなか駅の面積は気にすることがありませんが、その大きさは千差万別。それでは大きな駅から見てみましょう。東京駅や名古屋駅、博多駅は乗降客も、発着する路線も多い駅です。そうすると当然ながらホームが増えて、横幅も広くなります。渋谷駅、三ノ宮駅（神戸三宮駅）も乗降客数が多いものの、発着する路線が少ないため、横幅は狭くなっています。

また、列車の長さによってホームの長さは変わります。東海道・山陽新幹線の車両は1両約25ｍで、16両編成の列車が発着できるよう、最低400ｍはあります（先頭、最後尾の車両はより長かったり、連結部分を入れるとより長くなります）。JR在来線の多くは1両20ｍです。15両編成なら300ｍ、12両編成なら240ｍ、10両編成なら200ｍ以上の長さになっています。

名古屋駅、博多駅、静岡駅では、日中は4両前後の列車が多く、ラッシュ時は6〜8両の列車が来ますが、それにしてもホームの長さが長いのが気になります。これは、以前10両を超える長距離特急列車が発着していたことの名残です。豊岡駅は、ホームの数は少ないものの線路が多いですが、これは機関車や回送列車、貨物列車を留置する線路で、地方の主要駅ではよく見られる形です。7〜8両ある特急列車が止まる駅は比較的長いですが、地方だと各駅停車は1〜2両程度。各駅停車しか止まらないローカル線の駅のホームは、地方だと山西駅のように短くなります。

発着路線の多い大都市の中心駅

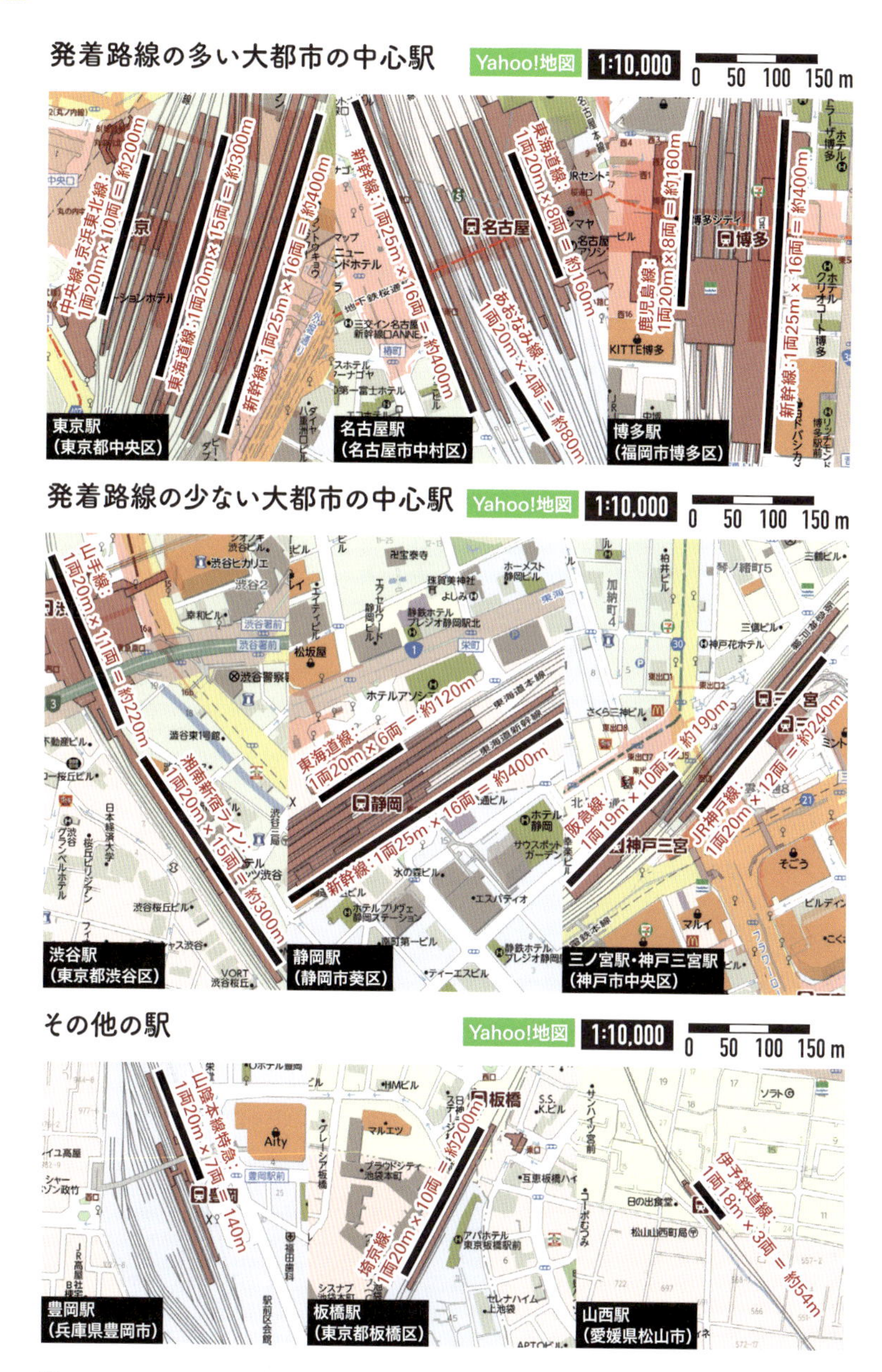

都市の集客力を代弁する、都市型商業施設の売場面積

大都市から地方都市まで、主要都市に必ずあるのが大型商業施設です。大型商業施設はどのくらいの大きさなのでしょうか。大都市のターミナル駅の代表格、東京の新宿駅と大阪駅（梅田駅）を見てみましょう。前のページの東京駅や名古屋駅と同じくらいの巨大な駅ですが、駅に隣接するように大型商業施設が集中しています。平均的な商業施設の広さは、小学校の敷地よりは狭いが校舎よりは広い、といったサイズ感です。

建物の面積は見た通りですが、建物全体に売場が広がっているとは限りません。商業施設のフロアガイドを見ると建物内でありながら何も書かれていないスペースがあり、バックヤード等がありますく左ページ「新宿伊勢丹」フロアガイドにおける濃茶色部分）。左の地図では、各商業施設が何階から何階まで営業しているか（フロア数）を入れ、営業フロア数が多い建物は色を濃くしました。特に色の濃い新宿タカシマヤタイムズスクエアや大丸梅田店、阪急うめだ本店のように、15フロア以上で営業している商業施設の売り場面積は、地図上で見える大きさの15倍、と言いたいところですが、バックヤードの部分を引くと、塗った面積の約10倍少々でしょう。新宿伊勢丹やグランフロント大阪、阪急うめだ本店は、比較的1フロアの面積が広い商業施設ですが、基本的に商業施設の面積は、大都市でも地方都市でもあまり変わりません。しかし商業施設の数やフロア数が異なります。他の地域も、同様に色を塗って見てみると、色の濃さや面積は、都市の集客力や街の賑わいにおおむね比例するでしょう。

「新宿伊勢丹」フロアガイド（1F）

専門店主体の大型商業施設は除き、衣食住の幅広いテナントが入った複合商業施設（百貨店、駅ビル等）のみを抽出。

街を置き換える規模の、郊外型モール・ショッピングセンター

前ページの大型商業施設は、大都市圏や県庁所在地等の主要地方都市の人にとっては実感できるものですが、それ以外の地域の人にとっては実感がつかめないでしょう。そういった地域はときに「何もない田舎」と言われることがありましたが、2000年に施行された大規模小売店舗立地法による営業規制緩和を境に、突然驚きの展開を見せはじめました。それが、大型モールの登場です。軽く小学校の敷地面積は超えており、東京ドームの面積と同じくらいか、それを超えるところもあります。

全国で最も広い売場面積をもつ、イオンレイクタウンは群を抜いた大きさですが、実際に南北の端から端まで歩くと15分かかります。その他、イオンモール大曲は比較的大きめのモールで、イオンモール京都五条、イオンモール佐久平は比較的小さめのモールです。前のページの大型商業施設より圧倒的に建物面積は広いですが、フロアは2~3階程度です。それでも1商業施設の売場面積は、都市部の大型商業施設より広いモールが一般的になっています。また、イオンモールの中でも市街地中心部に立地し、他のモールより多くのフロアをもつのがイオンモール岡山です。

その他、ららぽーとやゆめタウンをはじめ、全国には「街」そのものを凌駕するほどの大型モールが次々と作られました。ぐりーんうぉーく多摩のような、家具、スポーツ等の各種専門店が隣接して建てられ、駐車場を共有する別棟型のモールもあり、こちらも見てみるとかなりの大きさです。小学校の面積より広ければ、隅から隅まで歩くと疲れるのも、当然かもしれません……。

大小さまざまな郊外型モール

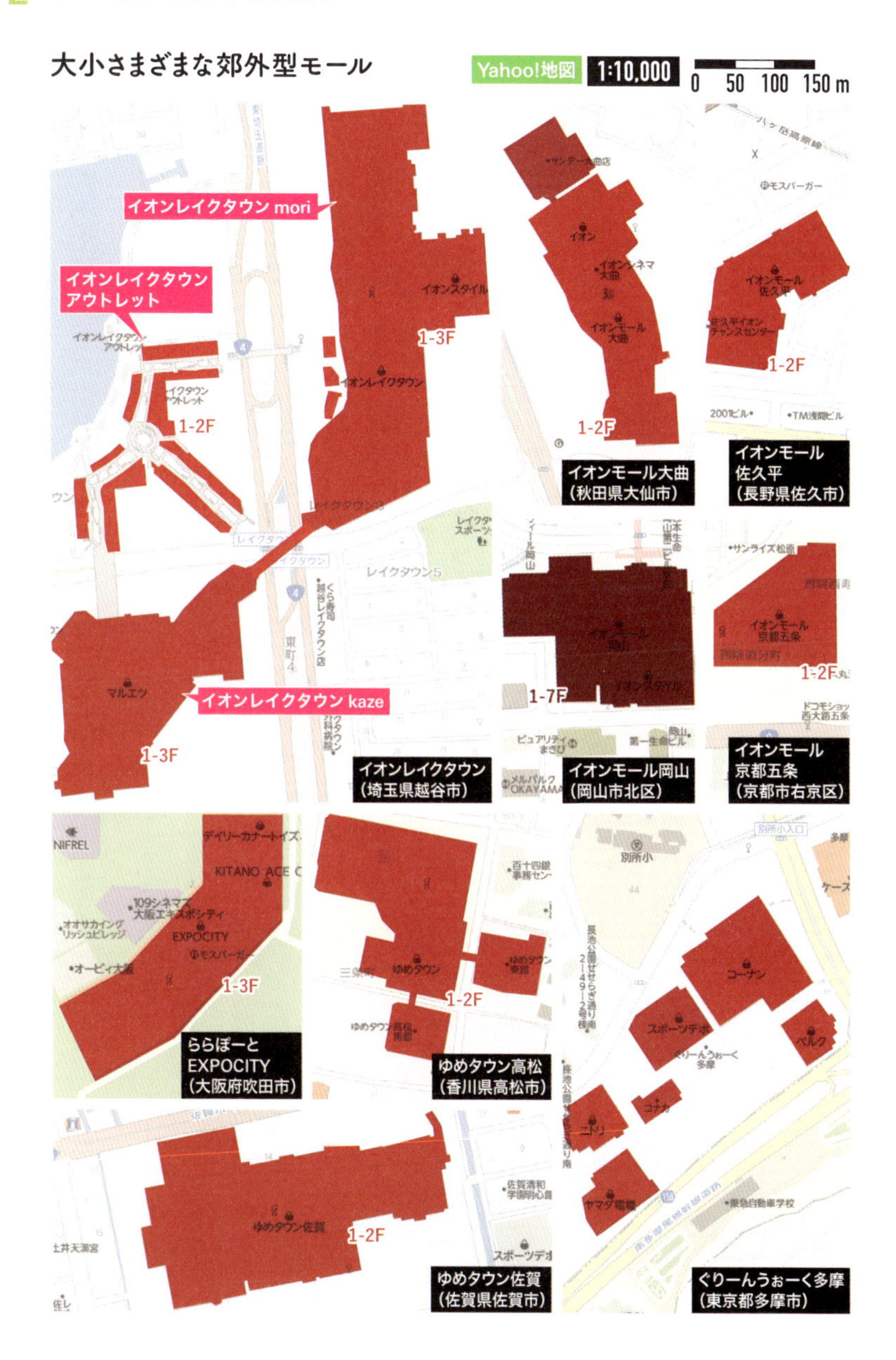

あなたの街のスーパーマーケットの大きさと比べてみよう

全国隅々まであるのがスーパーマーケットですが、スーパーひとつ取ってもその規模はさまざまです。イオン（旧ジャスコ、ダイエー、サティ）やイトーヨーカドーに代表される総合スーパー（GMS）は、百貨店や駅ビルと同じかそれ以上の建物面積を有しています。平均3〜4階建てであることが多く、平均7〜8階建ての百貨店や駅ビルと延床面積は異なってきます。

また、比較的広めのスーパーは、郊外にあれば50m四方より大きくなり、市街地にあればそれより小さな建物面積になります。営業フロアも基本的には1フロアで、付随して日用品を扱う場合は2フロアになることもあります。また、市街地で古くからあるスーパーだと小型の店舗が多く、コンビニよりは少々広いくらいの面積になります。

さて、食品スーパーには行くことも多いでしょう。いつも行くスーパーはどのくらいの大きさなのでしょうか。さきほど「コンビニより少し広いくらい」と言いましたが、コンビニがどのくらいの大きさなのか、気になってきますよね。今やネットさえつながれば無料で地図が見られる時代です。スーパーに限らず、身近な施設で「あそこ、どうなんだろう?」と思い出したところがあれば、その大きさや形を比べてみましょう。「あそこと同じくらい」「あそこよりは大きい」と比較の基準や大きさの実感がつかめてくると、「東京ドーム○個分」に代わる、納得のいくあなたオリジナルのスケール感覚が身につくことでしょう。それが地図感覚の始まりです。

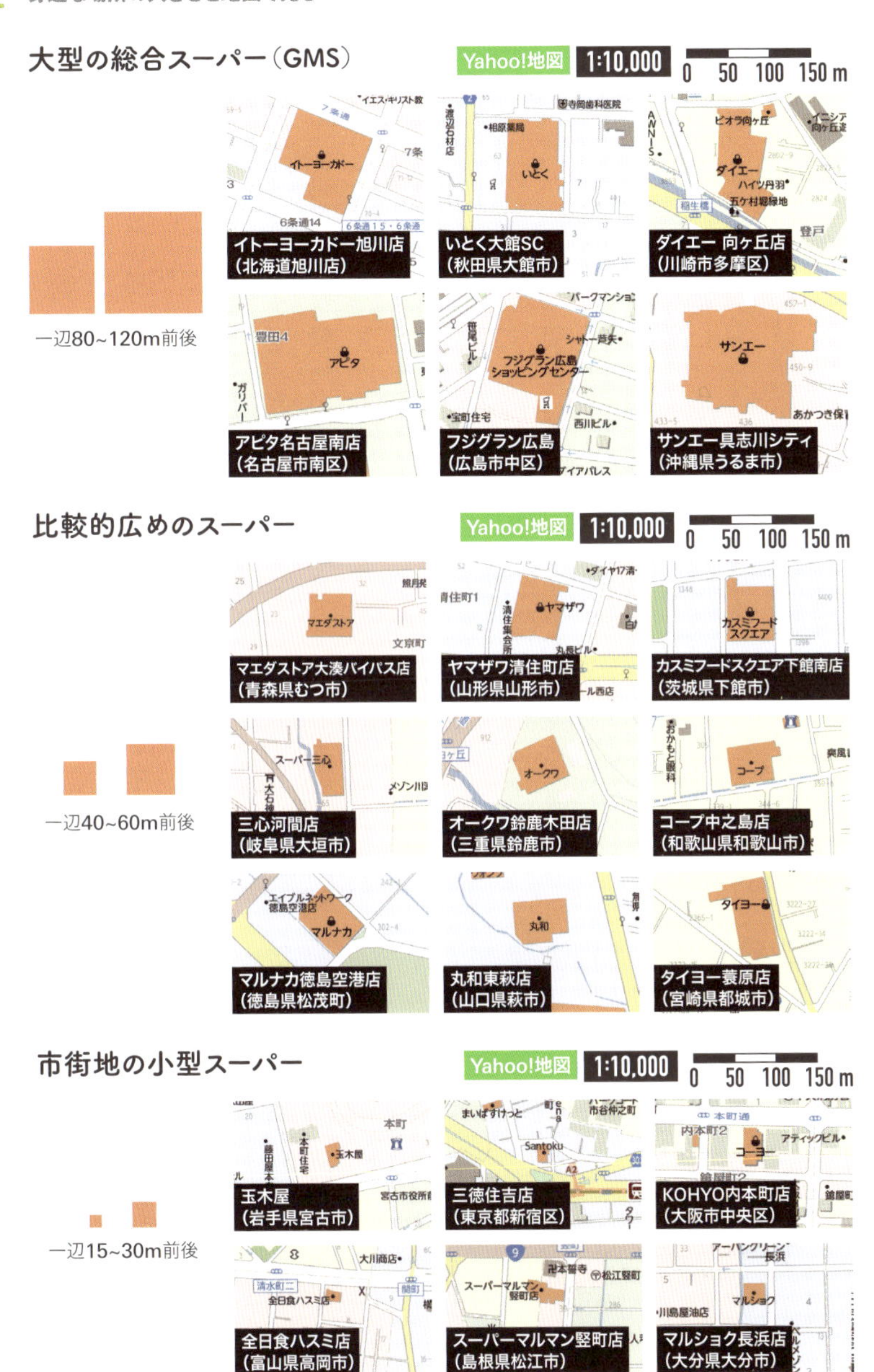
大型の総合スーパー（GMS）
Yahoo!地図
1:10,000
0 50 100 150 m
一辺80~120m前後
イトーヨーカドー旭川店
（北海道旭川店）
いとく大館SC
（秋田県大館市）
ダイエー 向ヶ丘店
（川崎市多摩区）
アピタ名古屋南店
（名古屋市南区）
フジグラン広島
（広島市中区）
サンエー具志川シティ
（沖縄県うるま市）
比較的広めのスーパー
Yahoo!地図
1:10,000
0 50 100 150 m
一辺40~60m前後
マエダストア大湊バイパス店
（青森県むつ市）
ヤマザワ清住町店
（山形県山形市）
カスミフードスクエア下館南店
（茨城県下館市）
三心河間店
（岐阜県大垣市）
オークワ鈴鹿木田店
（三重県鈴鹿市）
コープ中之島店
（和歌山県和歌山市）
マルナカ徳島空港店
（徳島県松茂町）
丸和東萩店
（山口県萩市）
タイヨー蓑原店
（宮崎県都城市）
市街地の小型スーパー
Yahoo!地図
1:10,000
0 50 100 150 m
一辺15~30m前後
玉木屋
（岩手県宮古市）
三徳住吉店
（東京都新宿区）
KOHYO内本町店
（大阪市中央区）
全日食ハスミ店
（富山県高岡市）
スーパーマルマン竪町店
（島根県松江市）
マルショク長浜店
（大分県大分市）

古くからの市街地は、家と家の距離が近い

「田舎の家は広い」と言われますが、どうでしょうか。学校以上に誰もが馴染みのある建物、住宅を見てみましょう。このページでは戸建て住宅を、次のページでは集合住宅を紹介します。冒頭で紹介できませんでしたが、左の地図はゼンリンデータコム提供の「いつもＮＡＶＩ」の地図で、引いた縮尺でも建物形状が見られるのが特徴です（Ｗｅｂサイト、アプリから閲覧可能）。

墨田区京島３丁目❶は、人口密度の高い木造密集地域で、小さな木造家屋が所狭しと並んでいます。また、奈良市のならまち界隈❷は古い家屋が連なっています。墨田区に比べると家屋は少し広いですが、よく見ると形状は細長く、間口は狭いものの奥行きが広くなっているのが分かります。これは江戸時代、間口の幅によって税金が課せられた間口税の影響で、江戸時代から続く町では、建物が建て替えられても、土地の区割りが変わらず、現在でも細長い住居や土地を見ることができます。

続いて、北広島市❸は札幌郊外の新興住宅地です。北海道の都市郊外では、戸建て住宅の敷地面積は広くなります。建物の形も大きければ、建物と建物の間隔も広くとられ、駐車場や庭に不自由しない家々が広がります。最後に、山間部の戸建て住宅の例として、長野県根羽村❹を見てみましょう。村役場がある集落のため、所狭しと家々が連なりますが、よく見ると大小さまざまな建物が並んでいるのが分かります。小さな建物や近接する建物は、同じ家の建て増しや納屋かもしれません。都会か田舎かを問わず、家屋の大きさはさまざまです。近くの住宅の大きさを地図で眺めてみましょう。

❶都市部の木造密集住宅

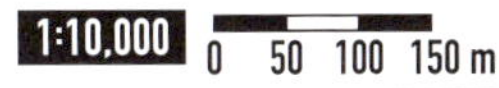

❷江戸時代から続く戸建住宅

1:10,000
0 50 100 150 m

ゼンリンデータコム いつもNAVI
1:2,500
ならまち界隈
(奈良県奈良市)

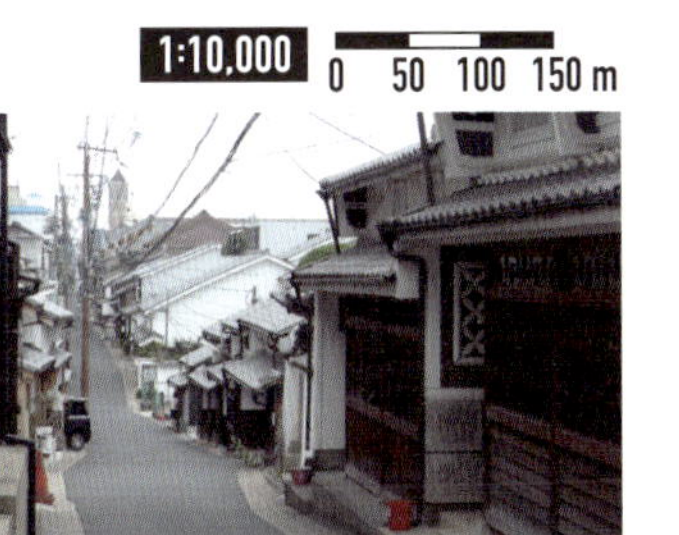

❸郊外の大型戸建住宅

❹山間部の戸建住宅

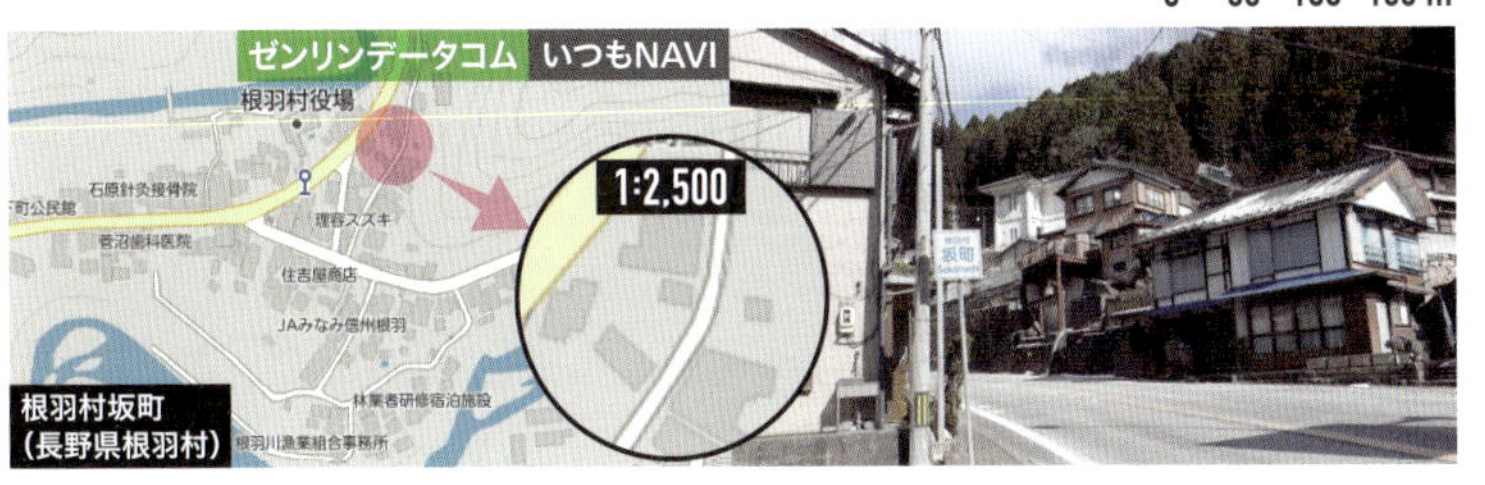

マンションの大きさは千差万別

集合住宅は、日本では一般的に木造や鉄骨造の小規模な集合住宅はアパート、それ以上の規模のものはマンションと呼ばれますが、法律上の区別はなく、その境界は曖昧です。しかしマンションひとつ取っても、その大きさはさまざまです。

まずはアパート❶の大きさを見てみましょう。大きさはさまざまですが、広い戸建て住宅と変わらない大きさのアパートもあります。1階あたりに4～5戸程度の小さい住戸があるアパートは、部屋数の多い一軒家と同じ面積になるでしょう。一方、1階あたり8～10戸あるアパートは横幅が広くなり、長辺は50m前後になります。続いてマンション❷を見てみると、アパートと面積はさほど変わりません。一般的にはアパートより階数が多いためインパクトがありますが、マンションも同様に1階あたり4～5戸程度のところもあれば、8～10戸程度のところもあります。

しかし、それ以上に大きなマンションもあります。工場跡地の再開発等、敷地の広いところに建てられた大規模なマンション❸は、1棟あたりの面積も広く、複数の棟が連続して巨大な建造物になっています。1棟だけで見ると、小中学校の校舎の建物面積と同じくらいのものもあります。

最後に高層タワーマンション❹です。十数階建ての建物だと細長い建物になるのが一般的ですが、タワーマンションになると比較的大きな正方形に近い形になります。建物の中央部に共用の廊下、エレベーターがあり、吹き抜けになっていることもあります。

❶一般的なアパート

1:10,000　0　50　100　150 m

❷一般的なマンション

1:10,000　0　50　100　150 m

❸大規模なマンション

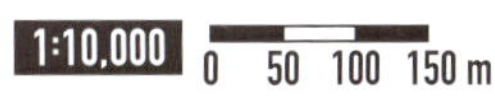

1:10,000　0　50　100　150 m

❹高層タワーマンション

1:10,000　0　50　100　150 m

点と線でつかむ土地勘

3

地図上の長さと実際の距離の体感をつなげる

どこかに行く際は、必ず移動を伴い、移動経路には必ず距離があります。近いのか遠いのか、どのくらいで着くのか。ひいては日常的に行けるのか行けないのか……。距離感覚が身につくと、日常生活圏の広さもつかめてきます。また、「ひと駅」や「隣の市」はどのくらい離れているのでしょうか。身近な場所の距離感を思い出しながら見てみましょう。

実際の距離と地図上の長さをつなぐ縮尺

不動産情報を見ると「駅から徒歩〇分」という表記を見かけます。この所要時間は、分速80m、時速にすると4・8㎞で計算されています。ずっと歩き続ければこのくらいの時間で着きますが、信号で止まるともう少しかかるので、仮に時速4㎞としましょう。左の図では本書で最もよく出てくる1万分の1の縮尺で、1㎞の距離（地図上で10㎝）の長さを太線で表しました。この距離を時速4㎞で歩くと、約15分かかります。同じ距離を自転車で走ると所要約5分です。自動車だと、市街地か田舎かで大きく変わってきますが、信号の多い市街地だと、幹線道路を走っていても半分くらいは信号待ちになります。そのため平均時速も20㎞ほどで、3分以上かかることもしばしばあります。ずっと信号のない幹線道路で、時速60㎞で走り続けると1分で通過できます。鉄道は逆にローカル線は遅く（40〜60㎞程度）、都市部だと速い（80〜100㎞）傾向にあります。

注意すべきは、経路は必ずしも直線距離とは限らないということです。住宅地をくねくね曲がる経路の例として、中目黒駅から西に1㎞進んでみると、そこにちょうど壽福寺という寺院があります。ここまでの道順はいくつかありますが、最短ルートでも1・3㎞の経路になります。このように経路が直線距離の1・2〜1・5倍になるのはよくあることです。極端な例ですが、日光市のいろは坂は、直線距離が1㎞の区間でも、実際の経路は4・6㎞あります。平地の5㎞弱に比べて、急な坂道になるため時間も体力も要します。歩く人はいないと思いますが、1時間半はかかるでしょう。

移動手段ごとの所要時間

1:10,000 0 50 100 150 m

1km

時速 4kmで
所要 15 分

時速 12kmで
所要 5 分

時速 30kmで所要 2 分
時速 60kmで所要 1 分

移動手段ごとの所要時間

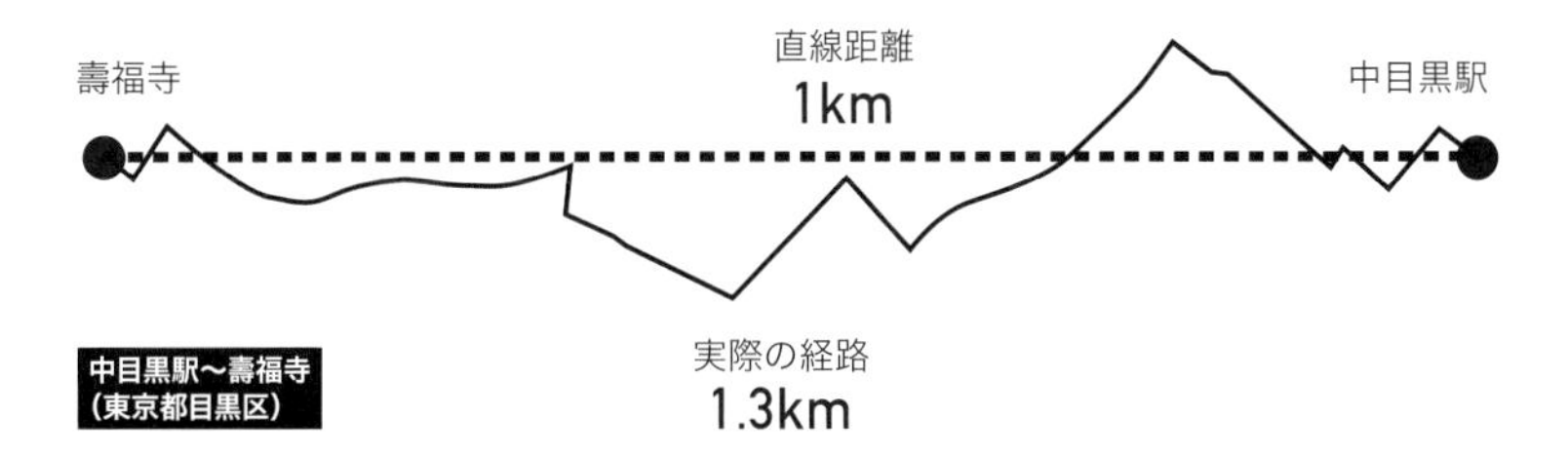

中目黒駅〜壽福寺
(東京都目黒区)

移動手段ごとの所要時間

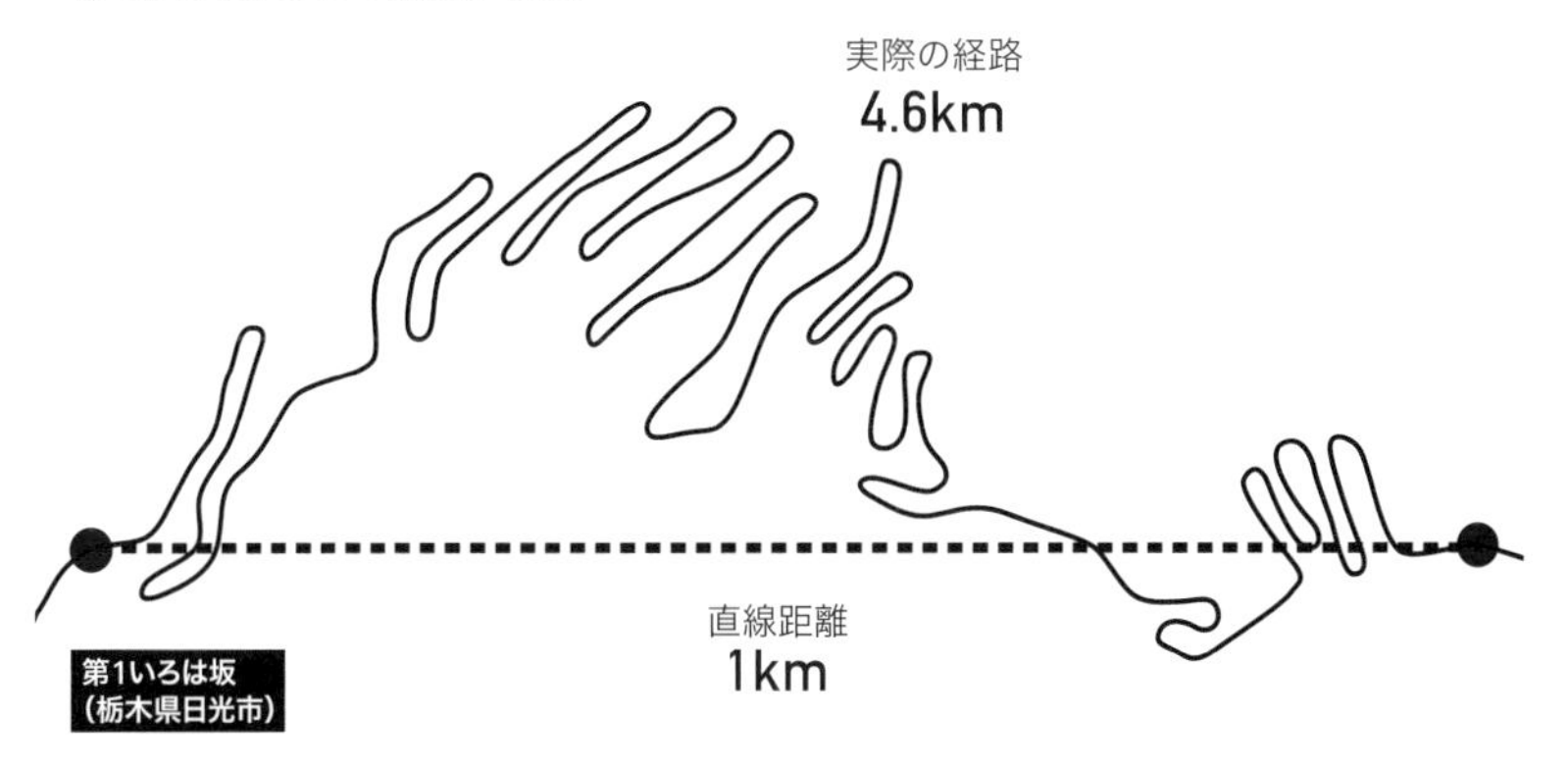

第1いろは坂
(栃木県日光市)

時間距離で描かれた地図

実際の距離とは異なり、かかる所要時間の長さを距離に見立てた「時間距離」という捉え方があります。東京都から岐阜県高山市まで鉄道で行こうとすると、東京駅から名古屋駅まで新幹線で約1時間半ですが、そこから高山駅までは特急で2時間半を要します。その距離は東京〜名古屋間が366km、名古屋〜高山間が167kmと、かかる時間と距離が比例しない結果ですが、体感的な近さ、遠さはこうした所要時間によって形成される部分もあります。

時間距離で地図を描いてみるとどうなるでしょうか。左の地図は福岡市からの時間距離で九州を描いた地図ですが、黒い囲み線を見てここが九州だとは気づきません。これは九州新幹線全通（2011年）以降のものですが、新幹線で結ばれた熊本市（所要約40分）、鹿児島市（所要約1時間半）は近く、同じ鹿児島県内でも鹿屋（かのや）市（所要約3時間）を中心とした大隅半島は遠くに描かれ、背景に薄緑色で描かれた実際の九州の形に比べ、かなりいびつに変形しています。九州新幹線開通前は、鹿児島市までの所要時間は約4時間弱でした。このときは、鹿児島市に行くのも宮崎県延岡市に行くのも所要時間はさほど変わりませんでしたが、九州新幹線開通後、所要時間が半分以下に短縮され、鹿児島県が大きく吸い寄せられました。影響のなかった長崎県の長崎市、佐世保市、大分県南東端の佐伯市や、宮崎県北東端の延岡市は比較的遠く描かれ、その奥に交通アクセスの悪い地域を含んでいると面積も広く描かれがちです。しかし、今後の交通網の変化によっては大きく形を変える可能性があります。

福岡からの所要時間の長短で描かれた地図

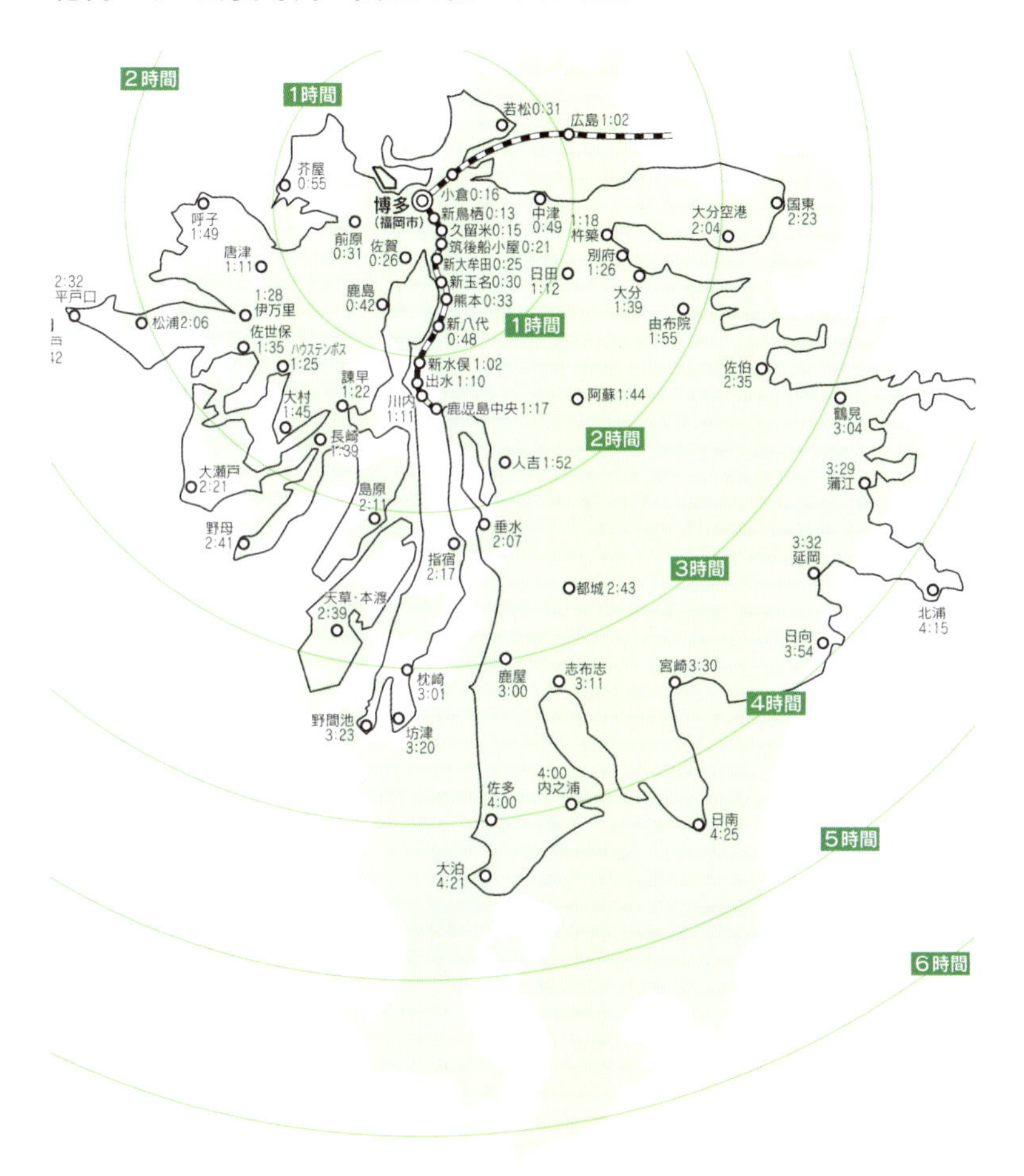

西日本新聞社『九州データブック』(2012年)
福岡起点だと鹿児島までの時間距離が大きく近づいた様子が読み取れる。

ひと駅なら歩いて行ける？

首都圏や京阪神等の大都市圏では「駅」という距離単位が使われることがあります。地方の人からすると意味不明だと思いますが、都市部では車に乗る機会が少ないかわりに電車に乗る機会が多く、1駅、2駅……と駅数で距離を実感することがあります。都心部だと「1駅なら歩くか」という会話もときどき聞くことがあります。それでは「1駅」とは、どのくらいの距離なのでしょう。

左上の東京の「1駅」の地図❶を見ると、1駅の距離は路線によってかなりばらつきがあるのが分かります。京浜東北線の大森～蒲田間の距離は3kmほどありますが、並行して走る京急本線の駅間距離は1km弱しかありません。京急本線の4駅（大森海岸～京急蒲田間）が、京浜東北線の1駅の距離とほぼ一緒です。3kmある1駅は徒歩40分以上、1km未満の1駅は徒歩15分未満。うっかり終電で寝過ごして「1駅歩く」としたら、この差は大きな違いです。以前、京急線の車掌さんが、ある駅で電車に戻れず、ホームに取り残されたことがありましたが、次の駅まで走って追いついたという話は話題になりました。走れば5分で行ける「1駅」だったのです。

左下の大阪の「1駅」の地図❷を見ても、路線によってばらつきがあります。特に注目すべきは大阪（梅田）～新大阪間です。この区間は3～4kmあり、JR京都線では1駅ですが、大阪メトロ御堂筋線では3駅です。梅田から中津にかけての1駅（約1km）は歩いても行ける距離ですが、大阪から新大阪にかけての1駅（3～4km）は、とても歩く人はいません。

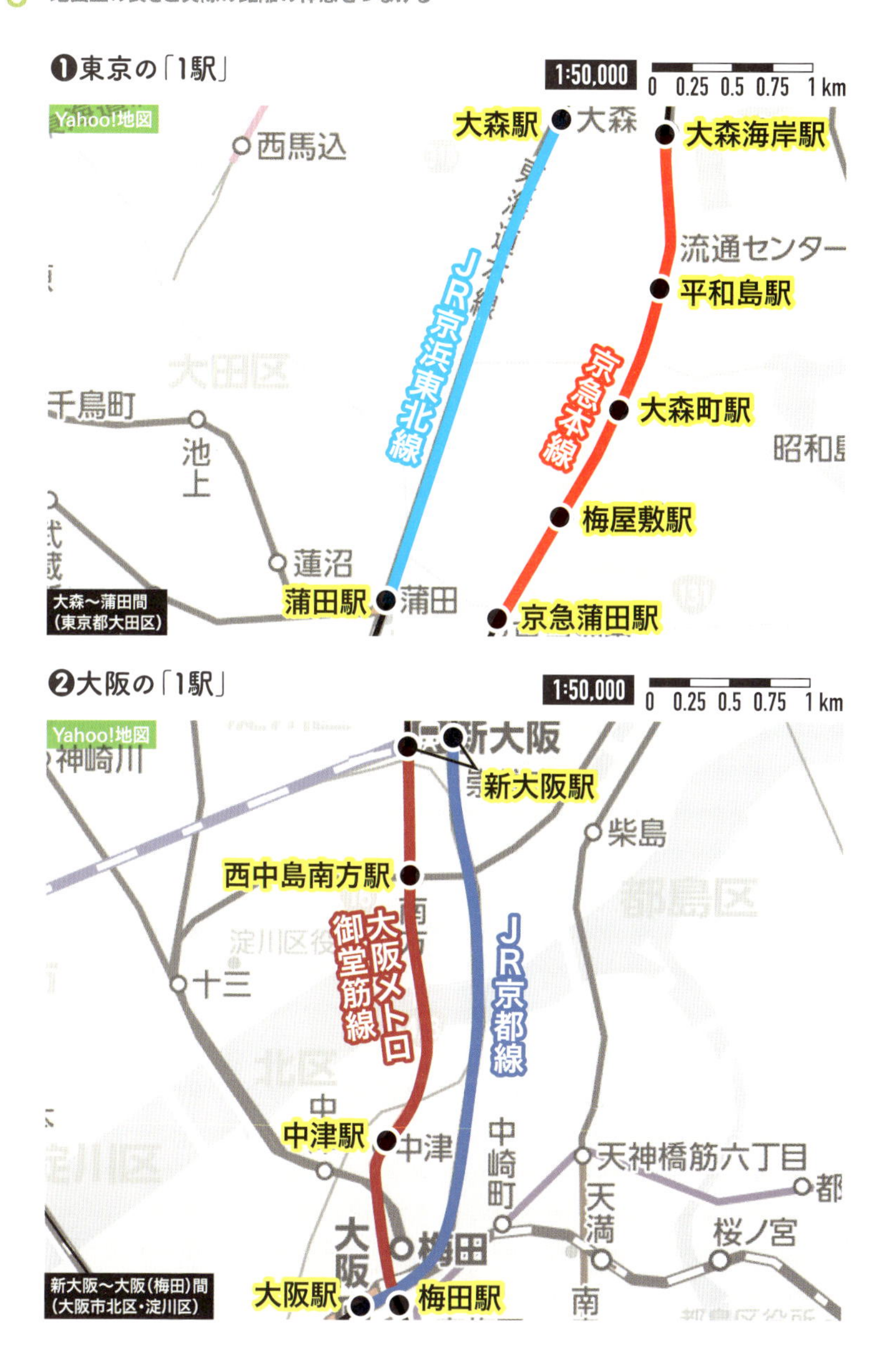
❶東京の「1駅」
1:50,000
0 0.25 0.5 0.75 1 km
Yahoo!地図
大森駅
大森
大森海岸駅
西馬込
流通センター
平和島駅
JR京浜東北線
京急本線
大田区
千鳥町
池上
大森町駅
昭和島
梅屋敷駅
蓮沼
蒲田駅
蒲田
京急蒲田駅
大森〜蒲田間
（東京都大田区）
❷大阪の「1駅」
1:50,000
0 0.25 0.5 0.75 1 km
Yahoo!地図
神崎川
新大阪
新大阪駅
柴島
西中島南方駅
東淀川区
大阪メトロ御堂筋線
淀川区役
JR京都線
十三
北区
中津駅
中津
中崎町
天神橋筋六丁目
天満
大阪
梅田
桜ノ宮
大阪駅
梅田駅
新大阪〜大阪（梅田）間
（大阪市北区・淀川区）

30㎞を超える「1駅」もある？

東京、大阪の他、すべては紹介できませんが、全国のあらゆる都市の駅間距離を見てみましょう。ここでは、複数の鉄道会社の路線がほぼ同じ区間を並行している駅間に絞って紹介します。左の表を見ると、さきほどと同様、会社によって駅間距離にばらつきがあるのが分かります。東京や大阪の例でもそうでしたが、全国的に見てもＪＲは少々長め、地下鉄や私鉄は短めの傾向があります。大阪と和歌山を結ぶＪＲ阪和線は比較的駅間距離が短く、並行する南海電鉄とさほど変わりませんが、これは開業当時、阪和電気鉄道という私鉄だったためです。同じＪＲでも、長距離を走る幹線に冠される「本線」がつく路線は、比較的駅間距離が長めになっています。一方、都心部の地下鉄は駅間距離が１㎞を切ることは珍しくなく、私鉄は会社や路線によっては地下鉄以上に短い路線もあります。ぜひ、身近な駅と駅の距離を、地図で見てみましょう。

ちなみに、在来線で駅間距離が最長となる区間は、北海道を走るＪＲ石北本線の上川〜白滝駅間で、その距離は36㎞あります。以前はこの間に5つの駅がありましたが、駅付近の住民がいなくなったことによる利用者の減少で廃駅となっています。この区間は極端な例ですが、地方のＪＲ線では駅間距離が5〜10㎞離れていることは多く、背景には沿線の人口密度の低さが影響しています。また、バスや路面電車は、鉄道より停留所の間隔はより短く、一般的には２００〜５００ｍ間隔になっています。

複数の路線が並行している主な区間と平均駅間距離

中心都市	路線名	並行する区間		距離	駅数	平均駅間距離
札幌	JR千歳線	札幌	新札幌	10.9 km	3 駅	3.6 km
	地下鉄東西線	大通	新さっぽろ	11.6 km	10 駅	1.2 km
仙台	JR東北本線	仙台	長町	4.5 km	1 駅	4.5 km
	地下鉄南北線	仙台	長町	3.9 km	5 駅	0.8 km
東京・横浜	JR京浜東北線	品川	横浜	22.0 km	8 駅	2.8 km
	京急本線	品川	横浜	22.2 km	24 駅	0.9 km
静岡	JR東海道本線	静岡	清水	11.2 km	3 駅	3.7 km
	静岡鉄道静岡清水線	新静岡	新清水	11.0 km	14 駅	0.8 km
名古屋・豊橋	JR東海道本線	名古屋	豊橋	72.4 km	26 駅	2.8km
	名鉄名古屋本線	名鉄名古屋	豊橋	68.0 km	35 駅	1.9 km
名古屋・岐阜	JR東海道本線	名古屋	岐阜	30.3 km	6 駅	5.1 km
	名鉄名古屋本線	名鉄名古屋	名鉄岐阜	31.8 km	24 駅	1.3 km
京都・大阪	JR京都線	大阪	京都	42.8 km	16 駅	2.7 km
	阪急京都線	梅田	烏丸	46.8 km	26 駅	1.8 km
	京阪本線	淀屋橋	七条	47.0 km	36 駅	1.3 km
大阪・神戸	JR神戸線	大阪	三ノ宮	30.6 km	14 駅	2.2 km
	阪急神戸線	梅田	神戸三宮	32.3 km	15 駅	2.0 km
	阪神本線	梅田	神戸三宮	31.2 km	31 駅	1.0 km
京都・奈良	JR奈良線	京都	奈良	41.7 km	20 駅	2.1 km
	近鉄京都線	京都	近鉄奈良	39.0 km	27 駅	1.4 km
大阪・和歌山	JR阪和線	天王寺	和歌山	61.3 km	34 駅	1.8 km
	南海本線	南海難波	和歌山市	64.2 km	40 駅	1.6 km
広島	JR山陽本線	西広島	宮島口	16.3 km	6 駅	2.7 km
	広島電鉄宮島線	広電西広島	広電宮島口	16.1 km	20 駅	0.8 km
高松	JR高徳線	高松	志度	16.3 km	9 駅	1.8 km
	ことでん志度線	高松築港	琴電志度	14.2 km	17 駅	0.8 km
松山	JR予讃線	松山	伊予市	11.6 km	5 駅	2.3 km
	伊予鉄道郡中線	松山市	郡中港	11.3 km	11 駅	1.0 km
北九州	JR鹿児島本線・筑豊本線	黒崎	直方	19.2 km	10 駅	1.9 km
	筑豊電鉄線	黒崎	筑豊直方	16.0 km	20 駅	0.8 km
福岡	JR鹿児島本線	博多	久留米	35.7 km	17 駅	2.1 km
	西鉄天神大牟田線	西鉄福岡(天神)	西鉄久留米	38.6 km	25 駅	1.5 km

県より広い市がある？

「1駅」という距離の単位の他、面的な単位として「市町村」という単位も使われます。ときどき「隣の市に買い物に行く」といった会話を耳にしますが、この「隣の市」というのがどれだけ遠いのか、実はかなり地域差があります。もちろん市の端にいれば、隣の市はすぐ近くですが、市の中心部にいても隣の市まで自転車で行けるようなところもあれば、隣の市まで車で1時間以上かかるところもあります。面積が最大の市町村は、岐阜県高山市（2177㎢）で、香川県（1877㎢）、大阪府（1905㎢）より広く、東京都（2191㎢）とほぼ同面積です。実際の市町村の形状は多種多様ですが、高山市の面積を正方形に換算すると、一辺は約46㎞になります。高山市のように、平成の大合併で周辺町村を合併した市は面積が広大で、隣の市まで数十㎞あることも珍しくありません。

一方で、面積最小の市町村は富山県舟橋村（3・47㎢）、市だと埼玉県蕨市（5・11㎢）になります。正方形に換算すると、一辺は約2㎞四方になりますが、こうした市町村は中心部にいても、1㎞動けば隣の市町村に行き着きます。このくらいの面積の市町村は以前は多かったものの、平成の大合併でかなり減少しています。今でも残っているのは、首都圏や京阪神といった大都市郊外の市や、県庁所在地に隣接する小さな町、そして沖縄県の市町村です。市町村の面積は大小10倍以上の差があることも珍しくなく、地域によって「市内」の感覚はかなり異なるでしょう。

私は高校時代、東京都日野市に住み、隣の立川市まで自転車で通学していましたが、その距離は3㎞ほど、自転車で約15分の所要時間でした。私に限らず、昭島市や東大和市、武蔵村山市等、隣接す

1:1,000,000
0 5 10 15 20km
高山市
(岐阜県)
東京都
大阪府
蕨市
(埼玉県)
舟橋村
(富山県)

る市から自転車で通う同級生は多数いました。ここで挙げた市を含む東京都多摩地区❶の地図を見ると、５km四方に収まる面積の市が続き、３kmも移動すれば隣の市に移動できます。大阪市や名古屋市の「区」も似たような面積です。東京23区は、戦前の2～3区を合併して１つの区にしているため、これよりは少々広くなっています。

同じ首都圏郊外でも、さらに都心から離れると状況は一変します。茨城県つくば市、土浦市周辺の地図❷を見ると、つくば市も土浦市もこの地図の範囲には収まっていません。隣とはいえ、つくば市役所から土浦市役所までは10kmほどの距離があります。こうした地域で育った人にとって「隣の市」とは、少なくとも徒歩や自転車で行く距離ではないでしょう。つくば市はもともと6町村の合併でできた新しい市ですが、隣接する土浦市、つくばみらい市、常総市等は平成の大合併で大きくなった市です。合併前から長く住んでいると、それ以前の町村の感覚はしばらく残り続けるでしょう。

左の地図では市町村の境界だけでなく、駅を■で記してみたので、駅間距離も同時に比べてみましょう。kmでも駅でも、どのくらいが気軽に行ける、地元と言える日常行動範囲でしょうか。あなたの出身か、あるいはいまお住いの、馴染んでいる地域の地図と見比べてみてください。Ｇｏｏｇｌｅマップでは市町村境が見えないので（市名を検索すればその市の市境だけ出てきますが）、市町村境が描かれ、背景が異なる色で塗り分けられているマピオンか、同様の昭文社の紙地図がおすすめです。

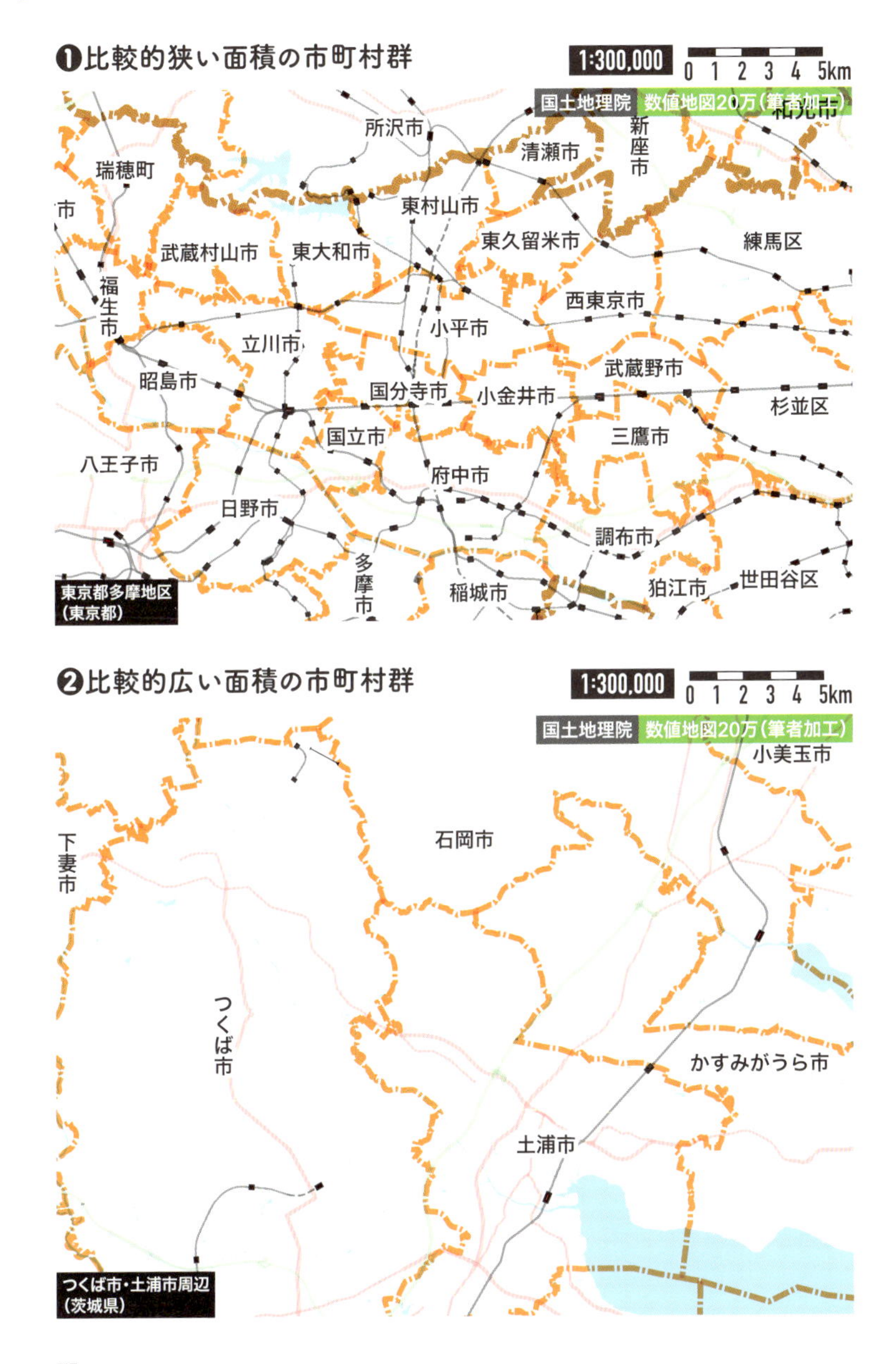
❶比較的狭い面積の市町村群
1:300,000
0 1 2 3 4 5km
国土地理院 数値地図20万（筆者加工）
所沢市
清瀬市
新座市
和光市
瑞穂町
東村山市
武蔵村山市
東大和市
東久留米市
練馬区
福生市
西東京市
小平市
立川市
昭島市
武蔵野市
国分寺市
小金井市
杉並区
国立市
三鷹市
八王子市
府中市
日野市
調布市
多摩市
稲城市
狛江市
世田谷区
東京都多摩地区（東京都）
❷比較的広い面積の市町村群
1:300,000
0 1 2 3 4 5km
国土地理院 数値地図20万（筆者加工）
小美玉市
石岡市
下妻市
つくば市
かすみがうら市
土浦市
つくば市・土浦市周辺（茨城県）

大きさや距離を知る、そして感覚的につかむ

10代を過ごした地元があって、大学生や社会人になってから他の都市に来た……という人も多いでしょう。そして今後、別の地が新たな地元になるかもしれません。ただ、以前の日常と今の日常、これからの日常が異なる地域だと、それぞれの距離感覚を比べる機会はなかなかありません。そんなとき、離れた2つの場所を同じ縮尺で比べることができる地図、「くらべ地図」を見てみましょう。左右の地図を同時に動かす場合は左の地図を動かします。どちらかだけ動かす場合は右の地図を動かします。左の地図の縮尺（スケール）を動かすと右の地図も同時に変わりますが、右の地図の縮尺を変えても左の地図の縮尺は変わらないので、そこだけ注意が必要です。

さきほどから距離や面積を測る場面がありましたが、どうやって測ったら良いのでしょうか。経路検索はおなじみGoogleマップで、その距離と所要時間が出ますが、直線距離や面積を簡単に出す方法があると便利です。そんなときは「地図蔵」を使ってみましょう。いくつかの機能がありますが、「地図で距離測定」を使うと、2点を指定すると直線距離が出ます。「地図で面積を計算」を使うと、複数のポイントを打った多角形の面積が出ます。

未知の地域を、kmという絶対的な単位でつかむか、あるいは馴染みの地域の「ここからここまでの距離と同じくらいの近さ（遠さ）」としてつかむか。最終的にはkmの距離感をつかむのが重要ですが、最初は実感のを得やすい方法でつかんでみましょう。

くらべ地図（2地域を比べる） http://kurabe-chizu.info/

地図蔵（距離測定、面積計算） https://japonyol.net/maps-index.html

小学校をみつけると、感覚的に距離がつかめる

ざっとした距離や縮尺を知りたいときは、地図の端に書かれたスケール（○m、○㎞と書かれた部分）を何倍かにして距離をつかみます。しかし、スケールを見なくても、なんとなく距離をつかむ方法があります。その方法は「小学校をみつけること」です。ネットやスマホの地図だと、知らず知らずのうちに拡大・縮小をくり返す上に、縮尺のスケール表示がとても小さく、距離感覚を見失いがちです。また、誰かから受け取った地図が、一部分を切り出したもので、スケールが書かれていないことがあり、そんなときはこの方法が使えます。さきほど、小学校は都会から田舎までどこにでもあって、全国的に大きさの誤差がそこまで大きくないことを紹介しました。左の地図を見ると、敷地の形はさまざまですが、学校の面積は似ています。

小学校は全国的に100～150m四方くらいの面積が一般的です。敷地が複雑な形状をしていることもあるので、「広く取って150m四方」と考えるとちょうど良いでしょう。ただ、都市中心部は約100m四方、東京や大阪の都心部はそれより狭いので要注意です。100～150mと言うとそこそこ開きがありますが、倍以上違わないだけで御の字です。駅や市町村は、3倍以上の違いがあり、たとえば徒歩15分と徒歩45分では体感はまったく異なります。まだ20分か30分か、くらいなら許せるでしょう。距離感が全然わからないよりは、「2～3㎞くらい」か「10～15㎞くらい」かといった、ざっとした距離感覚がつかめていると、大外ししません。

小学校から類推する「1km」

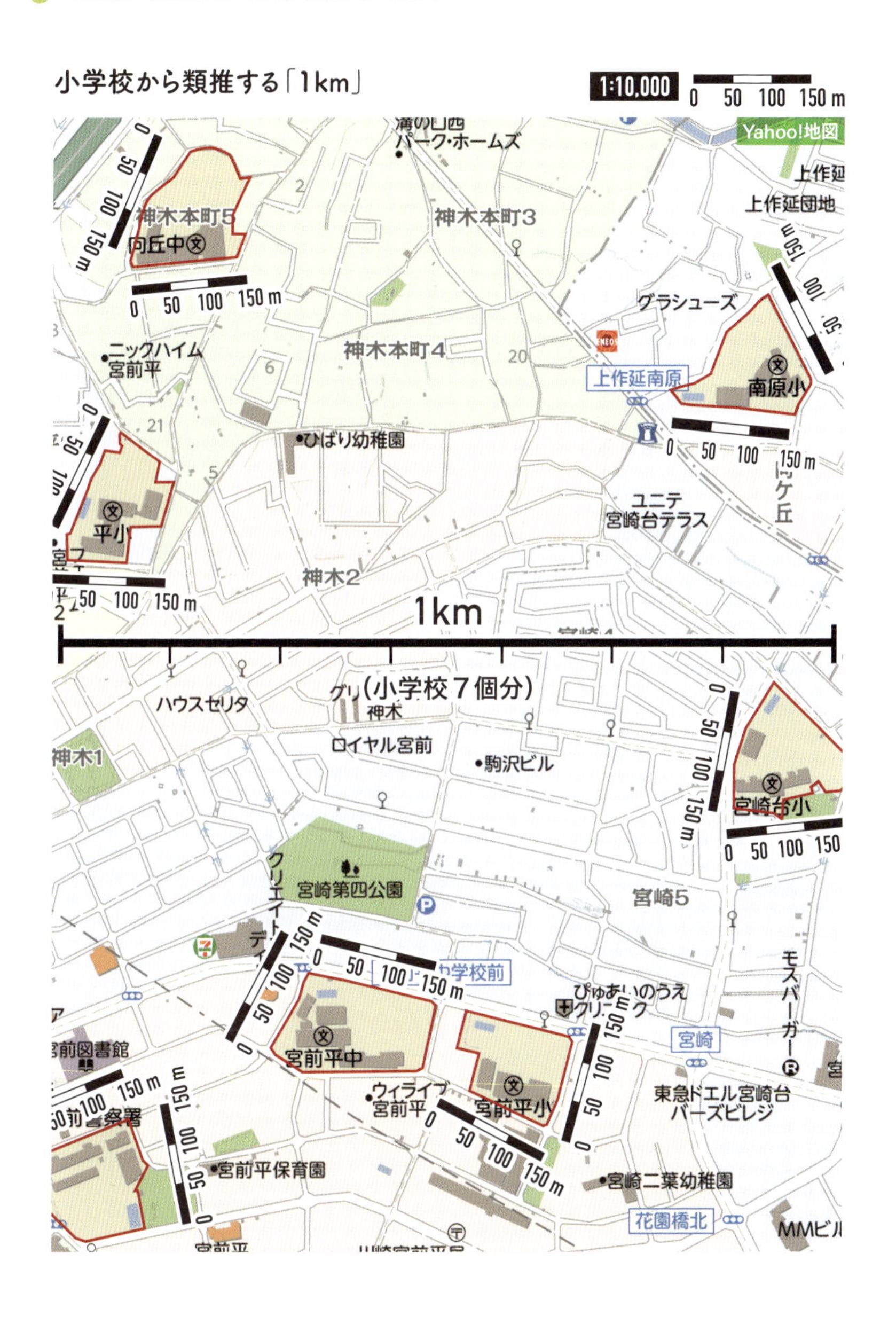

詳しさを取るか、全体像を取るか。ちょうど良い縮尺は？

「○万分の1」という縮尺の表現は、紙地図では出てきますが、ネット地図では出てきません。それは、画面の大きさや解像度が機種によって異なり、実際に何万分の1になるか分からないためです。本書は紙で、皆さん同じ大きさで読んでいるはずなので「○万分の1」という紹介ができます。

本書で最もよく出てくる「1万分の1」は、左ページの地図の一番上、細かい道路と主要な建物がハッキリ見える縮尺です。主要な建物は見えますが、59ページのように住宅等の小さな建物を見ようとすると、小さくて分かりにくいので、その際はより縮尺がより大きい（詳細な）縮尺の地図を見ましょう。ここから下に進むにつれて縮尺が小さくなります。2万分の1の地図は、小さいながらも、細かい道路がぎりぎり見えます。国土地理院が作製する「地形図」は2万5千分の1で、これより少々縮小された地図ですが、1つ1つの建物がぎりぎり視認できます。3万分の1あたりから、少しずつ細かい情報が消え、全体感が見渡せるようになってきます。5万分の1になると、もはや細かい道路は見えなくなります。主要道路を確認し、周辺の全体感を確認する際は、このくらいの小さい（引きの）縮尺が最適です。長距離ドライバーが見ている道路地図は、このくらいの縮尺か、10万分の1の縮尺になります。10万分の1と15万分の1の地図だと、高速道路とインターチェンジ、ジャンクションが見えますが、高速道路や幹線道路を走っていると、このくらいの縮尺が最適です。

本書では基本的に1万分の1の地図でいろいろな地域を紹介しますが、後半になると都市の全体像を示す部分もあり、左ページに表記した小さな縮尺も登場します。

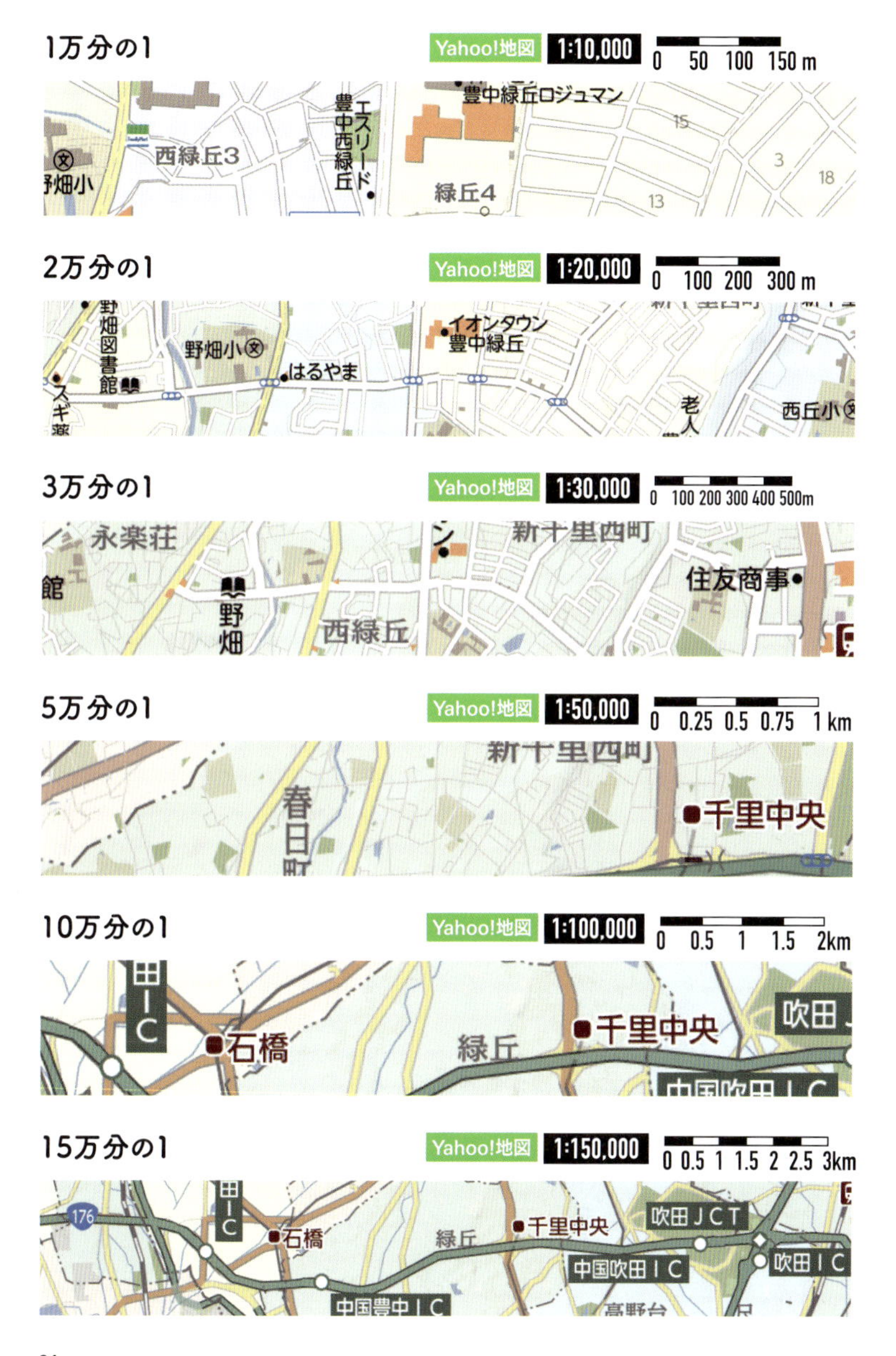
1万分の1
Yahoo!地図
1:10,000
0 50 100 150 m
豊中緑丘ロジュマン
エスリード豊中西緑丘
西緑丘3
野畑小
緑丘4
2万分の1
Yahoo!地図
1:20,000
0 100 200 300 m
野畑図書館
野畑小
はるやま
イオンタウン豊中緑丘
西丘小
3万分の1
Yahoo!地図
1:30,000
0 100 200 300 400 500m
永楽荘
新千里西町
住友商事
野畑
西緑丘
5万分の1
Yahoo!地図
1:50,000
0 0.25 0.5 0.75 1 km
新千里西町
春日町
千里中央
10万分の1
Yahoo!地図
1:100,000
0 0.5 1 1.5 2km
石橋
緑丘
千里中央
吹田
中国吹田IC
15万分の1
Yahoo!地図
1:150,000
0 0.5 1 1.5 2 2.5 3km
176
石橋
緑丘
千里中央
吹田JCT
中国吹田IC
吹田IC
中国豊中IC

点から線へ、線から面へ

ここまで、行く機会の多そうな場所の大きさを、地図上で見比べてみました。しかしそれは、地図上の1箇所の点にすぎません。小さな街でもいくつかの建物が並び、一つの都市になるとその数だけでなく、その配置や分布、距離が重要になってきます。

少々幾何学的な話になりますが、点と線と面の関係をイメージしてみてください。1点しかなければただの点ですが、2点あるとその間には長さ（距離）が生まれます。2点を結んだものが線となり、これは1次元とも言います。車を運転する人は道路標識で「○km」という距離単位を見る機会も多いでしょう。ドライバーはこうして絶対的な距離単位「km」の感覚が無意識に身につきますが、近距離ドライバーや車を運転しない都市生活者はそうとも限りません。そんな曖昧な距離感覚を比べ、絶対的な距離とつなぎ、それを地図上の長さで見比べることで、感覚的に距離感覚が身につくと良いでしょう。ここまでの章ではそんな、1次元の話をしました。

さて、次元は1次元では終わりません。2点で1本の線が生まれますが、3点あると3本の線が生まれ、面が生まれます。このとき、線が増えるだけでなく、線で囲まれた「面」という広い範囲が生まれます。ここから先の章では、面的な見方を紹介します。地図は紙や画面の制約上、2次元までしか表現できませんが、実際の世界には高さがあり（3次元）、時間の流れもあります（4次元）。高さは等高線や道路の模様で読み、時間の経過は新旧の地図を比べて読み解くことができます。

空間の広がり（次元）と地図

点（0次元）

1点しかない状態。

線（1次元）

2点あるとその間には
長さ（距離）が生まれ、
線ができる。

面（2次元）

3点あると線が増え、
その長さ（距離）だけでなく
面が生まれる。

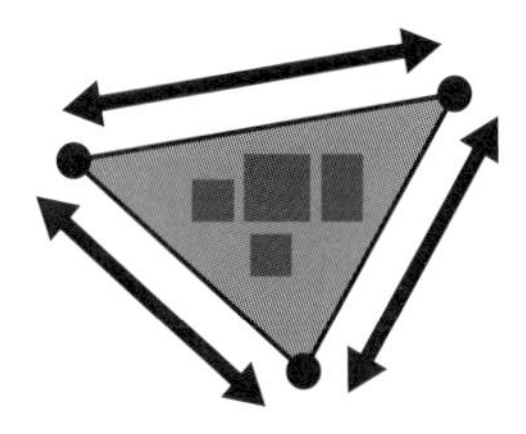

地図は2次元で描かれるが、3次元（傾斜や建物の高さ）
4次元（時間の経過）を推測することもできる。

立体（3次元）

実世界は立体的で、
そこには高さがある。

立体×時間（4次元）

実世界は時間の流れがあり、
その形は常に
変化し続けている。

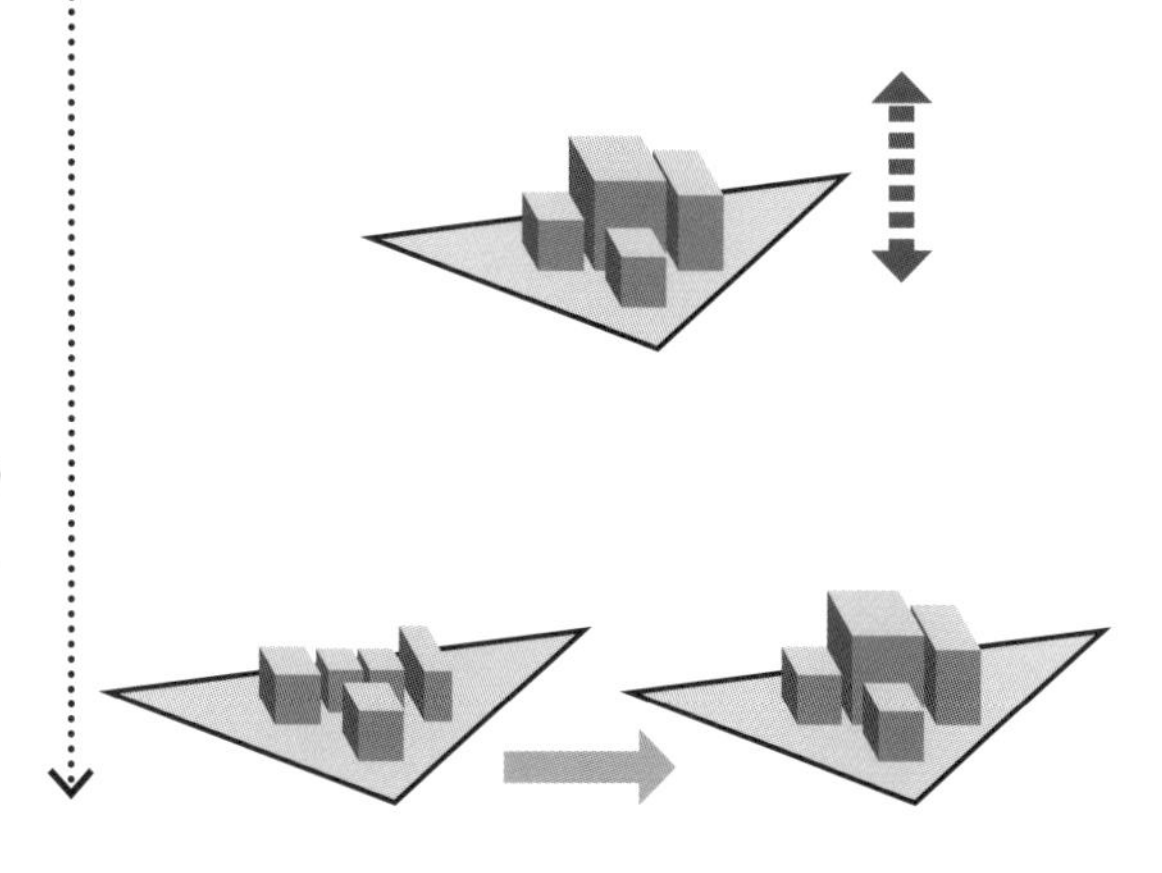

面でつかむ土地勘

ここまで、地図上で「点」（スポット）をみつけて、
点と点をつないだ線の長さ、距離を見てきました。
「線」の1つでもある道路の沿道はどうなっているでしょうか。
また、その周辺はどうなっているでしょうか。
こうして視野を広げると、「面」的な把握を手に入れます。
点と線ではごく一部の場所に限られますが、
「面」で見ると広い範囲を捉えることができます。
地図に描かれた道路の網目模様を見て、
その地域の様子をざっと捉え、土地勘をつけてみましょう。

荒草町
Arakusamachi
久馬町
Hisaumamachi
宮子町
Miyagomachi
鬼頭町
Kitomachi
塔山寺町
Tosanjimachi
敷院東町
Shikiinhigashimachi
百養寺町
Hyakuyojimachi
敷院駅
Shikiin Sta.
中村電鉄日根川線
府庁前
京南府警察本部
浄公院
北平川駅前
北平川
Kita-Hirakawa Sta.
調来町
松遠町
石屋町
荒安町
平川高速バスターミナル
平川駅
Hirakawa Sta.
曙町
平川駅北口
櫛戸町
中電百貨店
柳町
Yanagimachi
平川駅南口
飯町
久松町
Hisamatsumachi
篠田町
Sasadamachi
滝士町
武町
Takemachi
片町
Katamachi
中村市役所
平川区役所
橘山
橘山駅
Kissan Sta.
貝屋町
Kaiyamachi
甲山町
Kozancho
坪屋町公園
坪屋町
Tsuboyacho
平町
Hiramachi
大平川ビル
宗町
Munemachi
持園町
Mochizonocho
晴琳神社
荻山町
Ogiyamachi
切株町
Kirikabucho
柿池町
Kakiikecho
練倉町
Nerikuramachi
広善公園
広善町
Hirozencho
正平橋(1)
Shoheibashi.1
正平橋(2)
Shoheibashi.2
正平橋(3)
Shoheibashi.3
正平橋駅
Shoheibashi Sta.
本堤町
中村市立大学
堀北島(1)
Horikitajima.1
堀北島公園
堀北島(2)
Horikitajima.2
継田町
Tsugutamachi
西巻(1)
平川通
中山堀
Nakayamabori

4 道路模様から密度と地形を想像する

そこにどれだけ多くの人がいるか、人口密度はおおかた、道路の網目の密度で読むことができます。日常的な行動範囲や生活感も見えてくるので、ぜひ想像してみましょう。本書では地形の話は詳しくしませんが、地形で重要なのは平たいか、傾斜があるか。これは等高線から読み解くこともできますが、道路の網目で読むこともできます。

人口密集地から農山漁村までのグラデーション

都市か田舎か、それは何によって印象付けられるのでしょうか。人の多さ、建物の多さ、あるいはそれを育んだ歴史、それによって生まれた文化、地域性でしょうか。文化や地域性を地図から読み解くのは少々難解ですが、人の多さや建物の多さ、いわば大雑把に「都会かどうか」は読み解けます。

　これから、大都市から郊外、農山漁村にかけての変化を、地図でご覧いただきます。地図上の情報や道路模様の描かれ方の変化を感じ取ってください。人口密度も少しずつ少なくなっていきます。

　紙やWebで見られる地形図（地理院地図）は、建物が赤フチで描かれますが、今回は建物の密度が分かりやすいよう、灰色でベタ塗りしまし

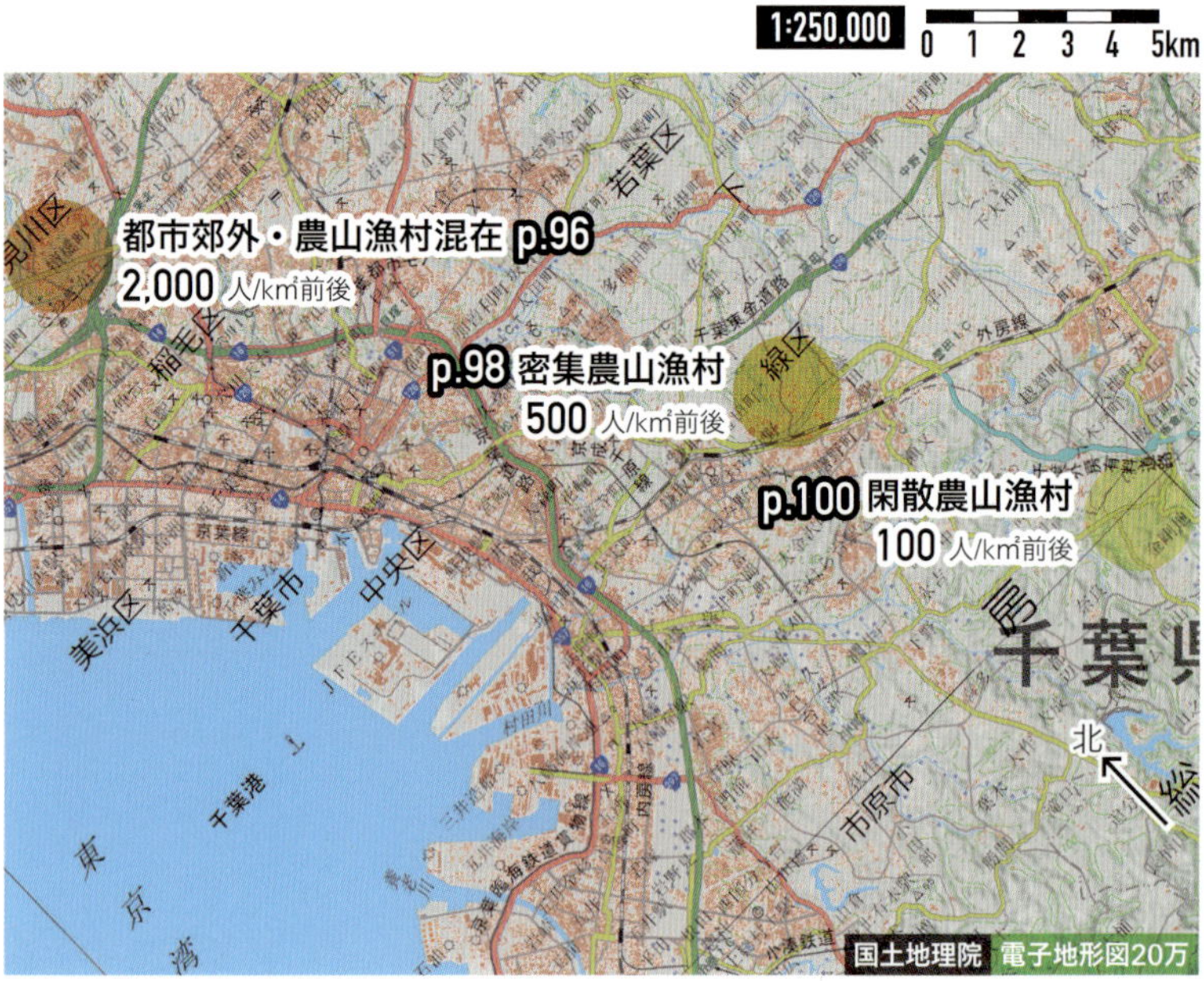

1:250,000
0 1 2 3 4 5km
都市郊外・農山漁村混在 p.96
2,000 人/km²前後
p.98 密集農山漁村
500 人/km²前後
p.100 閑散農山漁村
100 人/km²前後
若葉区
稲毛区
緑区
美浜区
千葉市
中央区
市原市
千葉県
千葉港
東京湾
京葉線
外房線
北
国土地理院 電子地形図20万

た。このように加工できるデータ「数値地図」があるのも地形図の強みです。

今回最も登場回数の多い都市地図は、主要な建物が描かれるだけで、大多数の小さな建物は描かれません。しかし大きな建物（マンションや事業所）や道路網の密度、公共施設や商業施設等主要施設の密度で、人口や建物の密度は読み解けます。これらはむしろ、都市地図の得意分野でもあり、日常生活圏も見えてきます。

加えて、航空写真（空中写真）も用意しました。目を凝らして見る必要がありますが、影の大きさで建物の高さの違いを読み解くことも可能です。

3つの地図（写真）を見比べながら、風景や日常の様子を想像し、この雰囲気や風景はこの地図だとこう描かれる……と、その場所のイメージと地図上の印象をつなげていきましょう。

都会（図左）から田舎（図右）へのコントラスト

古くから今もなお人口密度が高い都会の下町

東京や大阪には、人口密度が1㎢あたり2万人ほどまで人口が密集した市街地があり、日本ではこのくらいが最大です。こうした大都市圏では、高度成長前の時点で広い範囲が都市化し、人口が密集していました。この頃は建物は高層化していないものの、狭い家に大所帯が住む、そんな家がひしめき合うことで人口密度は非常に高い状態でした。高度成長期に入ると大都市圏（首都圏、京阪神）への人口集中が加速し、比較的広い家に核家族が住む郊外の住宅地が周辺に広がります。地方都市では古くからの市街地から郊外住宅地への人口移動が加速しますが、東京や大阪では、絶えず進学や就職による地方からの流入が続き、古くからの市街地は都心至近で利便性が高いこともあり、一人暮らし用のアパートやマンションが増えていきます。古くからの家族層と新しく流入する単身層、さらに単身者が家庭をもって住み続けることもあり、高い人口密度は今も保たれています。

左の地図は東京の代表的な下町、墨田区のものですが、東京の中心地、日本橋から6㎞少々の距離です。マンションから小さな家々まで、建物が密集する様子は地図や航空写真からも見えてきます。よく見てみると、歩ける範囲にいくつかのスーパーやコンビニ、小中学校があります。墨田区だけでなく、東京では大田区や世田谷区等、大阪では淀川区や旭区等、都心より少々外側にある地域では、高度成長前から人口が密集していたことで、個人店がひしめく商店街が形成されました。こうした地域では、高い人口密度が保たれ続け、チェーン店と個人店が共存する商店街が賑わっています。

高度密集住宅地

1:10,000
0 50 100 150 m
都市地図
昭文社 街の達人（全東京）
墨田区
スーパー
スーパー
スーパー
小学校
徒歩圏に複数の
スーパー、コンビニがある
地形図
国土地理院 数値地図（筆者加工）
東向島（四）
東向島（五）
小学校
東向島駅
向島百花園
航空写真
国土地理院 空中写真
小学校の
密度も高い
全体的に
隙間なく建物が密集しており、
細い道路の密度が高い
全体的に
全域の細い路地沿いで
アパート、マンションが多い
小学校
小学校
東向島駅周辺
（東京都墨田区）
16,000 人/km²前後

高度成長前から人口が増加していた大都市郊外

それでは少し外側に目を移してみましょう。さきほどの墨田区から8㎞東にある千葉県市川市、市川駅前です。千葉県内でも東京に近いところの多くは、高度成長以降に住宅が増えたことで都市化しましたが、全域がそうとは限りません。市川駅周辺は1930年台には都市化が進み、高度成長前から市街化していました。とはいえ市街化していたのは市川駅の北口周辺のみで、南口は戦後以降に、駅から離れた地域（この地図の外側）はそれ以降に、高度成長とともに都市化していきます。

ここも墨田区と同様、古くから住む層と新たな単身層の流入が多く、人口密度は1㎢あたり1万人を超えています。このくらいの人口密度だと車がなくてもまったく不便を感じない、つまりは徒歩や自転車圏内で日常的な用事が済み、鉄道やバスといった公共交通網も整ってきます。車での移動は信号待ちや渋滞が多く、駐車場もないか有料となるためむしろ不便となり、自家用車をもつ人は少ない地域です。

前ページと見比べてみると、少しだけですが、建物と建物の間隔が空いているのが分かります。古くからの都市中心部に比べ、郊外（外側）に行くと建物の間隔は空くようになり、少しですが空き地も見られるようになります。そして一番上の都市地図を見ると、チェーン店のアイコンが目立ちます。市川駅前は個人商店も多々ありますが、墨田区に比べるとチェーン店の割合が多く、郊外に行くにつれてこの傾向は強くなってきます。

都市密集住宅地

1:10,000
0 50 100 150 m
都市地図
昭文社 街の達人（千葉）
市川駅
市川真間駅
スーパー
スーパー
スーパー
ダイエー
マックスバリュ
オリンピック
無印良品
地形図
国土地理院 数値地図（筆者加工）
駅付近
スーパーやマンションは
駅、市街地付近のみ多く
商店街もある
航空写真
国土地理院 空中写真
全体的に
少し隙間はあるが建物が密集
しており、細い道路の密度が高い
市川駅周辺
（千葉県市川市）
12,000 人/km²前後

高度成長以降の宅地造成による都市郊外の住宅地

市川駅からさらに15㎞東にある、千葉県八千代市の八千代緑が丘駅周辺です。建物と建物の間隔は空き、田畑や樹木があるのも見えてきます。駅周辺にはショッピングセンター(イオン)やスーパー(ヨークマート)がありますが、すぐ周りをマンションが取り囲み、商店街や、個人商店の存在感はありません。このあたりが都市化したのは1980年以降で、それまでは畑地が広がっていました。高度成長以降に都市化した地域は、均等な大きさの家々が規則的に並び、建物と建物の間隔にも余裕がある他、幹線道路の道幅も太く、個人店よりチェーン店が目立つ様相です。

ところで、この1㎢7000人という人口密度はかなり高いほうで、地方都市では古くからの建物密集地でも1㎢5000人ほど、ということは多いのです。八千代市のみならず首都圏の郊外は、そこまで建物は密集していなくても特に人口密度が高くなりがちです。おそらく他都市圏に比べて地価が高いことで、1人あたりの居住面積が狭く、マンションが多いことで人口密度が高くなり、これだけ人口が集中していても田畑や空き地が残っていると考えられます。

さて、このくらいの人口密度は、公共交通があてになる最低限の人口密度です。駅から離れると、生活必需品が徒歩圏では揃いにくいですが、鉄道は十分に機能し、バスも使えます。ただ、郊外から郊外への移動だと圧倒的に車のほうが便利で、渋滞も少なく、駐車場も多いため、自家用車があったほうが便利になります。そのため、自家用車保有率は高くなります。

都市郊外住宅地

1:10,000
0 50 100 150 m
都市地図
昭文社 街の達人（千葉）
八千代緑が丘駅
イオンモール八千代緑が丘
TOHOシネマズ
ヨークマート
緑が丘1
緑が丘3
緑が丘4
緑が丘プラザ
リーセントヒルズ
浜野胃腸科外科
マツモトキヨシ
スポーツの杜公園
地形図
国土地理院 数値地図（筆者加工）
駅付近
高度成長以降に造成された新興住宅地の駅前は、大型の商業施設、マンションが集中し、商店街はない
緑が丘（二）
貞光寺野
航空写真
国土地理院 空中写真
全体的に
造成された住宅地と農地、山林が混在するが住宅地のほうが広い
八千代緑が丘駅周辺（千葉県八千代市）
7,000 人/km²前後

都市化の勢いを少し受けた都市郊外

続いて、八千代緑が丘駅から6㎞少々南東にある、千葉市郊外の犢橋(こてはし)町周辺です。千葉市は、東京へのアクセスが良い鉄道(JR総武線)沿線は密集した住宅地が続き、市川駅周辺と近い様相の街や住宅地が続きます。しかし鉄道沿線から離れると、都市化の勢いは弱まります。鉄道沿線から離れた犢橋町は、航空写真からは建物群より山林や田畑のほうが広いことが読み取れますが、地図に描かれる文字や色も少なくなり、道路と道路の間隔も広くなっています。道路模様が前ページと比べて変わってきたことには要注目です。

1㎢あたり2000人という人口密度は、首都圏では少ないほうですが、地方都市ではまだ多いほうです。人口10~20万人程度の、県で2~3番目の規模の都市の市街地は、建物は密集していても人口密度はこのくらいです。地方は東京より家屋が大きいこともありますが、若年層が流出し、流入する新住民がいないことで人口が減少するのが一般的です。見た目には建物が多くても、広い家に少ない人数で住んでいたり、空き家が増えたりしています。地図から見える密度は左の地図の千葉市郊外と地方都市中心部で異なりますが、共通するのは車が必要、ということです。自転車でも相当走らないと日用品は揃わず、このくらいの人口密度を切ると、路線バスも走ってはいるものの、待ち時間は長く、行ける場所も限られます。なにしろ周辺の多くの人が車を使うため、公共交通アクセスはあまり考慮されません。とはいえ車を使えば、近い範囲で大抵の用事は済みます。

都市郊外・農山漁村混在

1:10,000
0 50 100 150 m
都市地図
昭文社 街の達人（千葉）
主要道路沿い
このくらいの人口密度だと、
主要道路沿いにのみ、コンビニやガソリンスタンド、
その他ロードサイド店がある
住宅が多い
工場
花島町
花島公園
川辺憩いの広場
千種町
地形図
国土地理院 数値地図（筆者加工）
大都市郊外で広く土地が使える
ことで、工場や物流関連施設等、
広い面積を必要とする事業所が多い
物流関連施設
住宅が多い
住宅地は、地形図は航空写真からは
建物が集中する様子で読み解ける
都市地図には小さな建物は描かれないが
細い道路が密集する様子で読み解ける
航空写真
国土地理院 空中写真
住宅が多い
犢橋町周辺
（千葉市花見川区）
2,000 人/km²前後

人口密度が比較的高い農山漁村

こちらも前ページと同じ千葉市ですが、さきほどの犢橋町から15㎞南東に進んだ誉田町周辺です。ここから2㎞南にある誉田駅から東京駅までは、速くて約1時間を要し、なんとか通勤できる距離ということで、駅周辺に限っては宅地化していますが、駅から離れると、このように都市化の影響をほとんど受けていない農村の光景が広がります。航空写真からも、さきほど以上に田畑や森林が増えていることが読み取れますが、地図を見ても道路と道路の間隔がより空き、文字情報も少なくなっているのが分かります。また、一番上の都市地図は描かれる情報が少ない一方、中央の地形図は植生が、||(田)、∨(畑)、∧(針葉樹林)等の地図記号で描かれるため、地形図のほうが見た目には多くの情報が詰め込まれています。これも、都市の情報に強い都市地図と、農山村も広くカバーする地形図の違いと言えるでしょう。

さて、1㎢あたり500人となると、都市部と比べると格段に少ない人口密度ですが、これでも全国平均(2018年現在約334人/㎢)よりは多く、農山漁村にしては高い人口密度となっています。都市地図を見ると「伊豆山建設」「福田商店」といった事業所の表記が見えます。農地の他に、こうした事業所があることで、そこで働く人が周辺に住み、人口密度も農村部にしては比較的多くなっていると思われます。ちなみに、地形図で見える大きな建物は事業所ではなくビニールハウスです。

密集農山漁村

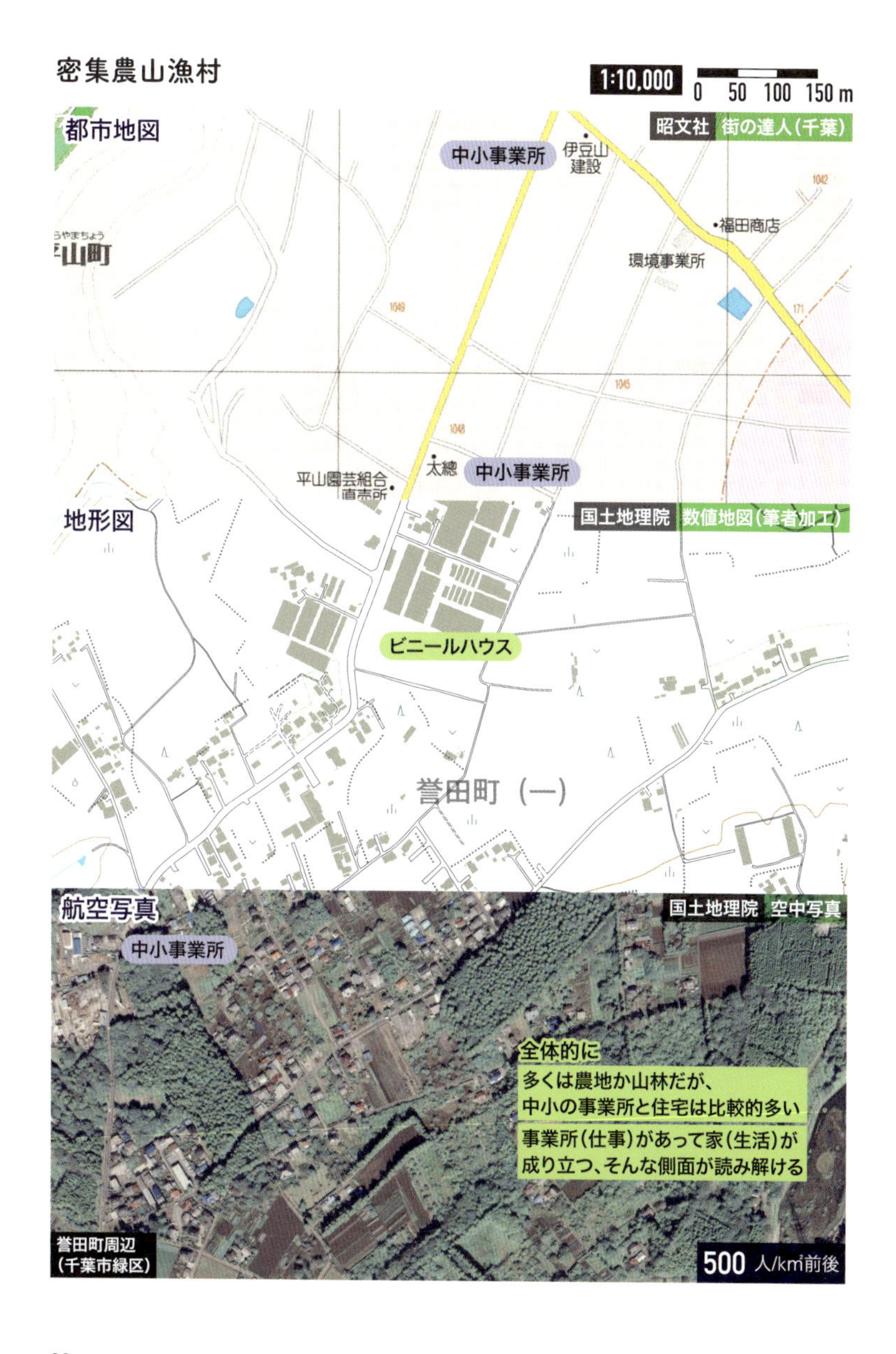
1:10,000
0 50 100 150 m
都市地図
昭文社 街の達人(千葉)
中小事業所
伊豆山建設
福田商店
環境事業所
平山町
平山園芸組合直売所
太總
中小事業所
地形図
国土地理院 数値地図(筆者加工)
ビニールハウス
誉田町(一)
航空写真
国土地理院 空中写真
中小事業所
全体的に
多くは農地か山林だが、
中小の事業所と住宅は比較的多い
事業所(仕事)があって家(生活)が
成り立つ、そんな側面が読み解ける
誉田町周辺
(千葉市緑区)
500 人/km²前後

人口密度が比較的低い農山漁村

最後に、さきほどの誉田町からさらに6㎞南東にある、千葉県市原市金剛地周辺の地図です。1㎢あたり100人という人口密度は全国平均より低いですが、都市部を除いた農山村の平均的な姿とも言えるでしょう。都市地図にはいくつかの事業所（大堀自動車、黒須商会）の表記がありますが、事業所や商店はわずかに点在するのみで、日用品を揃えるには車でそれなりの距離を走る必要がありそうです。

地形図と航空写真からは、起伏のある山林は樹木に覆われ、川が流れる平地に限って田畑が作られ、道路沿いに農家が点在する様子が読み取れます。都市地図は数箇所記された事業所名が目立ちますが、注目したいのは、地図の右半分に点在する、小さく茶色で描かれた数字です。これは地番で、住所の末尾に使われる数字でもあります。地番は明治期に徴税のために付番された土地の番号で、国有地を除きすべての土地に振られました。都市地図はそんな地番をすべて記しているかというと、そうではありません。人家や事業所のある、つまり住所として使われている主な地番は表記し、そうでない地番は省略しています。都市地図上に地番が描かれているということは、つまりそこに使われている建物がある、ということが読み取れます。都市地図には小さな人家の形は描かれないものの、建物や人の存在感を読み取ることができます。ただ、人口密度の低い地域は都市地図は作られず、ここまで細かい読み取りができないエリアも多いのが難点です。

閑散農山漁村

1:10,000
0 50 100 150 m
都市地図
昭文社 街の達人(千葉)
大藤園
128
大堀自動車
黒須商会
住宅が多い
金剛地火の見
地形図
国土地理院 数値地図(筆者加工)
人家が集まる集落は、地形図、航空写真だと建物が描かれるのでわかりやすい
都市地図だと地番(住所末尾の数字)が書いてあるところに人家が多いことが読み取れる
住宅が多い
航空写真
国土地理院 空中写真
住宅が多い
全体的に
ほとんどは農地か山林で、
その様子は航空写真から読み取れる
地形図だと植生が地図記号で
描かれ、自然環境の情報量が多い
金剛地周辺
(千葉県市原市)
100 人/km²前後

道路模様で読める傾斜面

地図から地形を読む方法は、地形図に描かれた等高線を読むのが定番です。等高線と等高線の間隔が密であれば傾斜はきつく、等高線が描かれないところはほぼ平地と言って良いでしょう。しかし、都市部では等高線以外の線（道路等）や文字情報が多く、等高線は見つけにくいのです。その前に、都市地図やネットの地図では、起伏のある山間部は等高線が描かれるものの、建物の多い都市部は省略されがちです。そんな都市地図を見ても、道路の網目模様から傾斜を感じることができます。

まず、「少しずつ斜度が上がる」地図❶を見てみましょう。南東（右下）は神戸市中心部の三宮で、ここは平地です。大通りの道幅は太く、小さな街路は直線的です。一方で北（上）の異人館のある北野町は傾斜地です。大通りの道幅は細く、小さな街路は曲線が多く、これがまさに傾斜地らしい道路模様です。等高線の多い山の近くには階段が描かれており、相当傾斜がきついことが分かります。平地と傾斜地の中間は、道路模様も中間の様相で、直線的とも曲線的とも言えます。全体を見渡すと、平地から少しずつ斜度が上がり、坂道を登ると少しずつ傾斜がきつくなる様子が読み取れます。

次に「平地と傾斜地の境界がある」地図❷を見てみましょう。横浜駅の1km少々西です。緑色の点線より南東（右下）は平地ですが、北西（左上）は傾斜地で、そのコントラストが明瞭です。平地ではすべての道路が縦横無尽に結ばれていますが、傾斜地では地形の制約から道路の形状は複雑で、行き止まりも階段も多くなっています。このように、道路模様から複雑な地形が感じられます。

❶少しずつ斜度が上がる

❷平地と傾斜地の境界がある

道路模様で読む傾斜住宅地の時代

傾斜地の住宅地でも、その模様は実に多様で、そこから宅地開発の歴史を類推することもできます。兵庫県宝塚市の中山台・山手台周辺❶の地図を見ると、南（下）のほうが標高が低く、さらに南に阪急中山観音駅、JR中山寺駅があります。このあたりはもともと山林が広がっていましたが、南から北へ徐々に宅地開発が進みます。地図の南西（左下）、中筋山手2（丁目）付近は、戦後間もない頃に宅地開発が進みますが、前ページの傾斜地の道路模様と似ています。ここは、傾斜した地形がそのまま残り、少しずつ住宅が造成されたところです。高度成長前までは、こうした小規模な開発がほとんどでしたが、高度成長を機に大規模な開発が進みます。中筋山手7（丁目）から中山五月台1（丁目）にかけては、1970年台に造成されたところですが、凹凸のある山林の地形をならし、平地に近いなだらかな傾斜にした上で宅地が整備されました。一方、北東の山手台西1（丁目）、2（丁目）は1990年台の開発で、この中では最も新しい宅地開発です。道路模様を見てみると、車の徐行運転を促すためか、デザインの流行かはわかりませんが、全体的に道路がなだらかなカーブを描いています。

神奈川県相模原市の上溝駅周辺❷を見ると、相模線沿いは道路模様が複雑ですが、これは不規則な農道がそのまま残って宅地化したためで、ここは平地です。ここと陽光台1（丁目）の間には、道路がほとんどなく、隔てられているように見えますが、ここに急傾斜があり、東西の平地を隔てています。また、川の流れる西側が低地で、「台」という地名のついた東側が標高の高い台地になっています。

❶時代によって異なる斜面の住宅地
1:10,000
0 50 100 150 m
昭文社 街の達人（京阪神）
近年の大規模開発
広範囲を面的に整地
道路網は規則的な曲線
高度成長期の大規模開発
広範囲を面的に整地
道路網はわりと直線的
小規模な開発
地形、傾斜面はそのまま
道路網は複雑で曲線的
中山台・山手台周辺
（兵庫県宝塚市）
宝塚東高
中筋
天神川
中山五月台1
山手台西2
山手台中
山手台西1
中山台2
天神川調整ダム
セーリオ
県営宝塚中筋団地
中筋山手5
市営中筋住宅
中筋山手7
中筋下配水池
中筋山手6
中筋山手4
中筋山手2
パークフィールド
グランドメゾン
山本台3
桜台第一公園
中筋山手第二公園
❷急斜面で隔てられた2つの平地
1:10,000
0 50 100 150 m
昭文社 街の達人（全神奈川）
上溝駅周辺
（相模原市中央区）
上溝駅
菱重興産
浄立寺
カミパレス
タイヤマン
星が丘3
陽光台(1)
かみみぞクリニック
上溝
上溝小
上溝小入口
ライオンズ
田中橋
相模線
円應寺
セイクリット
陽光台小
特養ホーム
姥川橋
ウコービル
駅下
上溝中央
花楽

5 新しい道と古い道 沿道の新旧を比べて見る

時代の変化も地図から読み解くことができます。もちろん新旧の地図を見比べるとその変化をつかむことができますが、現代の地図を見るだけでも、刻まれた時代の変化の年輪を読み解けるのです。さて、地図に描かれた様相が大きく変わる時代はいつでしょうか。それは最近のことですが、高度成長期です。その前後を比べて見てみましょう。

地図を書き換えた高度成長を統計で見る

本書ではここから先、地図で時代の変化を見てまいりますが、その中でも特に変化が大きい時代はどこからどこにかけてでしょうか。江戸から明治にかけては国の枠組みが大きく変わった時代で、現在はインターネットや情報技術の進化、変化の速い時代です。いつの時代も変化はありますが，経済的、物質的な変化が重なった時期に、地図上の大きな変化が見られます。日本では、高度経済成長の前後がその大きな変化の時代で、街のでき方、広がり方、建物、道路……と目に見える形で大きく変わります。日本の総人口は、２０１０年にピークを迎え、現在は漸減傾向にあります。人口のみならず、物価や経済状況、街の景色も、ここ20年はあまり大きな変化がありません。裏を返せば、それまで大きな変化が続いていました。それを左ページの統計で見てみましょう。

１人あたりの実質国民所得、住宅延べ面積、自動車保有率は、すべて１９５０年頃から大きく増えはじめ、１９９０年までの間で大きく増加しています。狭い家に多くの人が住む大家族から、広い家に住む核家族主流になり、徒歩か自転車、公共交通に頼っていたのが、車に乗るようになる、といった変化が全国的に満遍なく起こったのです。商工業が活性化することで、農村から都市部への顕著な人口移動が始まります。都市周辺の農村はこれを受けて一気に都市化しますが、同時に駐車場つきの広い家を求めて、都市中心部から郊外への人口移動も顕著になります。高度成長以前に都市化した場合は自動車移動の前提はなく、街は個人商店が連なる商店街が形成されますが、以降は自動車移動を前提とした家や道路網、大規模な量販店が出店する等、街のでき方が大きく変わってきます。こうした変化は地図から如実に感じ取ることができます。

グラフからは見えない変化ですが、1920年前後にも自動車保有率は上昇しています。ちょうど日本で車の大量生産をはじめた時期で、この頃以降は幹線道路の多くが直線的な片側1車線（両側2車線）の道幅になっています。この頃、業務用途や富裕層の移動に車が使われはじめたことで、道路の形や幅を変えましたが、さらに高度成長期の自家用車、広い住宅の国民的な普及は、地図を大きく書き換えることになったのです。

日本における100年間の所得、住宅、自動車の変化

1人当たり実質国民所得：「日本経済の成長率」（大川一司）、「国民経済計算年報」（内閣府）をもとに、一般社団法人日本リサーチ総合研究所が作成したものを加工。
1人当たり住宅延べ面積：「長期経済統計 3資本ストック」（東洋経済新報社）、「長期経済統計 4資本形成」（東洋経済新報社）、「住宅統計調査」「国勢調査」（総務省）をもとに、一般社団法人日本リサーチ総合研究所が作成したものを加工。
1人当たり自動車保有率：「日本自動車史」（尾崎正久）「陸運統計要覧」「運輸白書」（国土交通省）をもとに筆者作成。

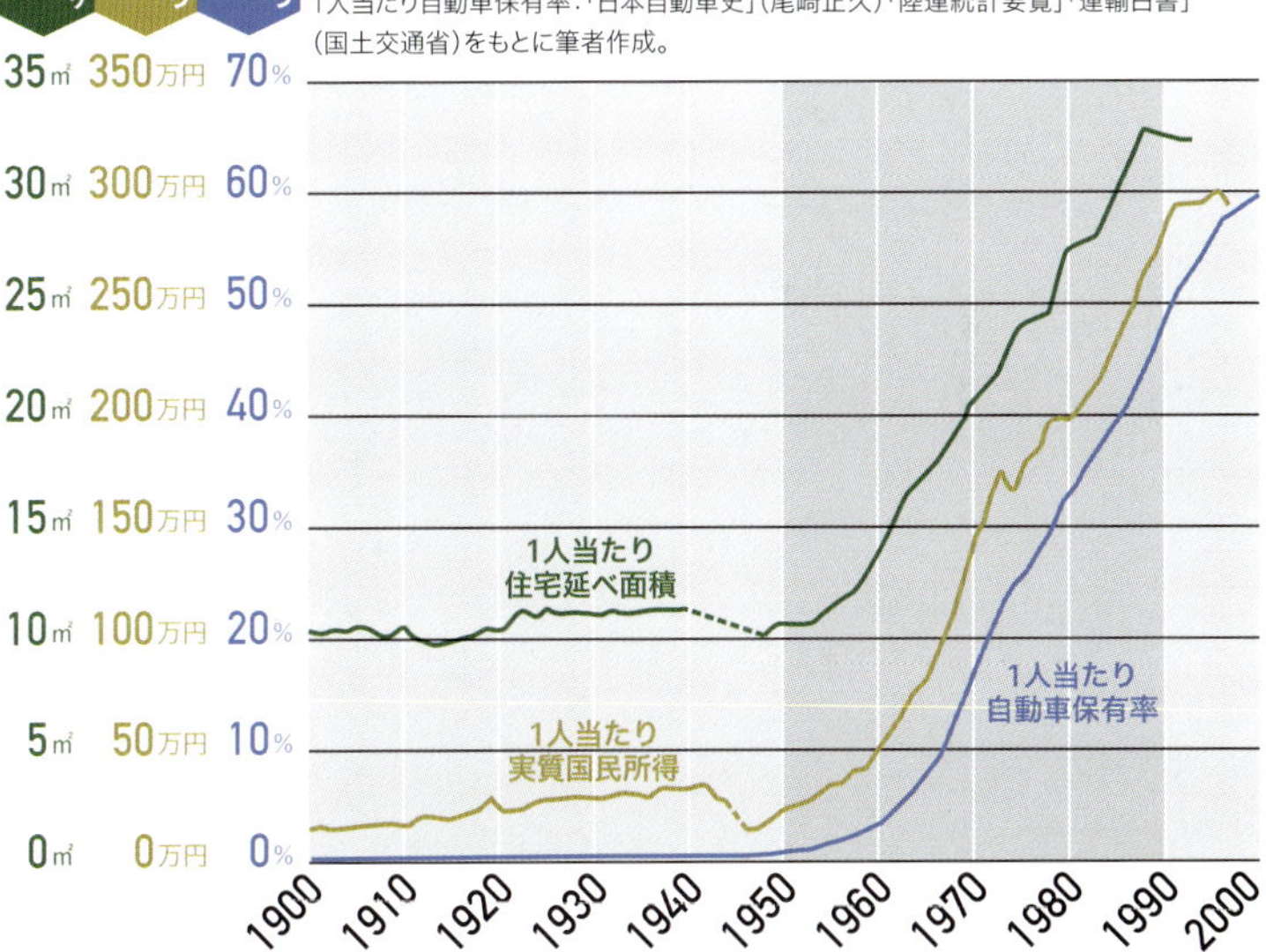

地図を書き換えた高度成長を街の写真で見比べる

それでは、高度経済成長の変化のダイジェストを、1つの街の風景写真を見ながら追ってみましょう。左の3枚の写真はいずれも東京都品川区の大井町駅前の写真です。1953年は、高度経済成長がはじまる頃ですが、狭い幅の道には歩く人が多く見られ、道路中央をボンネットバスが走っています。木造2階建ての建物が連なり、高層の建物や鉄筋コンクリートの建物は見えません。

1971年になると、木製だった電柱はコンクリートに変わり、道路は一気に車で埋まるようになります。この頃大型店も増えはじめますが、都市部では人口増と経済成長の相乗効果で、個人店が集中する商店街の賑わいも増し、経済的に上り調子だったことを物語っています。写真には写っていませんが、この頃から鉄筋コンクリートや鉄骨造の建物がよく建てられるようになってきます。

1989年になると、小規模な建物も高層のものが増え、写真の右半分を埋める白い建物、丸井（現在のヤマダ電機）等、大規模な建物が増えはじめます。この頃から多くの地域で個人商店、商店街を訪れる客数は減少し、その需要を大型店（スーパー等）が取って代わっていきます。新たに商店街が生まれることはほとんどなく、現在も賑わう商店街は、高度成長前から賑わっていた商店街に限られます。

こうして見ると、高度成長の三十数年で人々の生活、街の姿やスケール感が大きく変わったことが読み取れます。ここ30年間は、情報通信の変化はあったものの、街の風景は大きく変わらず、現在の風景は1989年の写真と比べてもそこまで違いはありません。時代の変化は地図にどのような変化、違いをもたらすか、古い道や街と新しい道や街にどのような違いがあるか、ここから先のページで見

大井町駅前（東京都品川区）

大井町駅前（東京都品川区）

大井町駅前（東京都品川区）

ていきましょう。

寺社や信金、個人病院は古い街のサイン――1車線の幹線道路――

センターラインが引かれず、車の行き来を譲り合うような狭い道は、片側1車線もなく、両側で1車線と言えるでしょう。小道ならよくある道幅ですが、これで幹線道路、もはや国道になっている道もあります。車が走らなかった時代は、幹線道路でもそこまでの道幅を要しませんでした。今でも交通量の少ない田舎では、道幅の狭い国道もあります。長野県長野市、旧松代町の岩野を通る谷街道❶もその1つです。部分的に拡幅されているものの、狭い区間もあり、ここは1車線ありません。

交通量の多い区間や都市部ではそのまま残ることはほとんどありません。自動車社会になり、車の往来が増えると、道幅の広い道路が求められ、拡幅されたり、別の場所に作られたりします。道幅の狭い国道の近くに新しい、道幅の広い幹線道路が開通すると、そちらが国道になるのが一般的ですが、まれに国道であり続ける場合があります。大阪府東大阪市の瓢箪山駅付近❷の国道は、ジンジャモール瓢箪山という歩行者専用のアーケードになっていて、中小の商店街が密集しています。こうした商店街は、古くからのメインストリートに形成されるケースが多く、商店街の存在は、人々の往来があった名残を感じさせてくれます。なお、瓢箪山の商店街は今も賑わっています。大阪府羽曳野市の古市駅付近の竹内街道❸を見ると、西（左）側だけ一方通行で、もはや幹線道路とは言えません。沿道には寺院（長円寺）、JA等、古くから地域の中心となるような施設があります。

こうした古くからの街道、幹線道路沿いには、寺院や神社、地元金融機関（地方銀行、信用金庫等）や郵便局、古くから続く業態の店舗（米屋、燃料屋、和食店等）、中小企業、個人病院が多いのが特徴です。ここで挙げた施設の特徴は、自動車が普及する1920～30年台までに既に発達しており、それ以降も建物の面積が変わらないことです。また、八百屋や酒屋が発祥で、業態を変えて小規模な食品スーパーやコンビニエンスストアになる例もあります。

逆に、時代の変化に応じて大規模化を要する施設は移転します。市役所や総合病院は、その役割やカバー人口、職員の増加から、ここ100年でかなり大きくなり、移転を迫られます。

1車線の幹線道路

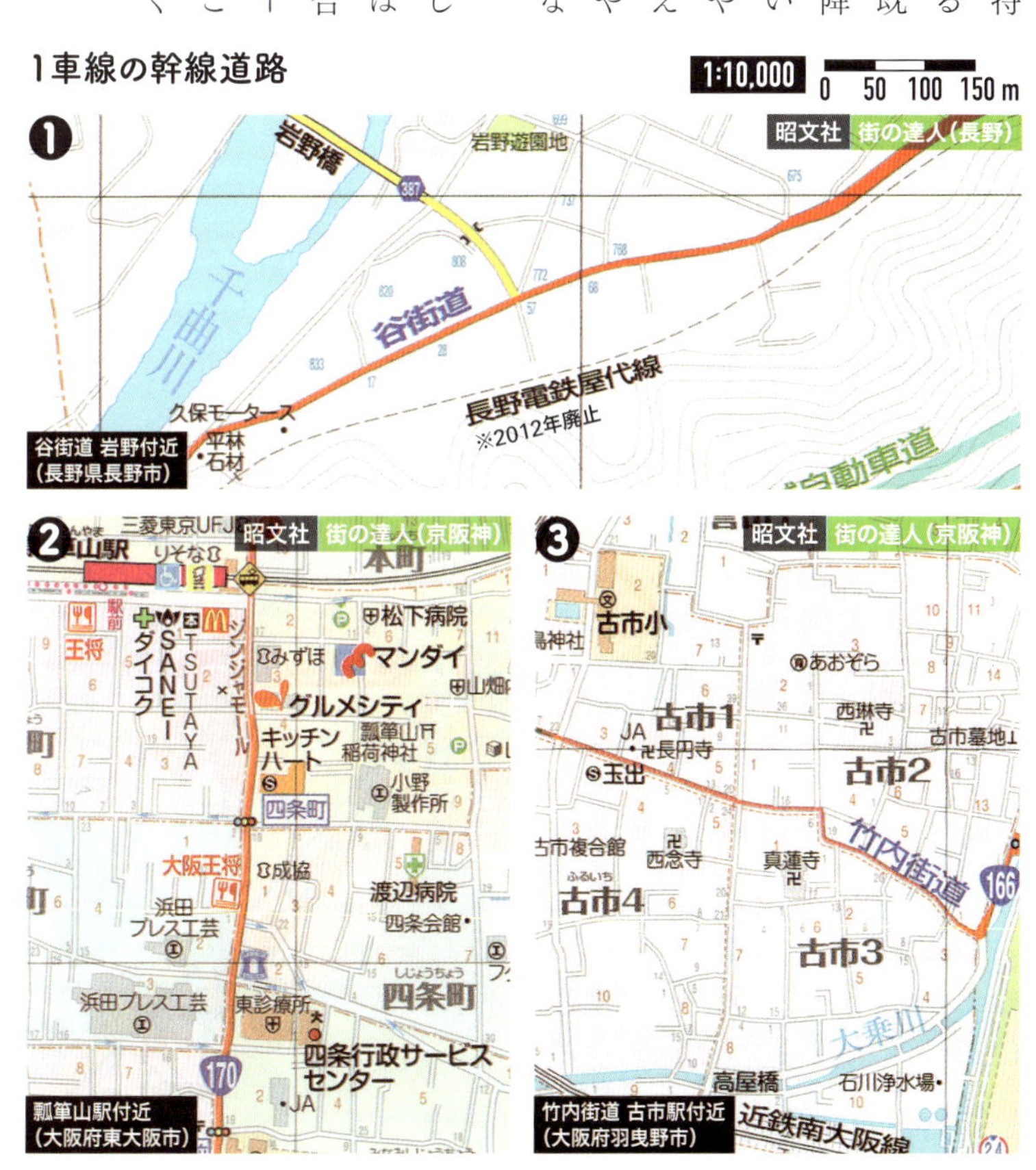

古い店舗もあればロードサイド店もある——2車線の幹線道路——

2車線、つまり片側1車線の道路は、譲り合わずとも車の往来が可能で、幹線道路としての最低条件を満たしていると言って良いでしょう。江戸時代からあった、道幅が狭く屈曲した街道も、1920～30年台に自動車が普及しはじめてから道幅が広げられ、直線的な道に作り変えられます。自動車の普及率が低いうちは、十分に幹線道路として機能しますが、自動車の普及が進んだ1960年台以降は手狭になります。拡幅されるか、郊外に新道ができて旧道として残るかのどちらかです。

さいたま市岩槻区の市宿通り❶は、城下町でもある岩槻の中心地です。岩槻は人形の町としても知られていますが、人形店や家具店、神社（八雲神社）、金融機関（武蔵野銀行、県信金）といった、古くからある施設が沿道にあります。最近まで歩道のない狭い片道1車線でしたが、近年拡幅され、歩道の広い片道1車線の道に変わっています。拡幅しても車線の数が変わらず、一見無意味に思えますが、広域を跨ぐ通過交通の多い幹線道路としてではなく、歩行者や自転車、車の一時的な駐停車をスムーズに捌くための、街の通りとしては、有意義な拡幅でしょう。

同じ道幅でも、埼玉県ふじみ野市の川越街道❷の沿道は様子が異なります。道は古いものの沿道に建物がなかった時代がしばらく続き、高度成長期以降に沿道の人口や交通量が増えたのでしょう。岩槻とは異なり、ファミリーレストランや自動車販売店等のロードサイド店が多数出店しています。

千葉県佐倉市の志津駅付近の成田街道❸は、その両方を含んでいます。東（右）の志津駅付近は地方銀行（京葉銀行）や信金（千葉信金）、郵便局といった、古くからの施設が集中していますが、西（左）

にはマクドナルドやスシロー、自動車販売店といった、ロードサイド型の店舗が集中します。これは、志津駅付近は高度成長前に市街化し、ロードサイド店があるところは当時農地が広がっていて、高度成長以降に出店が進んだものと思われます。

このように、2車線の幹線道路の沿道は新旧さまざまな雰囲気が見られます。高度成長以前に市街化したところは、1車線の幹線道路同様、寺院や地元金融機関、古くから続く業態の店舗が見られます。高度成長以降に市街化したところは、ロードサイド店が見られます。現在は沿道にまだ何もないものの、これから市街化するところもあるでしょう。

2車線（片道1車線）の幹線道路

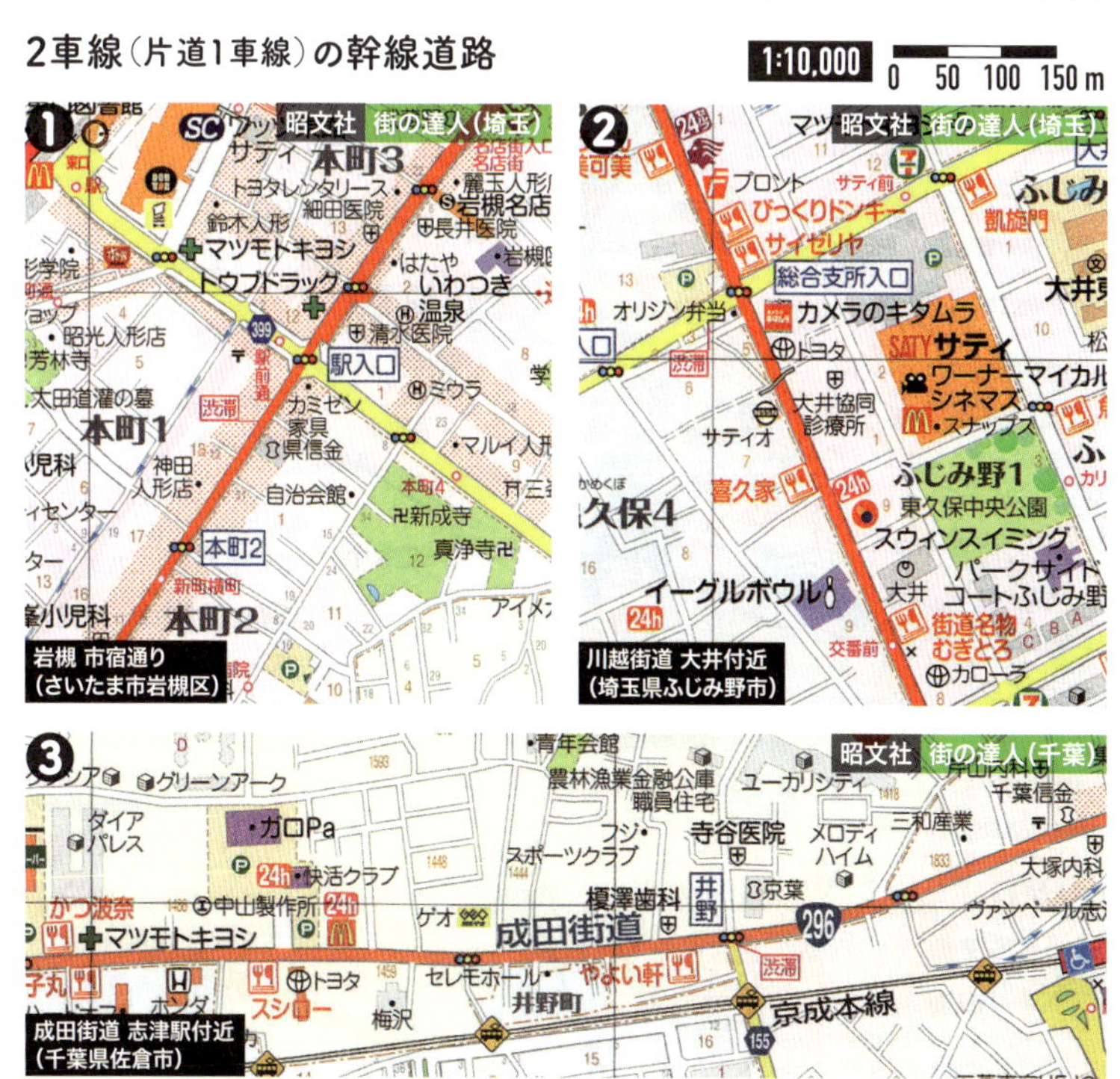

都市郊外のロードサイド店舗も、時代によって大きさが異なる

多くの人が、幹線道路と言って思い浮かべるのは、片道2車線、両側だと4車線以上の道路でしょう。1960年台初頭は10パーセントを切っていた自家用車普及率が、1980年には50パーセントを超えましたが、この前後で日本中が交通渋滞に見舞われ、道路の拡幅や新道（バイパス）の建設が進みました。片道2車線以上の道路は、全国でこの頃から増えています。

大阪府松原市の国道309号線❶の沿道は、大型スーパー（イズミヤ）やロードサイド型商業施設がある他、市役所や警察署等の行政機関が集中しています。この地図に描かれた公共施設は、どれも郊外でよく見るものです。都市近郊の農村部が高度成長とともに都市化すると、人口の激増によって、市役所は業務も職員も増え、より大きな庁舎を建てられる広い敷地を求めて郊外に移転します。それに付随して商工会議所や消防署等も移転します。また、郊外では都市化してから警察署が置かれることが多く、警察署は駅から遠い郊外の幹線道路沿いにあるのが一般的です。地図中の松原市役所は1959年に現在地に移転し、同じ頃に市役所前を南北に貫く国道が開通しています。現在の庁舎はその後1995年に建て替えられました。市役所や幹線道路ができた時代を調べると、都市化、宅地化した時代（大抵はこうしたものができて数年後）も推測がつきます。

神奈川県厚木市の国道412号線❷を見てみましょう。地図を見ると、食品スーパー（そうてつローゼン）をはじめ、チェーン店の商業施設のロゴが並びます。ロードサイド型店舗が並ぶ様子は、大都市郊外から地方でおなじみですが、この道路は1990年前後に開通し、それ以降都市化、宅地化し

ています。

新潟県長岡市郊外❸の地図を見ると、より広い店舗と駐車場をもつ郊外型店舗群があります。この道路も1990年前後に開通しますが、商業施設が発達するのは2000年前後です。2000年以降に広大な田畑や空き地が都市化する場合、沿道のロードサイド店もより大規模になる傾向があります。都市郊外も発達した時代によってこうした違いが見て取れます。

4車線（片道2車線）以上の幹線道路

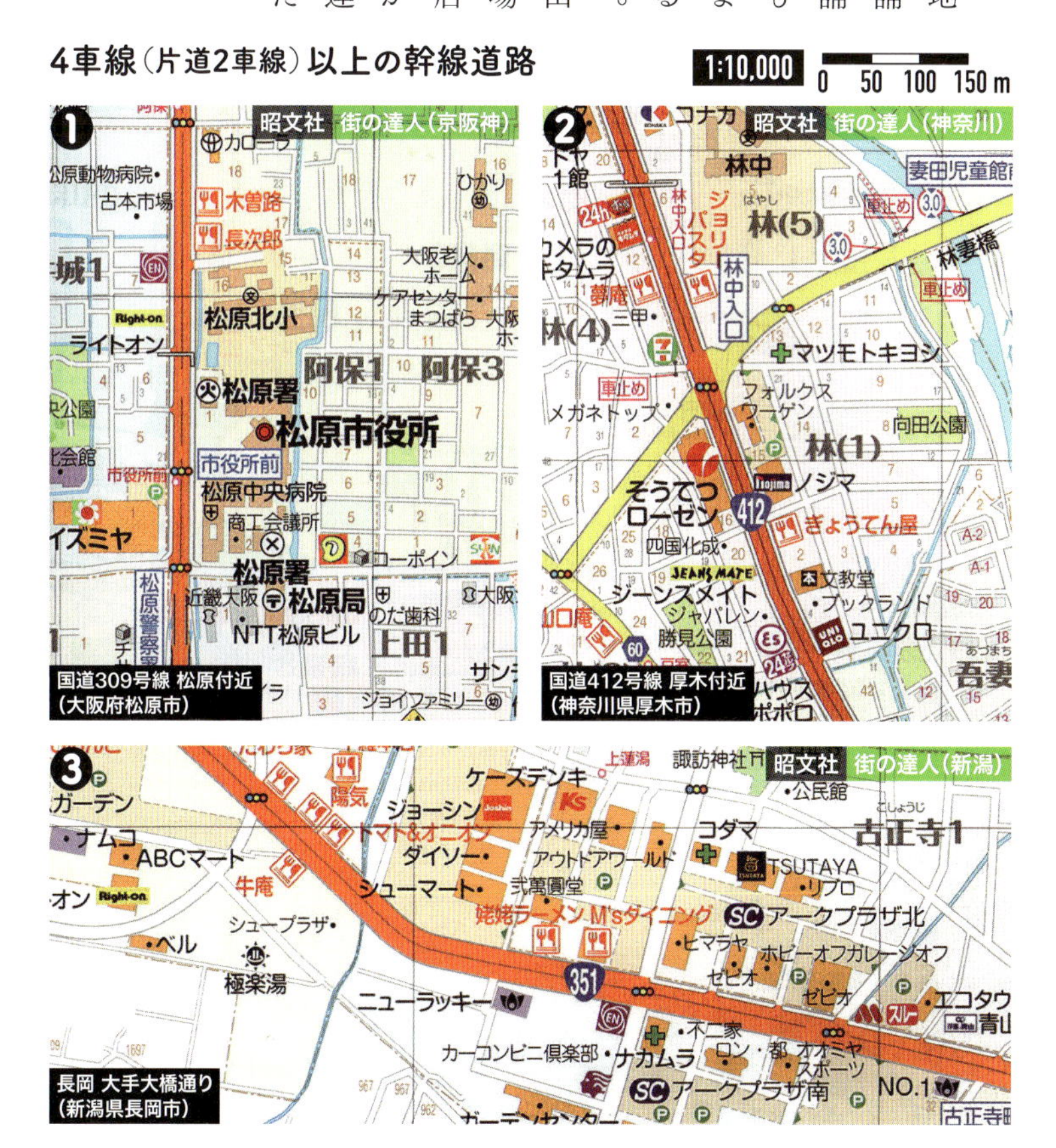

この幹線道路はできたばかり？　できたてを見分ける方法

最後に、できたての幹線道路を見てみましょう。幹線道路でも、開通してから年月が経っているかどうかで違いが生まれます。開通以降の数十年間で自動車通行量や周辺人口が増加し、沿道の集客力が生まれると、前ページで紹介したような多くの店舗が集中する沿道になります。前ページでは商業施設がとりわけ多いところを取り上げましたが、多くの場合、沿道は住宅が多く、事業所や商店はまばらにあるくらいです。しかし、できたての幹線道路の沿道は、地図で見ても空白が目立ちます。それは新たな道路の多くが、建物が少なく、田畑や空地が拡がる郊外に作られるためです。

埼玉県越谷市郊外の東埼玉道路❶は2004年に作られましたが、すぐ南には日本最大のショッピングモール、イオンレイクタウンがあります。部分的にしか開通しておらず、国道4号線でありながら、南北の幹線道路としてはまだまだ途上の状態にあります。道路の中央に広い空きがありますが、ここは将来的に自動車専用道路を作るためのスペースです。現在はそこまで交通量がないため、東西の端の部分のみ、片道1車線の道路として開通しています。

埼玉県春日部市の新4号バイパス❷も似た状況ですが、こちらの開通は少々早く、1987年にできています。片道1車線で暫定的に開通していますが、その東西にある一方通行の側道までの距離に注目しましょう。西（左）側は道路に沿っていますが、東（右）側には空きがあり、将来的に東側にも道路を広げる予定であることが見えてきます。上柳交差点の歩道橋も、道路拡張後に使える形になっています。

最後は2018年3月に開通したばかりの、国道3号線博多バイパス❸です。多くのバイパスは、道路が先にできて、あとで住宅地化しますが、ここは先に住宅地があって、あとで幹線道路ができたことが地図から分かります。それが読み解けるのは、香椎駅東1、3丁目、香椎2、4丁目の境界です。バイパスが先にできていれば、境界はバイパス沿いに引かれたはずです。また、細い道路もバイパスと平行ではなく、不規則です。このようにすでに宅地化した地域で道路を作るのは、多くの家の立ち退きを要するため、かなりの年月を要します。

4車線（片道2車線）以上の幹線道路

1:10,000　0 50 100 150 m

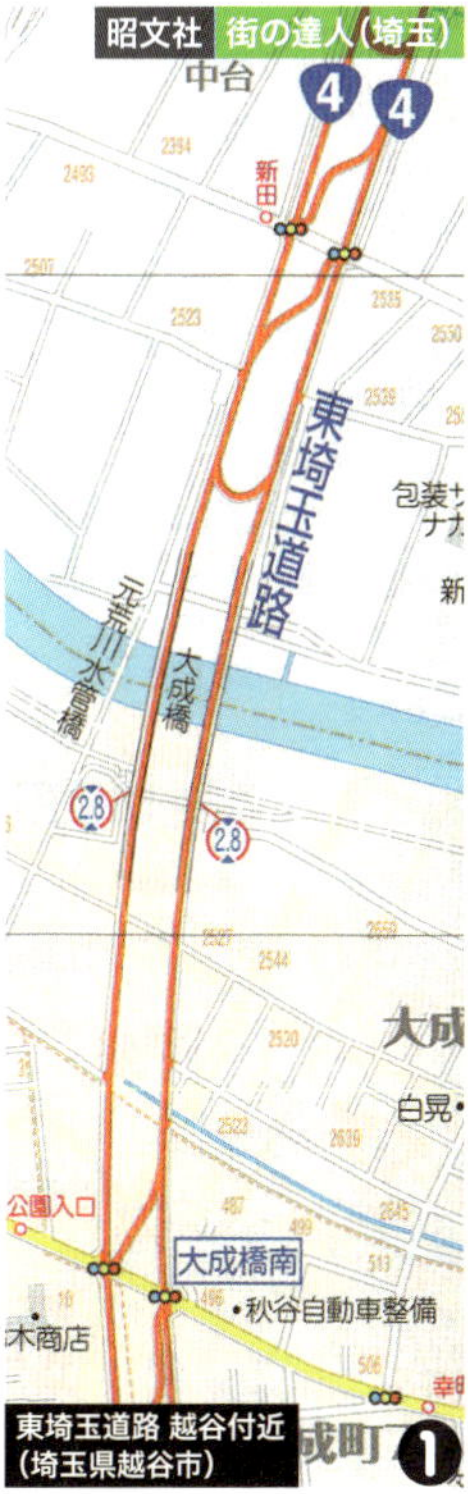

昭文社 街の達人（埼玉）

東埼玉道路 越谷付近（埼玉県越谷市）❶

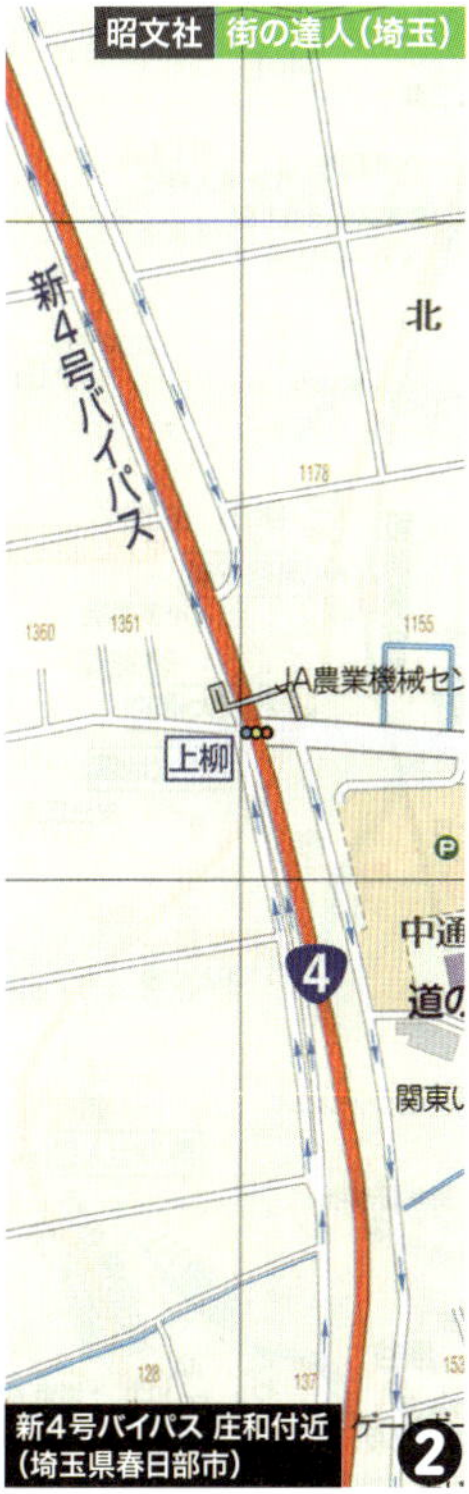

昭文社 街の達人（埼玉）

新4号バイパス 庄和付近（埼玉県春日部市）❷

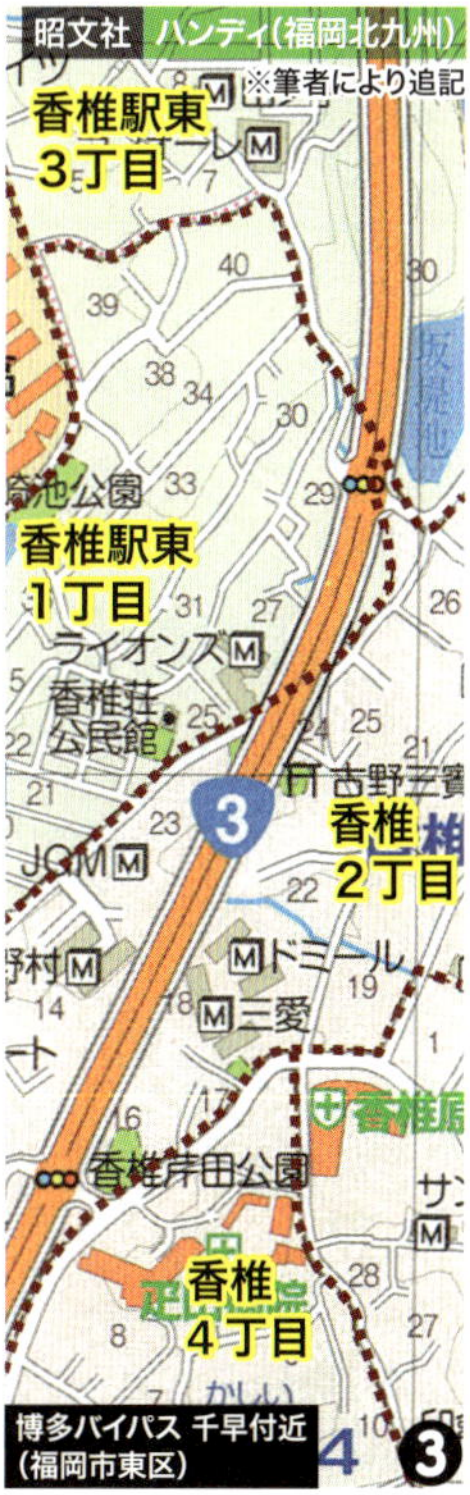

昭文社 ハンディ（福岡北九州）※筆者により追記

博多バイパス 千早付近（福岡市東区）❸

新道と旧道の見分け方――新旧どちらが賑わう?――

それでは、新旧幹線道路の対比を見てみましょう。広島市南区仁保付近❶の地図で目立つのは、国道2号線です。道幅は広く、カーブもゆるやかで、沿道にはガソリンスタンドやコンビニエンスストア、ファミリーレストラン、自動車販売店といった、郊外ロードサイド型店舗が並んでいます。こうした店舗群は、車で移動する人々を集めます。黄色で描かれた道がその旧道で、道幅が狭く曲がっています。仁保新町2丁目交差点付近にあるおおうち(現在はユアーズ)は食品スーパーですが、周辺は薄赤色で塗られています。ここからは中小の店舗が集中する様子が読み取れますが、実際には肉屋や酒屋があります。古くから宅地化し、生鮮品が揃う生活の拠点は、こちらの旧道沿いにあります。

さいたま市緑区原山の国道463号線❷は2本あり、南(下)の細い道が旧道で、北(上)の太い道が新道です。コンビニエンスストアやファミリーレストラン等、新道沿いにありそうなものが旧道沿いにあり、同時に古くからありそうな中小企業の工場もあります。これは新道が全通したのがごく最近(2001年)で、その前にロードサイド型店舗が旧道沿いに発達したためです。一方、埼玉県新座市野火止の川越街道沿い❸は、北(上)の旧道(黄色の川越街道)には中小企業の工場しかなく、南(下)の新道(橙色)沿いに自動車販売店やファミリーレストラン、警察署までがあります。こちらは新道が1960年代に開通し、人口増や商業的な発展がそれ以降に始まったパターンです。新旧の幹線道路の沿道を見比べると、いつの時代の幹線道路で、いつ発展したか、といった変化の年輪が見えてきます。

新道も旧道も賑わう

1:10,000　0　50　100　150 m

国道2号線 仁保付近（広島市南区）

旧道が賑わう

国道463号線 浦和原山付近（さいたま市緑区）

新道が賑わう

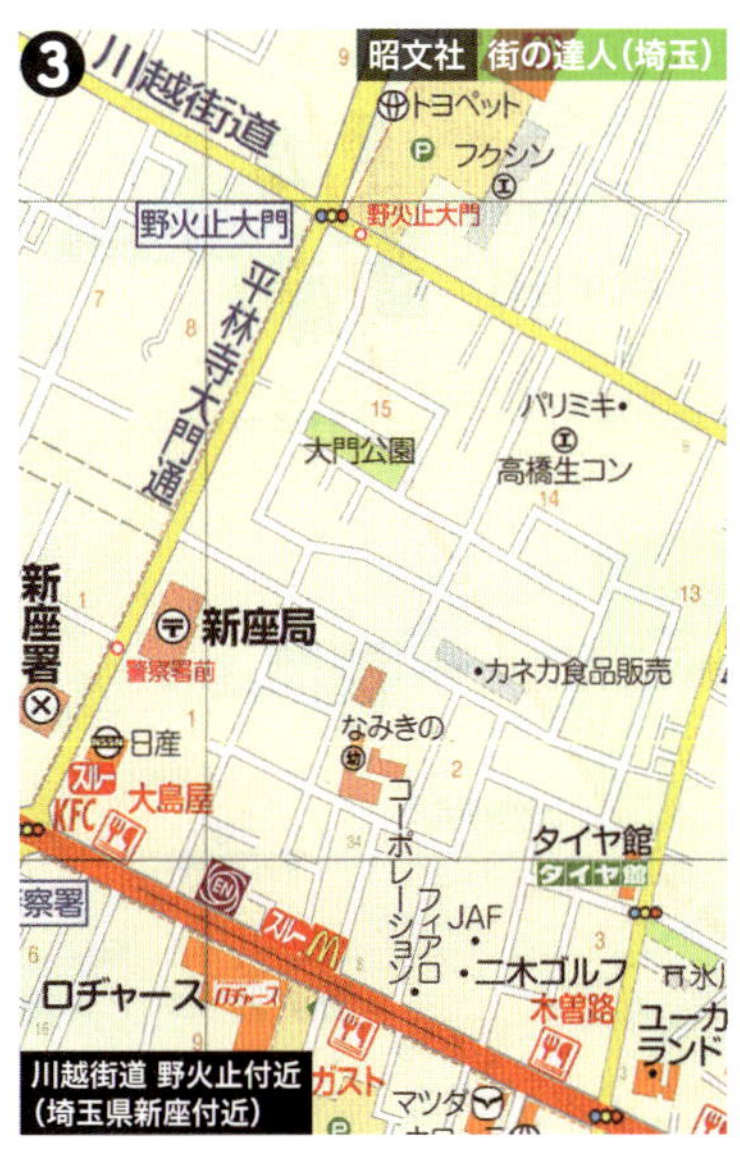

川越街道 野火止付近（埼玉県新座付近）

隠れ旧道をみつけてみよう

これまで見てきた幹線道路は、新道も旧道も、どれもみつけやすいものでしたが、一見みつけにくい隠れ旧道もあります。東京都板橋区の国道17号線（橙色）❶は、古くは江戸の五街道に数えられた中山道です。国道、その上に高架で架けられた首都高速道路（緑色）、地下には都営地下鉄三田線（青色）が走っています。高架、地上、地下の三層で交通量を捌く様子は、今でも主要街道であることを物語っていますが、江戸時代の中山道はここではありません。少し東側にある「仲宿商店街」の通りが旧中山道です。国道の北端には「新板橋」が掛かっていますが、仲宿商店街の北側には「板橋」が掛かっており、こちらのほうが古いことが分かります。よく見ると仲宿商店街の南側に「旧中山道仲宿」という交差点があるので、これは大ヒントとなります。

千葉県松戸市の矢切付近の松戸街道❷の近くにも、よく見ると旧道があります。現在の松戸街道の西（左）側に、同じく南北（上下）を貫く細く曲がった道があり、沿道には矢切小学校や矢切神社があります。旧道沿いは寺社や地元金融機関、郵便局のみならず、小学校があることも多いのです。古くは長崎街道の宿場町、現在は北九州市の副都心である黒崎❸では、黒崎駅前を東西に貫く国道3号線（橙色）ができる前は、細く曲がった長崎街道がメインでした。現在その一部はアーケード商店街になっています。兵庫県伊丹市の昆陽寺（こやでら）付近の西国街道、現在の国道171号線❹は道幅が広く直線的ですが、よく見ると昆陽寺の南（下）側には色々な寺院が集中しています。以前の西国街道はこれを避けるように曲がっていたと考えられます。

みつけにくい旧道

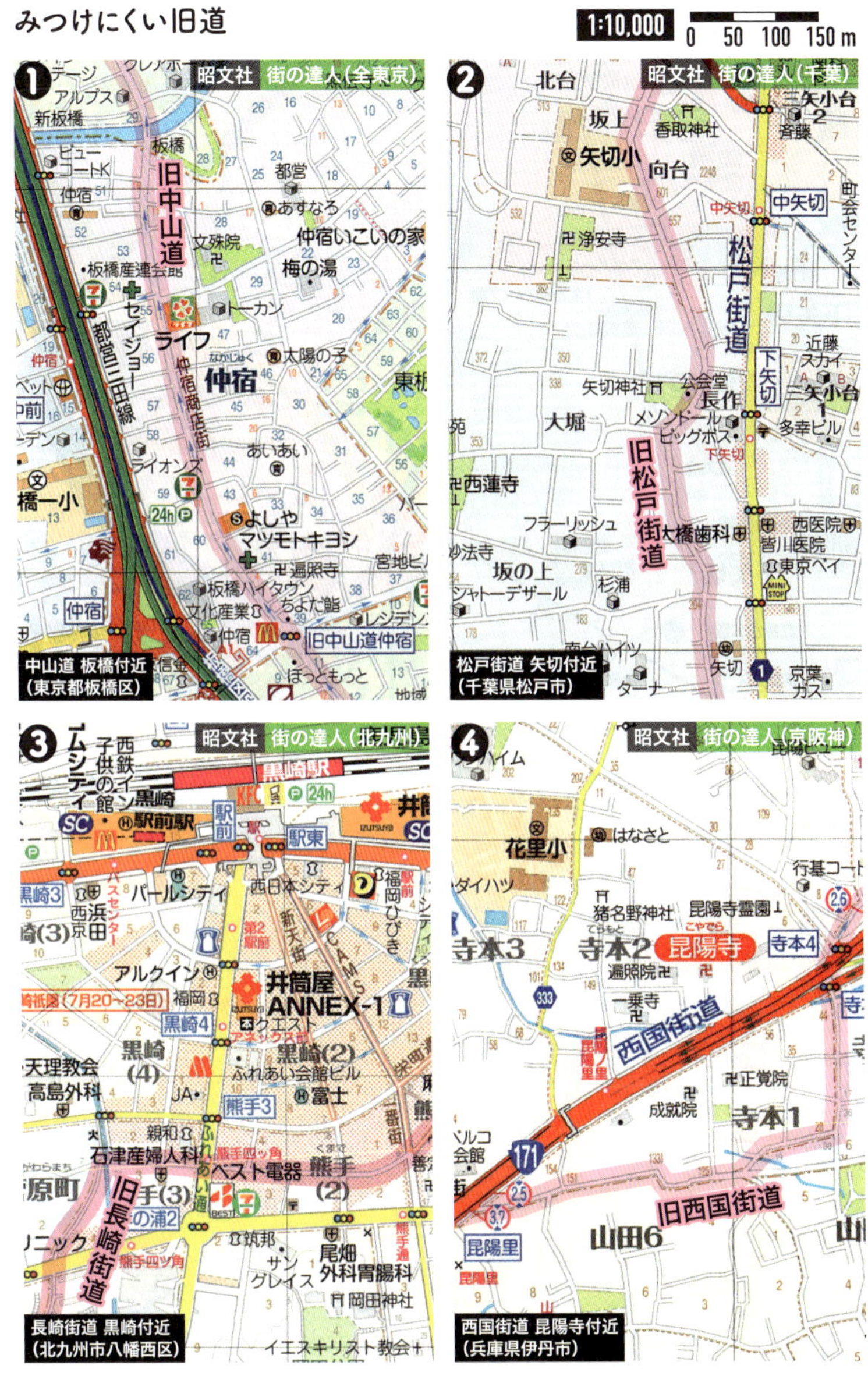

中山道 板橋付近（東京都板橋区）

松戸街道 矢切付近（千葉県松戸市）

長崎街道 黒崎付近（北九州市八幡西区）

西国街道 昆陽寺付近（兵庫県伊丹市）

古地図から道路の変化を追う

幹線道路は時代によってその道幅を変えています。前ページの板橋付近の変化を古地図❶で見てみましょう。1916年は現在の仲宿商店街、中山道の旧道が現役で、建物が拡がるのは、当時の中山道沿いに限られています。中山道の100mほど西（左）側は建物がありませんが、1929年にはそこに新しい道路ができているのが確認できます。これは自動車が国内で普及しはじめた時期です。1955年になると、周囲は全体的に建物で埋まってきて、道路の中央に路面電車（都電志村線、1944年開通）が通っていますが、その後、道路の渋滞が深刻になったことや、地下鉄工事着工のため、1966年に廃止されます。たった22年で廃止になるのも、時代の変化の速さを感じさせられます。1968年に都営地下鉄三田線が開通、1977年に首都高速道路（5号池袋線）が開通、わずか10年で激変します。1988年の地図を見ると、現在の三層構造が出来上がっているのが分かります。

また、新しい道路が作られず、古くからの道路の道幅が少しずつ広がっていく例もあります。杉並区下高井戸の甲州街道（国道20号線）❷は、1929年の地図を見る限り、片道1車線あるかないかの道幅ですが、1955年までの間に拡幅され、1988年には板橋同様、上に首都高速道路（4号新宿線）ができていますが、このときも拡幅されています。沿道に建物がある場合、道路の拡幅の際には建物の立ち退きが必要になります。全国各地で、今まさに拡幅が行われようとしている道路があります。小さな数軒の建物が立ち退かず拡幅ができない風景を見たことがある人も多いのではないでしょうか。

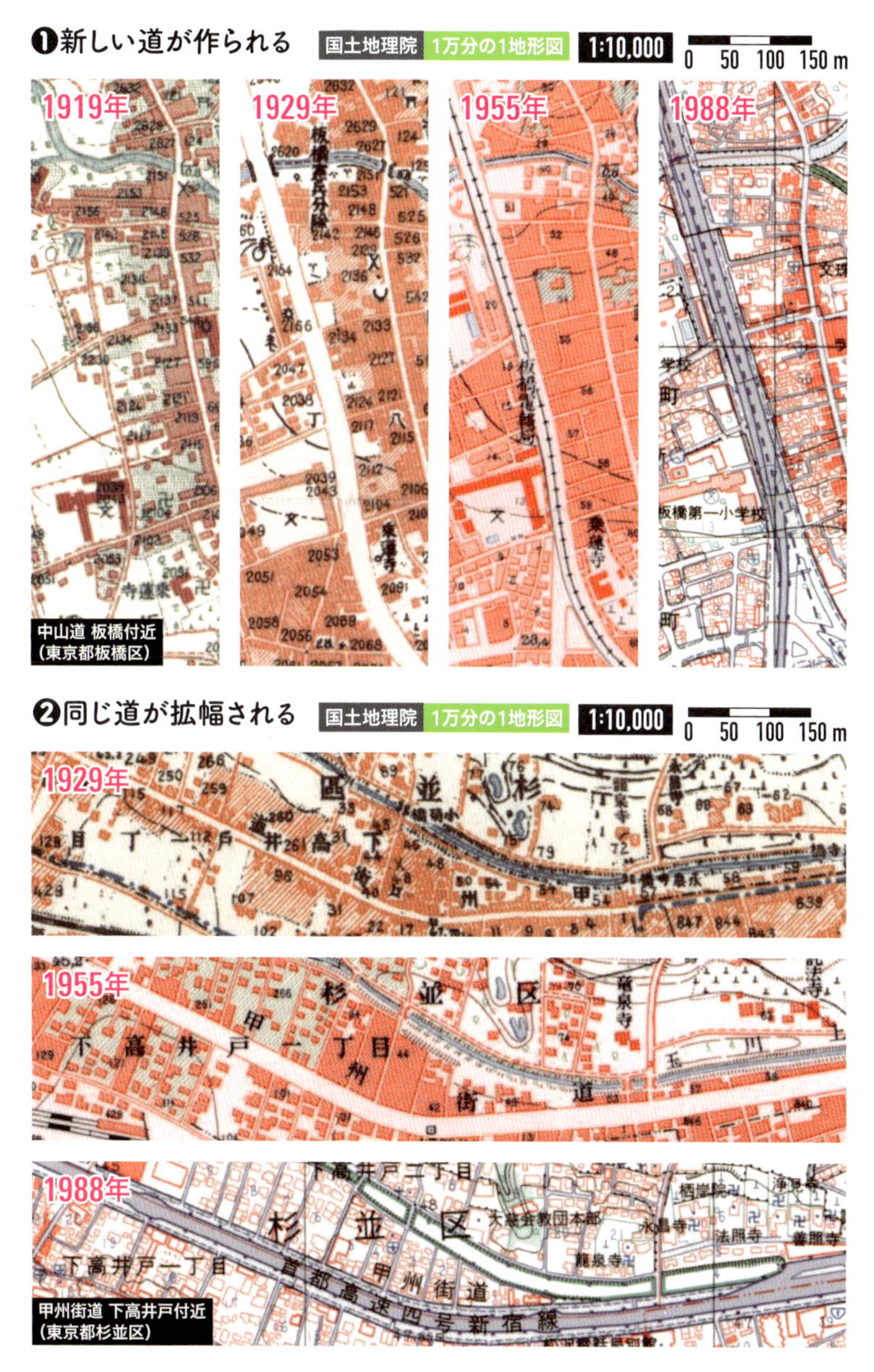
❶新しい道が作られる
国土地理院
1万分の1地形図
1:10,000
0 50 100 150 m
1919年
1929年
1955年
1988年
中山道 板橋付近
(東京都板橋区)
板橋第一小学校
❷同じ道が拡幅される
国土地理院
1万分の1地形図
1:10,000
0 50 100 150 m
1929年
1955年
杉並区
下高井戸一丁目
甲州街道
龍泉寺
1988年
杉並区
下高井戸一丁目
下高井戸二丁目
甲州街道
首都高速四号新宿線
大乗会教団本部
龍泉寺
永昌寺
法照寺
栖岸院
善照寺
甲州街道 下高井戸付近
(東京都杉並区)

6 地図模様から生活感と歴史を想像する

ここまで、新旧の道路や、その沿道の比較を見てきました。これまで「線」状の道路、沿道を見てきましたが、いよいよここから視点を「面」的に広げていきます。似たような道路模様でも、その成り立ちはさまざま。色々な例を見ながら、想像を膨らませてみましょう。また、道路模様を大きく変える「区画整理」にも要注目です。

点から線、線から面へ ―面でつかむ全体感―

第3章の冒頭で、地図が一次元から四次元へ、点から線、面、立体、さらにその時間的経過……と拡がっていく話をしました。では、どうしたら地図上に映された地域のリアリティをつかめるのでしょうか。それでは、建物を1つの「点」と考え、建物の新旧から街の新旧を読み解いてみましょう。地図には小さな建物やその新旧の差は描かれません。線的、面的な把握は、地図上には描かれない情報を読み解く鍵になります。左の図は架空のものですが、古い建物を●、新しい建物を■で描いた概図です。

2、3軒の建物❶であれば、それぞれの特徴を把握したり、記憶したりできますが、10を超えると❷なかなか覚えられなくなります。たくさんの点があると、1つ1つの点ははっきり見えません。それでは少し見方を変えてみましょう。建物があればその前に道があります。道は、建物と建物(点と点)を結ぶ線でもあります。道路をみつけ、新旧の沿道ごとに分けてみると❸、古い道路沿いに古い建物が多く、新しい道路に新しい建物が多い、という傾向が見えてきます。つまり、古い道路をみつければ、そこには古くからの建物が多いと推測でき、逆もまた然り❹です。もちろん、建て替えて新しくなることもあれば、古くからあった建物の横に新しい道路ができる場合もあります。新道と旧道の見分け方や、新旧の道路沿いにどんな傾向があるかは、さきほど第5章で紹介しました。これが「線」的な捉え方です。

線も、少しであれば把握しやすいものの、実際にはたくさんの道路が縦横無尽に走っていて、道路

❶点の把握

建物1つ取っても、色々な建物があります。
古い建物を●、新しい建物を■とします。
2〜3点なら、把握できますが…

❷点が増えると…

点が増えると、1つ1つの点を
認識しにくくなり、
「点がいっぱい…」という印象です。
建物の新旧の傾向もつかみにくくなります。
「点がいっぱい…」という印象です。

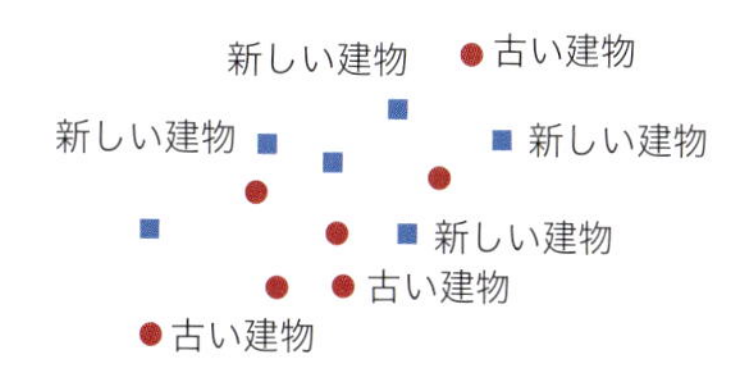

❸線をみつけてみると…

次に線、つまり道路をみつけます。
新しい道路と古い道路をみつけると、
少し傾向が見えてきます。

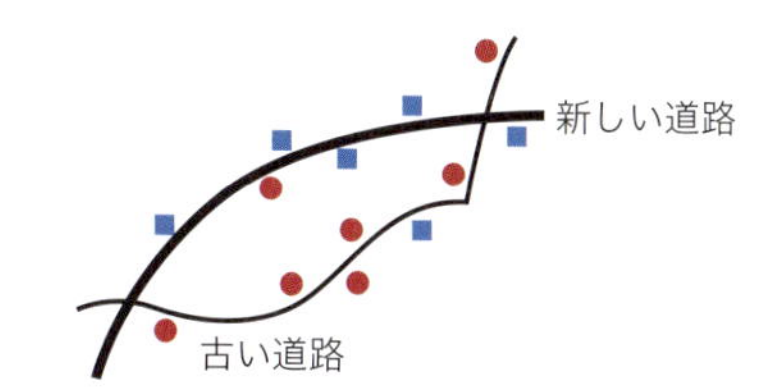

❹線ごとに分けてみると…

新しい道路沿いと、
古い道路沿いの2本に分けて、
沿道を見てみると、
新旧道路沿いの違いが見えてきます。

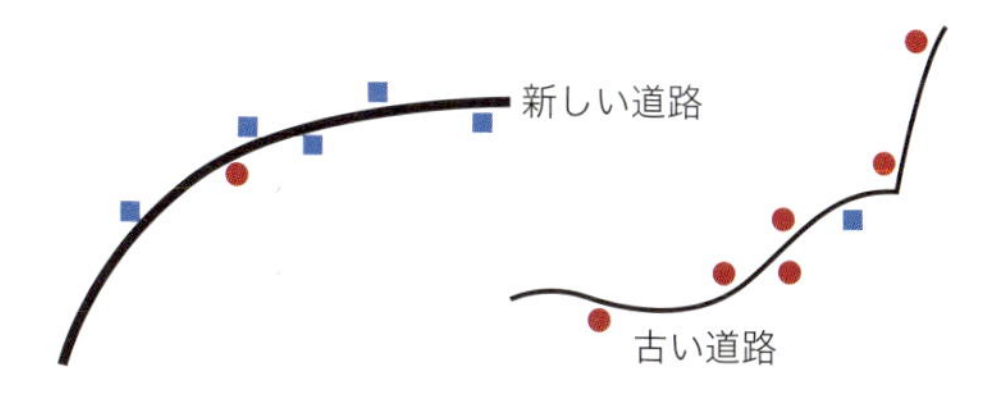

を見るだけでも混沌とした印象を受けてしまいます❺。特徴的で、傾向が出やすく、地図上に情報（つまりは行く人の多い施設や目印）が多い幹線道路に着眼点を絞ると❻、よりシンプルになります。こうした情報の取捨選択をすれば、混沌とした全体像をつかめます。

しかしこれでは限界があります。幹線道路の沿道以外の広い範囲がつかめません。そこで、「面」的な捉え方の登場です。理想としては、新しい建物が多い地域と古い建物が多い地域をグルーピングできると、「あのへんは古い」「あのへんは新しい」という全体的な傾向が見えてきます。❼の図では、水色のエリアは新しく、ピンク色のエリアは古いという傾向が見えてきます。とはいえ先述の通り、建物の新旧は描かれないので、実際の地図からこうした読み解き方はできません。

地図でできる面的な読み解き方は、「線の模様を面的に見る」ことです。地域によって、細かい道路模様が異なるのです。❽の図だと、左上の青色の線で描かれた道路網は、なめらかな曲線で、ここが新興住宅地であることが予想できます。その右の緑色の道路網は、規則的な直線が交わる道路模様で、昭和以降の住宅地でしょう。下の赤色で描かれた道路網は、直線的ながら不規則で、行き止まりも多く、ここは明治以前から市街地だったと思われます。その右下、橙色の道路網は、不規則な曲線で、古くは農地で、現在もそのまま農地か、あるいは道路網は変わらず宅地化しているという予想がつきます。このように、地図模様のパターンを読むだけでも風景の察しがつくのです。

❺線が増えると…

道路も、2本だとシンプルですが、
実際にはたくさんの道路が
網の目のように広がっています。
線もまた、多いと混沌とした印象です。

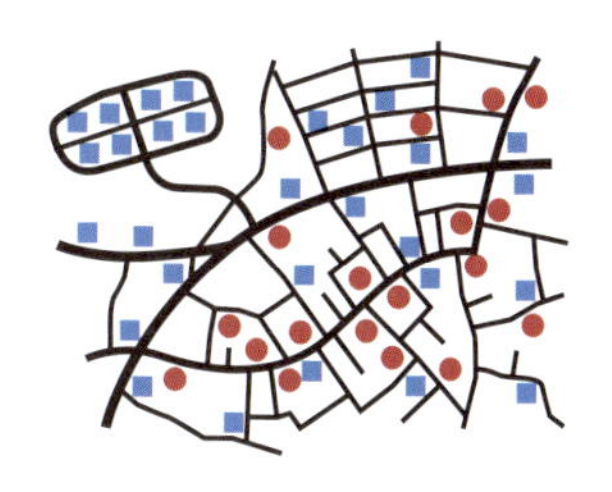

❻線を抽出する

前のページでは、その中の象徴的な道…
幹線道路を抽出しました。
このように、特徴を捉えやすい道路だけ
ピックアップすることも重要です。

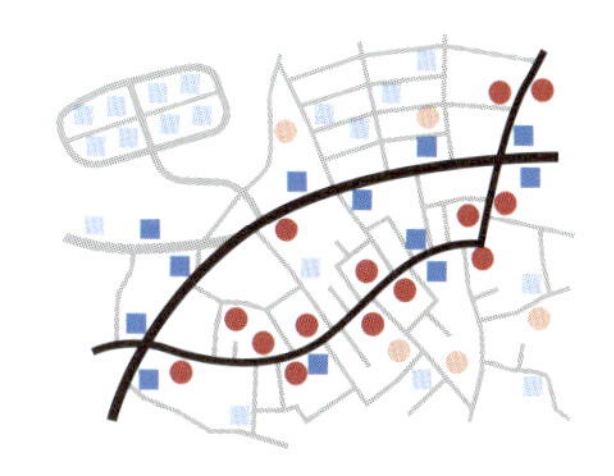

❼面的な傾向をつかむ

しかし、幹線道路が通る地域は
一部の地域に限られます。
それ以外の地域は、
新旧の建物が集中する地域を
グルーピングするとつかみやすくなります。

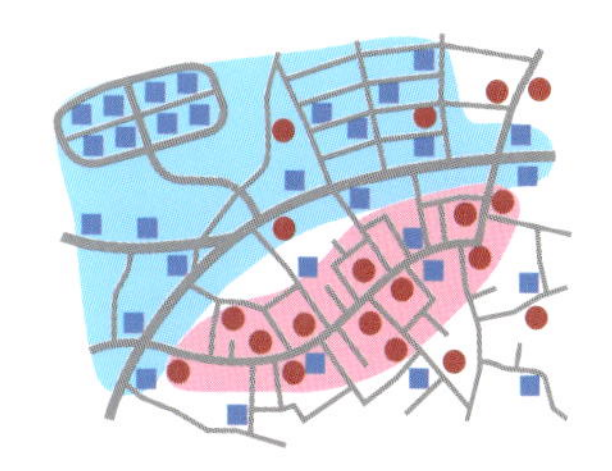

❽線の模様を面的に見る

建物の新旧は地図に描かれないため、
上記のグルーピングはあくまで理想論です。
しかし、道路の網目模様を見てみると、
模様の違いが見えてきます。
そこにその土地を読み解く手がかりがあります。

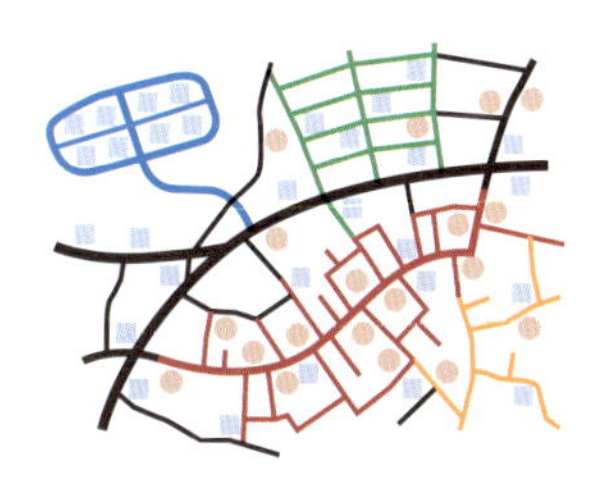

鮮やかな新旧の対比を地図で見る

それでは新旧の対比がわかる地図を見てみましょう。左の地図は千葉県香取(かとり)市の市街地ですが、2006年の合併まで佐原(さわら)市だったため、ここを佐原と呼ぶ人も多く、駅名も佐原駅となっています。この佐原駅を境に、南北で道路の網目模様が異なるのが分かります。北(上)側は、直線の規則的な道路模様が広がっており、ファミリーレストランやコンビニエンスストアのチェーン店が多いことも読み取れます。一方、南(下)側は曲がった道路が多く、行き止まりもあり道路模様は不規則です。文字情報を見ると、南側は寺社や金融機関、個人病院、旅館が多く、「中村屋」「山田屋」といった個人商店(それぞれ雑貨店、飲食店)も見えてきます。大通りも細かい道路も北側のほうが広く、南側は狭くなっています。北側には、橙色背景の「北1(丁目)」~「北3(丁目)」、南側は水色背景の「佐原イ」という町名が見えます(千葉県、石川県の一部ではイ、ロ、ハと順番に振られた大字(おおあざ)名があります)。佐原イの文字の近くに「浜宿」「本川岸」「横川岸」といった地名も書かれていますが、これは大字の下に続く「字(あざ)(小字(こあざ))」です。大字はおおむね江戸時代の村の範囲、字は小さな集落の範囲です。

佐原は古くから利根川水運の中継地として栄えた街で、小野川沿いの古い街並みは小江戸とも言われ、観光地になっています。道路の新設や拡幅はせず、古くからの景観を残し、その外側(佐原駅北側)が新しい市街地となったのです。市役所は以前は南側にありましたが、1957年に北側に移転しました。新旧の対比が鮮やかな佐原の地図には、これから説明する多くの要素が詰まっています。

南北で鮮やかに新旧が分かれる街

新旧と粗密のゆるやかな対比を地図から読み取る

前のページでは、南北でくっきり鮮やかに分かれる例を紹介しました。しかし、世の中それほどわかりやすくもありません。新旧や粗密の差異がゆるやかだと、普段生活している街であってもその差はなかなか感じ取れないものです。ここでは、新旧の境界が明確でなく、ゆるやかに、グラデーションのように変わっている例を紹介します。

新潟県燕市中心部の地図を見てみましょう。大きく分けて、東（右）が古くからの街、西（左）が新しくできた郊外です。燕駅の南（下）、寺社や金融機関、病院がある「宮町」「仲町」が、古くからの中心市街地です。また、宮町、仲町は小字名で、このあたり全体の大字は「燕」です。道路も直線的ながら不規則な模様で、道路と道路の間隔は狭くなっています。

次いで地図中央の「白山町1（丁目）」「白山町2（丁目）」を見てみましょう。道路と道路の間隔は少し空き、どの道路も曲がっていますが、ここは中心市街地の周縁にできた住宅地です。飯塚金型や大塚プレス工業といった、中小企業の工場の表記がありますが、燕市は洋食器をはじめとした金属加工で有名な都市です。さらに西（左）に目を向けると、原信、ウオエイの文字が見えますが、これは大型の食品スーパーです。このあたりは道路は規則的に直交する網目模様になり、道路と道路の間隔も空いてきます。田畑が拡がる郊外に、新しい建物が建ちはじめた、新しい郊外であることが読み解けます。

地方市街地のグラデーション

1:10,000
0 50 100 150 m
昭文社 街の達人（新潟）
古くからの市街地周縁
もともと田畑が広がっていた地域。現在も田畑は多いが、道路網は作り直され、新しくスーパーが作られている。
古くからの市街地周縁
古くからの市街地の外側は工場や住宅が多い。そのため道路網を作り直すことができず、道路は曲がったまま。
古くからの市街地
道路は直線的だが、道幅は細く、不規則。また、地元金融機関や寺院が多く、古くからの市街地だということが読み取れる。
燕市街地
（新潟県燕市）

直線的？　曲線的？　いくつもある道路網の網目のパターン

さきほどから、新旧や粗密のコントラストを、道路の網目の模様から読み解いてきました。ここはとても重要です。なにしろ、道路模様のパターンを覚えると、地図を見ただけでそこの歴史や風景が浮かぶようになるのです。

道路と道路の間隔が密だと建物が多く、空いていると建物が少ない……というのが一般的な傾向ですが、例外もあります。また、直線的な道路と曲がった道路は、どちらが古くから人が住む地域で、どちらが新しく人が住みはじめた地域なのでしょうか。答えは「どちらとも言えない」のです。それでは、どういう違いが直線と曲線の違いを生み、そこから何が読み解けるのでしょうか。

直線状の道路模様は、街や農地を人為的に作ってきた軌跡でもあります。そのタイミングがいつの時代なのか、そして市街地として整備されたのか、農地として整備されたのかによっても異なります。また、当初は別の道路模様だったところが、のちに作り変えられることもあり、この動きは市街地や住宅地だと区画整理、農地だと耕地整理と呼ばれます。道路模様が変わると、それ以前の様子が分かりにくくはなりますが、もともと農地だったのか市街地だったのか、いつ頃区画整理や耕地整理がされたのか、くらいのことは道路模様から読み解けます。一方、曲線状の道路は、人為的に区画が作られない自然状態とも言えます。密集住宅地から農地まで、曲がった街路もその粗密はさまざまですが、特に傾斜地だと地形に沿って道が作られるため、曲がった道路網が生まれます。

道路の網目が
細かい地域
都営台東
小島アパート
SRビル
ヘブン鳥越ビル
鳥越明神通
315
→p.138

曲がった道路網の
いろいろ
三共ハイツ向山
アーバンヒル
向山
16
14
→p.144

縦横に整った
道路網のいろいろ
西本町1
中島歯科医院
味美
木曽街道
102
→p.140

さまざまな
区画整理
柳町いろどり
公園
→p.146

縦横に整った田畑
耕地整理
→p.142

さまざまな集合住宅
（旧公団住宅）
若葉台
公園西
バーミヤン
レジデントパークス
→p.154

古くから市街化すると、道路の網目が細かくなる

小さい建物が密集する地域は、道路の網目が細かくなります。そして、左ページで紹介するくらいの密度であれば、総じて高度成長前からの市街地、住宅地と思って間違いありません。ちなみに、古くからの街で建物が密集していたら必ずこの密度になるのではなく、人口密度が高く、一定の条件や偶然が重なるとこのくらいの道路密度になる、ということです。

東京都台東区の鳥越・小島周辺❶は江戸時代からの市街地ですが、大阪市東成区の緑橋駅周辺❷は1930年前後から徐々に建物が増えて市街化したところです。台東区鳥越・小島周辺❶は、関東大震災（1923年）のあと、区画整理で以前の道路模様はなくなり、より直線的な現在の道路模様になります。両地域とも都心から近く、住宅とビルが混在し、下町の印象が強い地域ですが、こうした地域は直線的で密な道路模様になりがちです。東京都中野区の新井薬師前駅周辺❸は、直線的ではなく、どちらかというと曲がった道路模様ですが、道路の網目は等間隔です。もともと農地が広がっていたところが、都市規模の拡大によって一気に宅地化が進んだところですが、早い段階で人口が密集した古くからの都市郊外です。新潟湊町通周辺❹は、もともと141ページの堺市大小路・宿院周辺と同じくらいの大きさの区画でしたが、区画の内側に小さな建物が多いのか、縦の細い道ができ、道路模様は細かくなっています。東花園駅南口周辺❺、北九州市小倉北区の下富野周辺❻は、高度成長期中に宅地化が進んだ住宅地で、小さな戸建てが密集する団地や社宅で見られる道路模様です。

道路の網目が細かい地域

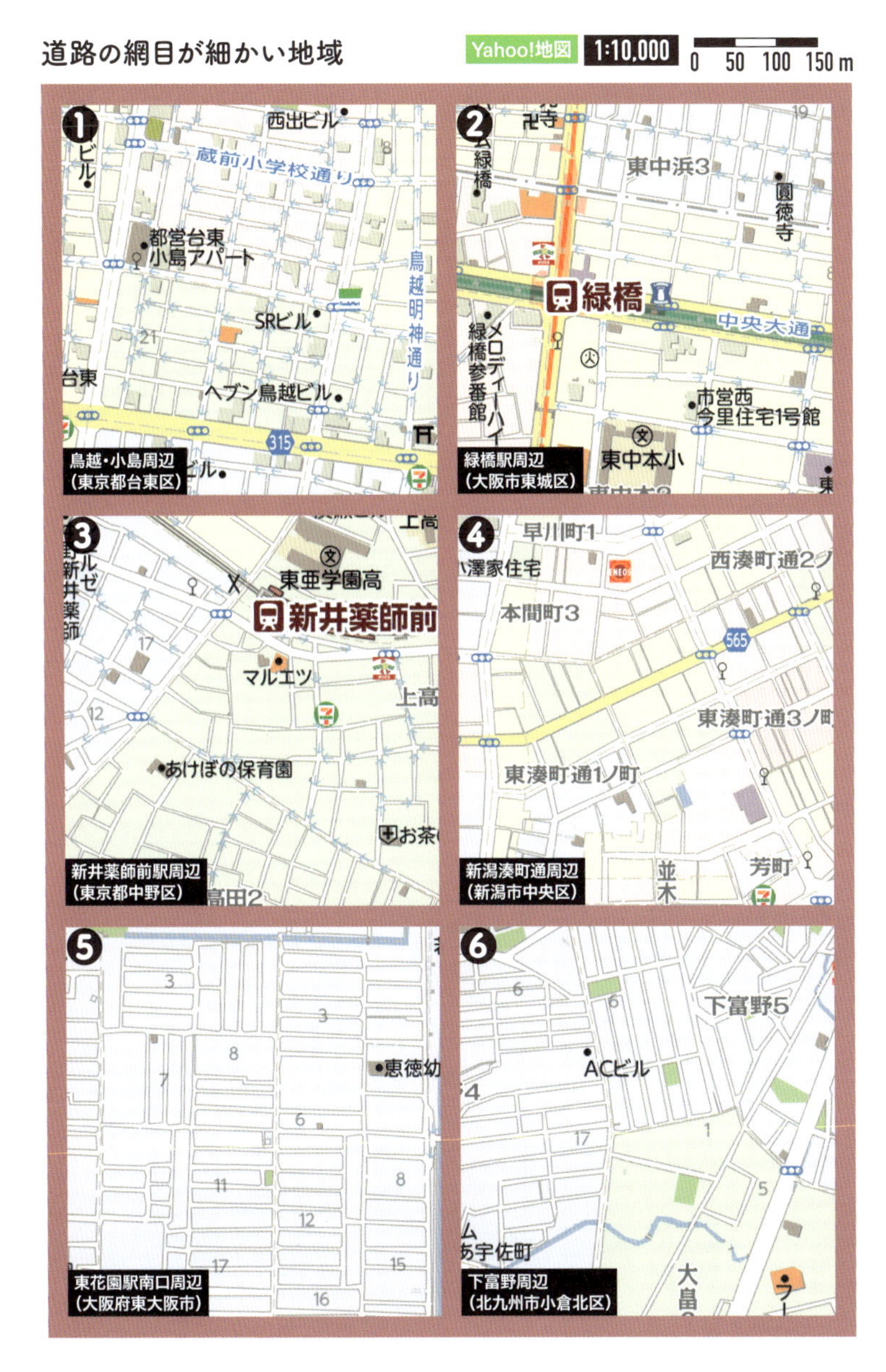

縦横に整った街路の新旧、成立要因はさまざま

都市部では、左の地図に描かれたくらいの道路の密度が一般的です。これでも空き地はなく、前ページ同様、すべて建物で埋まる地域の道路模様です。このページで紹介するのは縦横に交わる規則的な道路模様ですが、形や密度が近くても、その地域が古いか新しいかは少しの違いで変わってきます。丹波橋駅周辺❶、大小路・宿院周辺❷、甲府市街地❸は、江戸時代にはすでに市街地だった古い街です。丹波橋周辺❶は1つの町の面積が狭く、町名も歴史を感じさせる町名です。道路幅も狭く、街は作り変えられていないので、古くからの建物は今も多く残っています。大小路・宿院周辺❷は、道幅が広いため新しい街にも見えますが、「宿院」や「大小路」といった地名が古い街らしさを感じさせます。甲府市街地❸はそのいずれもなく、町名は「中央」ですが、城址が近いことや寺社が多いことから、なんとか古くからの市街地だと分かります。難しいのはその先です。立川駅南口❹は甲府市街地と非常に似た地図模様で、一見古くからの街のようですが、ここは戦前に耕地整理で農地の区画を縦横に整え、のちに宅地化したところです。寺社も少なく、周辺に史跡もありません。味美駅西口周辺❺は典型的な高度成長期以降の新興住宅地で、マンションや公園が多く、道路模様を見ると木曽街道沿いだけ道路の間隔が空いています。こうした区間づくりには、車通りの多い幹線道路から静かな住宅地への車の流入を抑える意図があります。最後に札幌市の地図❻も道路網が規則的ですが、北海道は、明治以降に開拓され、格子状の道路網を作ったところが多く、区画の形のみならず町名（○条○丁目）も規則的です。

縦横に整った街路のいろいろ

Yahoo!地図 1:10,000 0 50 100 150 m

❶ 丹波橋駅周辺（京都市伏見区）

❷ 大小路・宿院周辺（堺市堺区）

❸ 甲府市街地 秋葉神社周辺（山梨県甲府市）

❹ 立川駅南口 錦町周辺（東京都立川市）

❺ 味美駅西口周辺（愛知県春日井市）

❻ 北21〜22条西5〜8丁目（札幌市北区）

縦横に整う田畑から、周辺の家々の新旧を見分ける

ここまで、都市部の道路模様を見てきましたが、田畑になると道路と道路の間隔がかなり空いてきて、建物が少ないことがわかります。ちなみに、耕地の区画はずっと同じ形状であるとは限らず、水利（用水、排水）やトラクター等の入りやすさのため、田畑の区画や周辺の道路を縦横に整理したところが多く見られます。これを耕地整理と呼びますが、その形はさまざまです。

北海道江別市の篠津周辺❶のように、北海道の田畑は開拓当初から縦横に整理されています。高知県土佐市の蓮池周辺❷は、道は直角に交わらないものの、直線ではあります。元の地形や道路、川にあわせて直線状にしたのでしょう。耕地整理でよくあるのが、熊本県玉名市の川島・小野尻周辺❸のような道路模様です。西（左）側の道路を見ると耕地整理されていますが、東（右）側はされていません。なぜかと言えば東側は耕地ではないからです。農家が集まる集落は元の曲がった道路のままであることが多く、このことを知っていると集落の場所を見分けることもできます。新潟県上越市の三ツ橋周辺❹は東（右）側に密な道路模様がありますが、こちらは直線的、かつ道幅も広くなっています。ここはもともと耕地整理された農地だったところが、あとで宅地化した新興住宅地です。最後に変わり種のパターンです。奈良県奈良市の六条町・西ノ京町周辺❺は、縦横に交わる道路模様ですが、少し曲がっています。これは奈良周辺における奈良時代の条里制の名残ですが、縦横に整理しても時代を経ると形が少し崩れてくるのです。埼玉県狭山市の水野周辺❻は異様に細長い区画ですが、これは江戸時代の新田開発の名残です。

縦横に整った田畑 耕地整理

曲がった道路網のいろいろ

続いて、曲がった道路網を見てみましょう。埼玉県上尾市の畔吉周辺❶の道路模様は、直線でも規則的でもなく、道路と道路の間隔は空いていません。これが耕地整理をしていない田畑のよくある道路模様です。福岡市早良区の野芥・油山周辺❷は、起伏があり、等高線が描かれています。起伏があると地形に沿って道ができることが多く、曲がった道が多々見られます。広島市安佐南区の川内周辺❸のように曲がった道路が密集する道路模様は、もともとは畔吉付近のような、平地でも耕地整理されることがなかった地域だったのが、その後宅地化された例で、東京23区西部など、都市郊外でよく見られます。一方、仙台市太白区の向山周辺❹も同じくらいの密度ですが、少々様子が異なります。道の曲がり方が急で、ときにヘアピンカーブもある他、行き止まりの道もあります。川内周辺❸では、どこからどこに行くにも遠回りせずに済みますが、向山周辺❹では、大きく遠回りをしないと行けないところもあり、道路がつながっていないところが多々あります。これは傾斜地ではよくあることで、この道路模様からは、起伏のある地形を平らに整地せず、そのまま宅地化したことが読み解けます。大規模なニュータウンは、起伏をならして地形を変えるため、105ページの中山台・山手台と同様、平地さながらの道路模様になることもあります。最後に、日本を代表する高級住宅地、田園調布❺と、芦屋の六麓荘❻ですが、こちらも道路模様は曲がっています。田園調布❺の同心円状の道路網や、六麓荘❻の規則的ながらランダムに曲がった道路網は、どちらもありきたりな直線状の道路網とは異なるオリジナリティを模索したものでしょう。

曲がった道路網のいろいろ

道路の網目模様が変わる──区画整理──

縦横に整った道路模様は、古い街から新興住宅地まで多様、という例をお見せしました。ここからは、古くからの街や集落でも、あとで道や区画が作り変えられる「区画整理」を見てみましょう。左ページの区画整理の概念図は左右が同じ場所を示していますが、道路網がまるごと作り変えられています。その際、幹線道路だけでなく公園も作られます。道路や公園といった公共用地が増え、私有地の面積は減ります。しかしそれ以上に区画の形が変わるため、土地の交換や建て替えは多々起こります。概念図の青い建物のように、区画整理前の建物が残ることもあれば、赤色の建物のように建て替えられることもあります。そのため、もともと建物が多いところは完了まで約20年以上かかります。ちなみに土地の交換は、面積が等しくなるよう交換するのではなく、地価が等価となるように交換します。店舗や住宅開発の見込みが高い土地となって地価が上昇すれば、土地を買収する自治体や組合等の負担は少なくなります。

市街地における区画整理の過程は、左ページの仙台駅東口の写真から見えてきます。写真の両側には新築で高層の建物が並び、写真中央に細く曲がった道があり、この道に沿って建てられていた建物が取り壊された跡が見えます。また、郊外住宅地における区画整理の過程は、左ページ下の甲州街道駅周辺の写真から見えてきます。写真左側には区画整理後の新しい住宅が見えますが、写真右側には区画整理前からの建物が見えます。こうした古い建物は、築年数が古いだけでなく、以前の道に沿っており、概念図の青い建物のように新しい道と平行でないことがあります。

区画整理の概念図

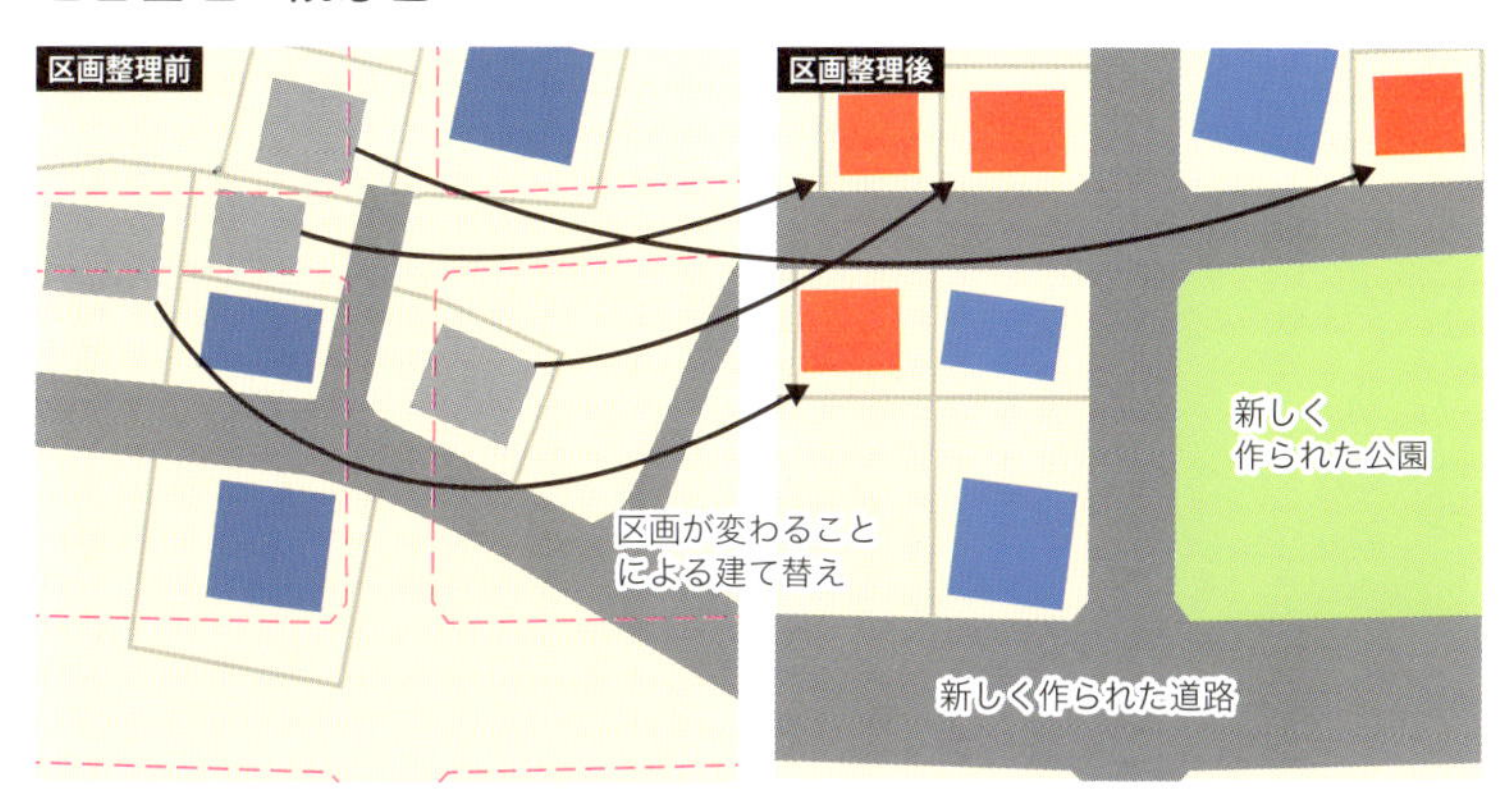

市街地における区画整理の過程

仙台駅東口周辺
（仙台市宮城野区）

郊外住宅地における区画整理の過程

甲州街道駅周辺
（東京都日野市）

線路も道路も形を変え、ゆっくりと都市化する区画整理

市街地の区画整理の変化が鮮やかな例が、前ページでお見せした仙台駅東口です。このあたりは江戸時代から続く市街地で、1970年台までは細い道路の沿道に個人商店、戸建て住宅等、低層の建物が集まっていましたが、今や幅の広い大通りができ、オフィスビルやマンション等、高層の建物が増えています。1972年の地図と2018年の地図を見比べると、この大きな変化が見えてきます。

道路の太さやビルの多さのみならず、東西（左右）を走る鉄道（仙石線）や町名、町域も変わっています。なにより1978年までは仙台駅東側には出口がなく、駅前でありながら行きにくい場所でもありました。

東西を走るJR仙石線は、2000年に南側の大通りの地下へと移転し、大きく湾曲した地上の線路はなくなっています。その他、町名も南側の「東八番丁」、仙石線の旧仙台駅があった「東六番丁」はなくなり、かわりに「榴岡（つつじがおか）〇（丁目）」に変わっています。対して北側の「二十人町」「名掛丁」は町域こそ少し変わったものの町名が残り、南側とは少々事情が異なっています。

この変化中の過程が見えるのが1999年の地図です。JR仙石線が地下化する直前で、地下化する予定線、移転後の駅の位置も描かれています。南（下）側は区画整理が済んでいるものの、北（上）側、当時の仙石線の線路以北はまだ区画整理が終わっておらず、地図上には「区画整理中」と記載があります。このとき古い建物が段階的に取り壊され、太い道幅の道路の建設が徐々に進んでいたことでしょう。区画整理によって街並みは、同じ場所とは思えないほど一変します。

市街地における区画整理

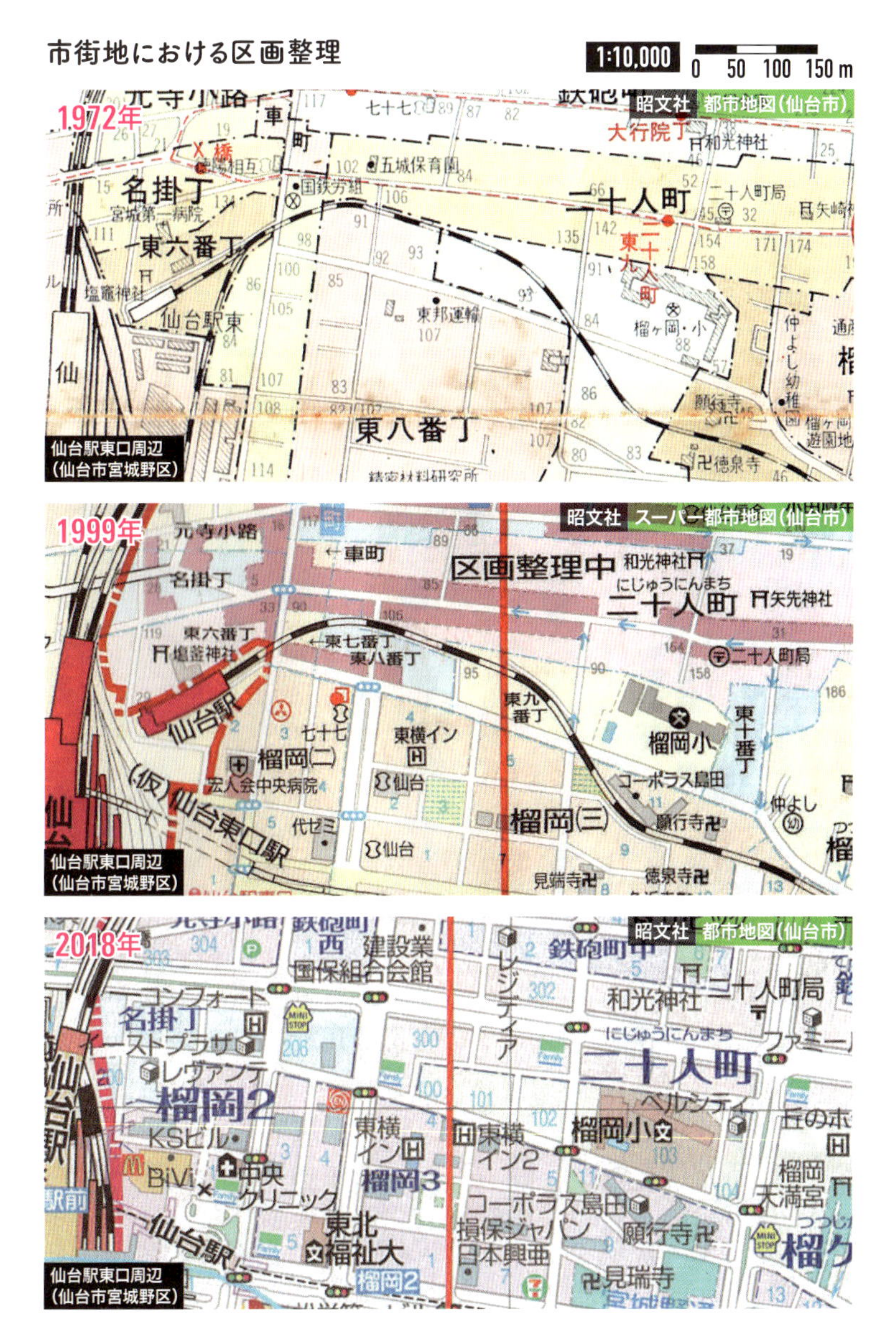

一見同じ場所だとはわからない、農地が住宅に変わる区画整理

続いて郊外の住宅地です。埼玉県上尾(あげお)市小泉は、区画整理前も後も農地と住宅が混在している地域ですが、以前に比べると住宅が増えました。仙台駅東口より短期間の変化ですが、1996年の地図と2009年の地図を見比べても、同じ場所の地図だとは分からないほど、大きく変化しています。区画整理によって、曲がった道路網が直線的な道路網に変わっています。

この区画整理の途中、新旧両方の道路が混在する時期の様子がわかるのが2003年の地図です。おおむね以前の道路が残りながら、部分的に新しい道路ができていますが、新たな大通りは途中で途切れています。それからわずか6年後、2009年になると、地図上には「(区画整理中)」の表記がありますが、区画整理はほぼ完了しています。東西(左右)を結んでいた「弁財通り」の他、以前あった多くの道はなくなっています。地図左側の野窪、蒜久保付近は住宅が密集していたからか、道路、区画はそのままです。また、西上尾へら鮒センター、つり堀鴨川園、という2つの釣り堀がなくなっています。また、田畑も減り、住宅が増えたことでしょう。一方、八合神社は同じ場所にあり続けています。寺社は敷地の形を変えつつも、基本的には移転しません。また、新しくできたのは、氷川山公園、神明公園といった公園です。地図中には今泉後、野窪、蒜久保、氷川山、神明東、神明後、といった地名が並びますが、こうした小字はその後なくなり、2016年からは新たな町名(住居表示)として小泉1〜9丁目に変わっています。

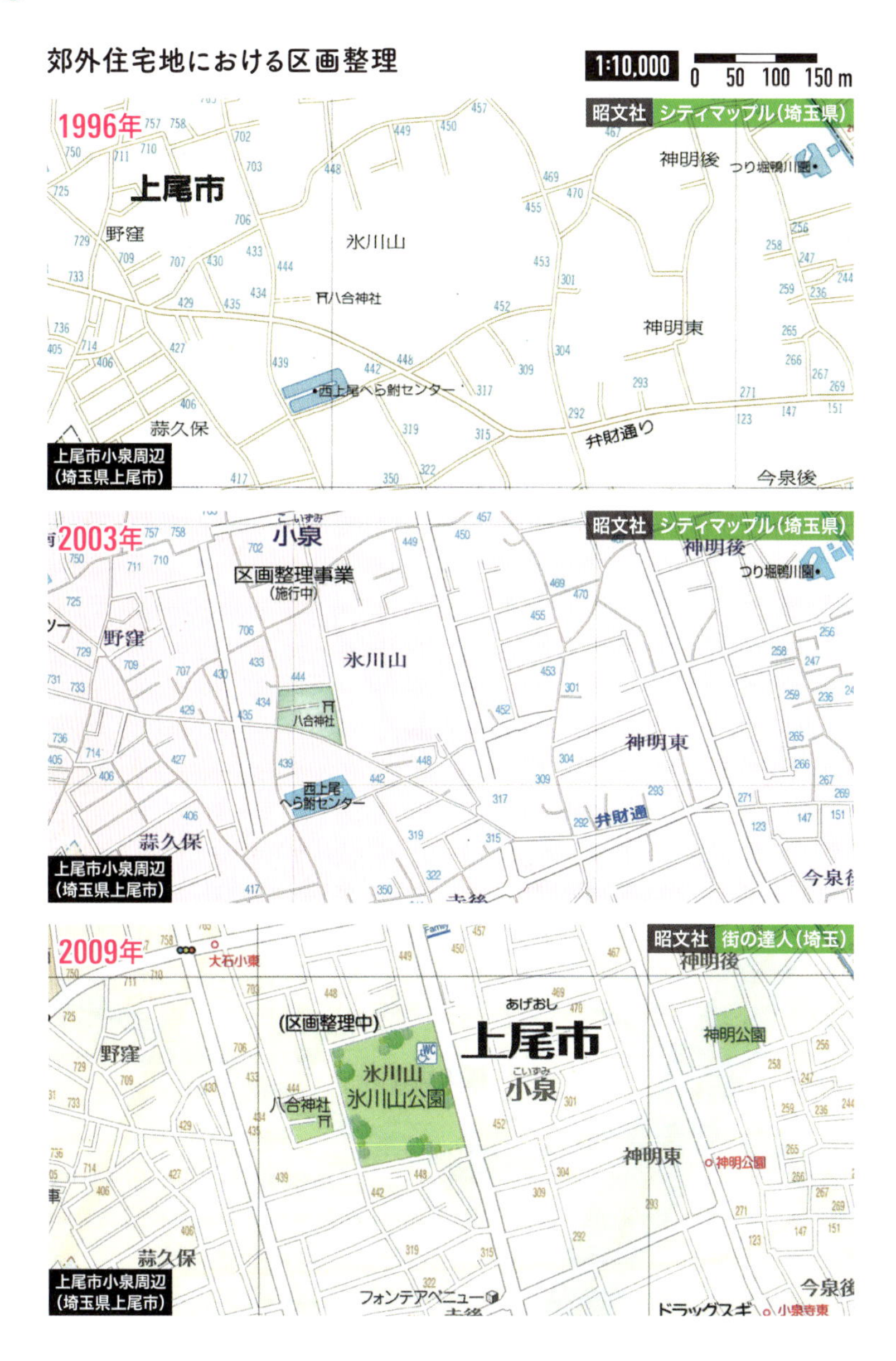

郊外住宅地における区画整理
1:10,000
0 50 100 150 m
1996年
昭文社 シティマップル(埼玉県)
上尾市
野窪
氷川山
八合神社
西上尾へら鮒センター
神明後
つり堀鴨川園
神明東
弁財通り
蒜久保
今泉後
上尾市小泉周辺
(埼玉県上尾市)
2003年
昭文社 シティマップル(埼玉県)
小泉
区画整理事業
(施行中)
野窪
氷川山
八合神社
西上尾
へら鮒センター
神明後
つり堀鴨川園
神明東
弁財通
蒜久保
今泉後
上尾市小泉周辺
(埼玉県上尾市)
2009年
昭文社 街の達人(埼玉)
大石小東
(区画整理中)
野窪
八合神社
氷川山
氷川山公園
あげおし
上尾市
こいずみ
小泉
神明後
神明公園
神明東
神明公園
蒜久保
フォンテアベニュー
ドラッグスギ
小泉寺東
今泉後
上尾市小泉周辺
(埼玉県上尾市)

農地山林が住宅地に変わり、激変する区画整理

さきほどの区画整理も劇的な変化でしたが、さらに劇的な変化もあります。住宅がほとんどなく、農地や山林が広がっていたところが突如、宅地として造成されるケースもあります。川崎市麻生区、現在のはるひ野駅周辺は、もともと起伏のある丘陵地でしたが、宅地にする際に地形の凹凸が削られ、ゆるやかで規則的な傾斜になるようならされました。こうした変化は、1960年台以降、全国の大都市郊外で大規模に造成されたニュータウンで見られます。

1993年の地図では、東西（左右）を結ぶ小さな道があるだけで、小さな川が流れていることから、ここが谷であることが分かります。2003年の地図を見ると、「黒川区画整理事業」の表記が見えますが、もともとの道路や地形を無視した規則的な道路の予定線が点線で描かれています。もともとあった山林を崩し、平坦な更地を造成している最中だったのでしょう。それからわずか4年後の2007年の地図では、付近の様子は激変しています。ほとんどの道路が完成し、新しい駅「はるひ野駅」もできています。その他、黒川谷ツ公園等の公園とファミリーレストランもでき、郊外の新興住宅地となりました。「はるひ野（4）」と書かれている付近はまだ空白で、当時は空き地でしたが、その後マンションや中学校が建てられています。また、この道路模様は105ページの中山台・山手台と同様、規則的でゆるやかな曲線を描いていますが、高度成長期以降に傾斜地を造成した新興住宅地らしい道路模様です。

農地山林が住宅地に変わる区画整理

1:10,000　0　50　100　150 m

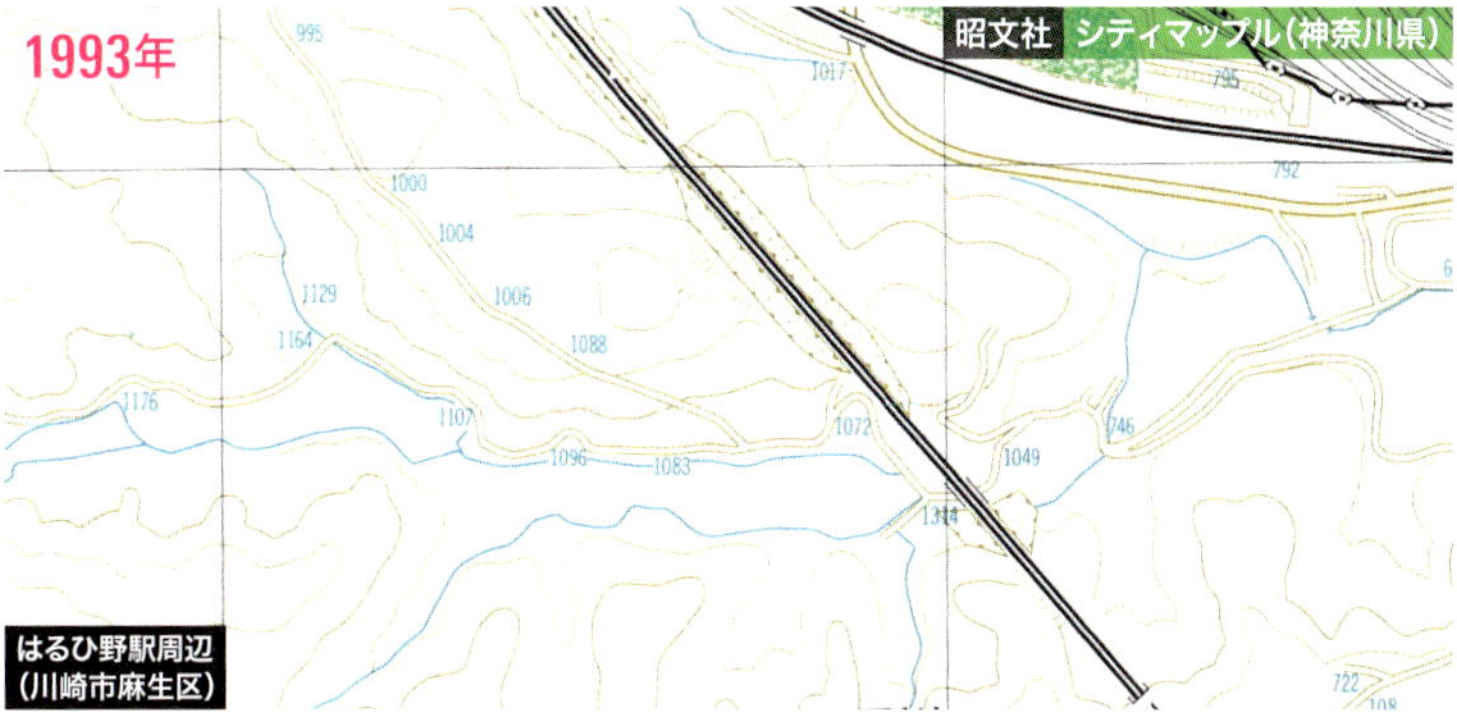
1993年
昭文社 シティマップル（神奈川県）
はるひ野駅周辺
（川崎市麻生区）

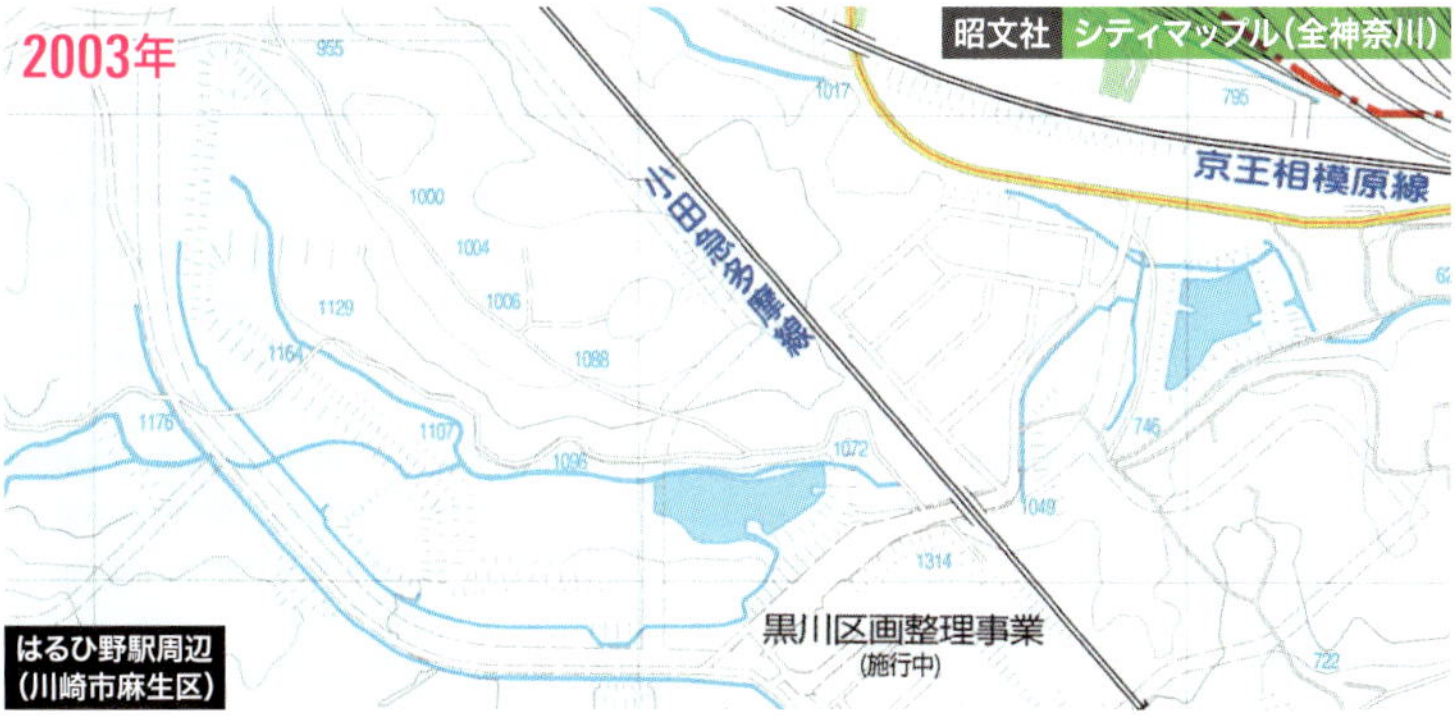
2003年
昭文社 シティマップル（全神奈川）
京王相模原線
小田急多摩線
黒川区画整理事業
（施行中）
はるひ野駅周辺
（川崎市麻生区）

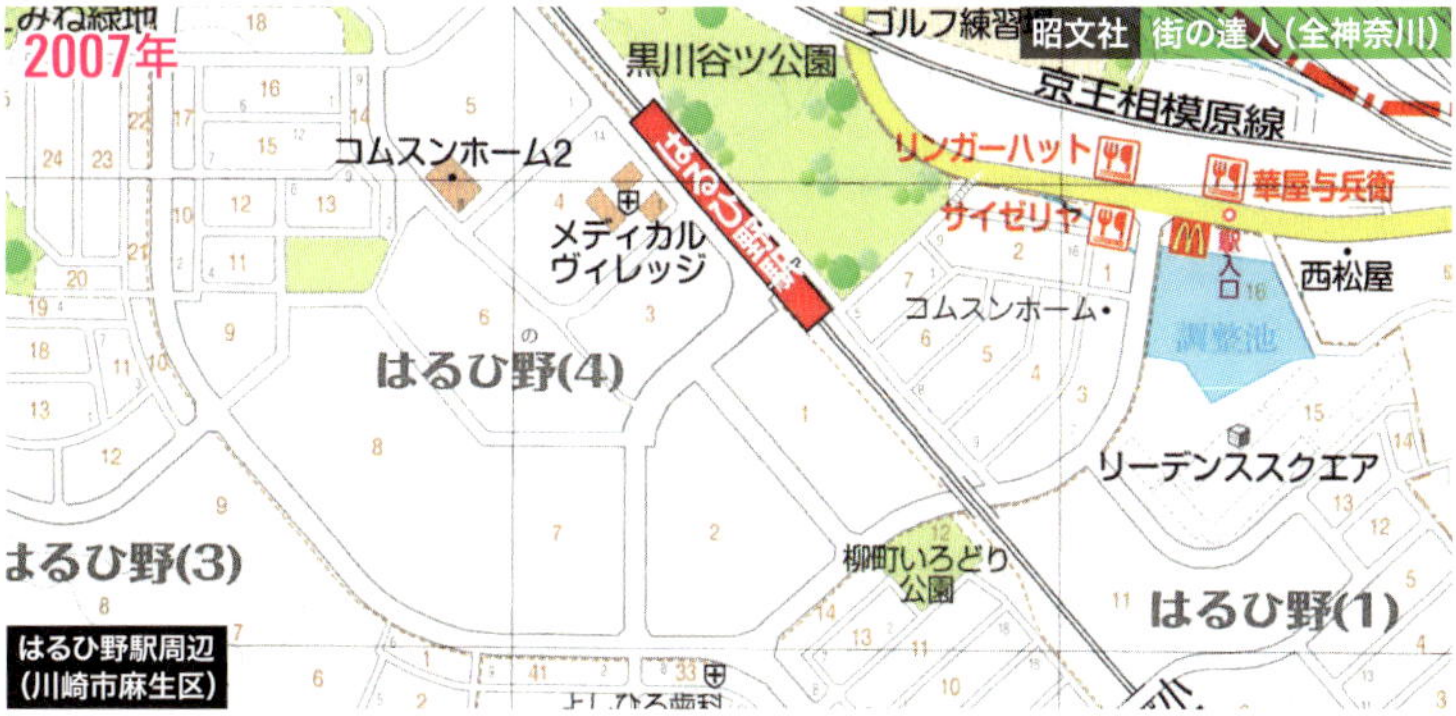
2007年
昭文社 街の達人（全神奈川）
黒川谷ツ公園
京王相模原線
はるひ野駅
リンガーハット
華屋与兵衛
サイゼリヤ
駅入口
西松屋
調整池
コムスンホーム2
メディカル
ヴィレッジ
コムスンホーム
はるひ野(4)
リーデンススクエア
柳町いろどり
公園
はるひ野(3)
はるひ野(1)
はるひ野駅周辺
（川崎市麻生区）

均質な公団住宅から、多様化、大型化する集合住宅へ

戦後から高度成長期にかけて、首都圏や京阪神等の大都市圏に人口が集中し、住宅不足が深刻になりました。そこで住宅不足解消のため、当時の日本住宅公団が大規模に集合住宅を造成します。こうして、いわゆる「公団住宅」と言われる集合住宅が、全国の大都市郊外で増えていきます。なかでも、東京郊外を代表するニュータウン、多摩ニュータウンは公団（のちのUR）や東京都が主体となって、1970年台から2000年台までの長きにわたって開発されました。また、現在の住宅造成や老朽化した団地の建て替えは民間業者主導で行われています。同じニュータウン内でも、開発初期の住宅と近年の住宅では様相が異なり、それぞれの時代のトレンドを観察できます。

永山団地❶のような1970年台までの造成地域は、同じ大きさの建物が均等に並んでいますが、これは多くの人がイメージする「公団住宅」の姿で、4～5階建ての集合住宅が並んでいます。時代を進めると、落合団地❷のように少し建物が大きくなりますが、逆にエステート落合、ホームタウン落合のような、より小規模な集合住宅も作られます。この頃から紋切り型の公団住宅ではなく、多様な住宅の形が模索されはじめます。1990年台の造成となる別所・長池❸付近のコリナス長池やノナ由木坂は、形状や配置が少々複雑で、周辺の道路もカーブしており、均質性を脱した形作りが進んでいます。2000年台の造成となる、若葉台❹のワーズワースの丘や若葉台ワルツの杜は民間による開発で、より建物が大型化しているのがわかります。

多摩ニュータウンの新旧

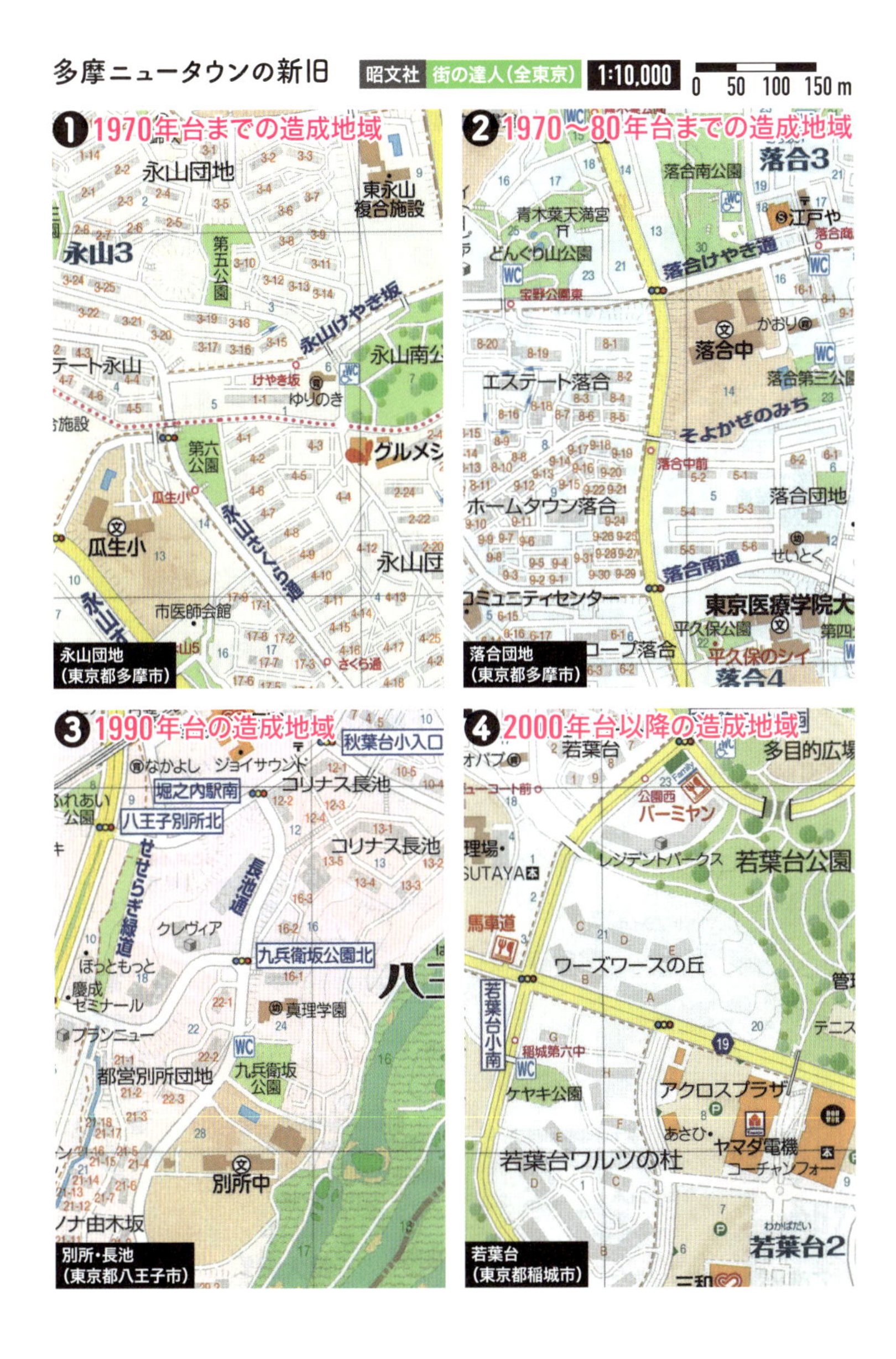

町名を見なくても、町域や町境だけで新旧が見えてくる

これまで道路模様を見てきましたが、町名も見てみましょう。もちろん町名の由来や歴史からわかることもあるのですが、町域の広さや町境の位置からわかることもあります。それでは、京都市と長野県飯田市の市街地の地図上で、町名や町境を見てみましょう。

京都市西陣・船岡山周辺❶の地図を見ると、地図の南東（右下）を中心に、多くの町名がぎっしり書かれており、町域は非常に狭くなっています。京都だけでなく、江戸時代から市街地だったところは、狭い町が多いのです。地図の北西（左上）は町の数は少なく、1つの町域が広くなっていますが、このあたりは明治期まで水田や森林が広がっていて、人口の少なかった地域です。

長野県飯田市❷の地図を見てみましょう。飯田駅の南東（右下）は町が細かく分けられていますが、飯田駅の北西（左上）側は町の数が少なく、町域も広いことが見えてきます。もうおわかりでしょう。南東側が旧来の市街地で、北西側が高度成長期に宅地化した新興住宅地です。それ以上に注目すべきは、町境がどこに引かれているかです。京都市も、飯田駅南東の旧市街地も、よく見ると町境が道路に沿っておらず、道路と道路の間に引かれています。このように、高度成長期以前は道路の向かいは同じ町で、通り単位で町名がつけられていましたが、1967年の住居表示法施行を境に、大通りや鉄道、川で町境が区切られるようになります。飯田駅の北西側はこの住居表示が実施されてからの町で、道路模様から見ても新しい住宅地ですが、町境を見ても新旧の差が見えてきます。

❶古くからの町名、町割がそのまま残る

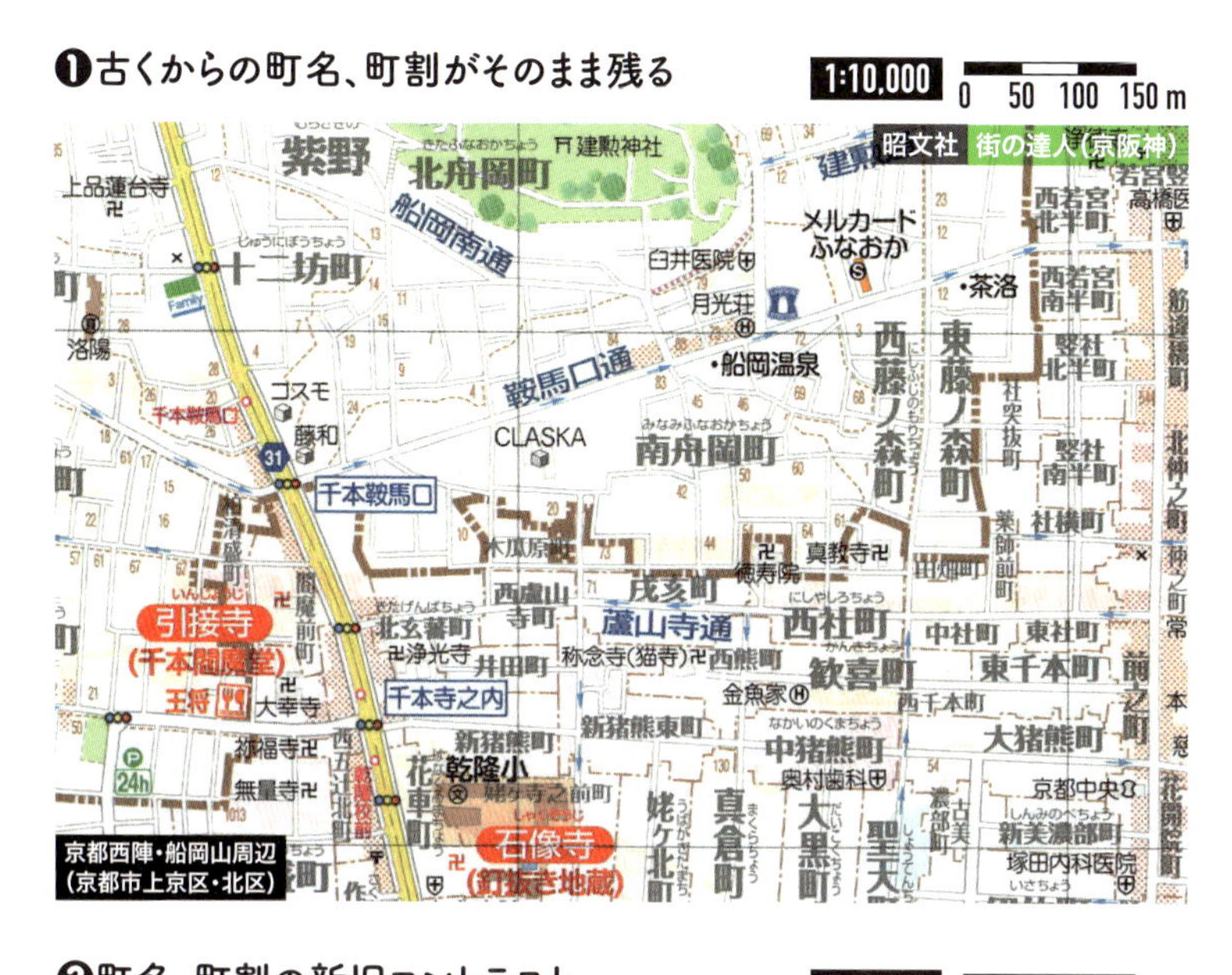

❷町名、町割の新旧コントラスト

町名と町域は、時代を経て変わっていく

古くからの市街地は町名や町域が古いままで、新しくできた市街地や郊外の新興住宅地に新たな町名が設定されるのか、と言うと、そうとも限りません。古くからの市街地の古い町名、町域が廃止され、新しい住居表示、町名に変わったケースも多々あります。東京をはじめ、各地方都市でも1970～80年前後に多くの町名が変わっていきました。

名古屋駅前❶は、1967年の地図を見ると、上笹島町、堀内町、米屋町、泥江（ひじえ）町、西柳町、といった町名が並んでいますが、2002年の地図を見ると、名駅3（丁目）、名駅4（丁目）、といった町名にまとめられ、以前の町名はなくなっています。しかしよく見ると、青地に白字で示された「泥江町」「西柳町」といった交差点名が残っています。東京でも首都高速道路の出入口の名称や、バス停名に旧町名が残っていることがあります。

都市郊外では、さきほどの上尾市小泉のように、多くの農地が区画整理され、宅地化されました。東京都日野市の万願寺周辺❷も、上尾市小泉と同様、区画整理を経て宅地化が進みましたが、町名はしばらく以前のままでした。2001年当時の万願寺の地図を見ると、町境が複雑で、飛び地も見られます。2016年の地図を見ると、万願寺2（丁目）、万願寺4（丁目）、石田2（丁目）、といった町名が見られますが、これも住居表示法による町名変更です。広い面積を占めていた「下田」が消滅し、その名はバス停や郵便局の名称として残るのみです。

❶都市部の町名、町域の変化

1:10,000 0 50 100 150 m

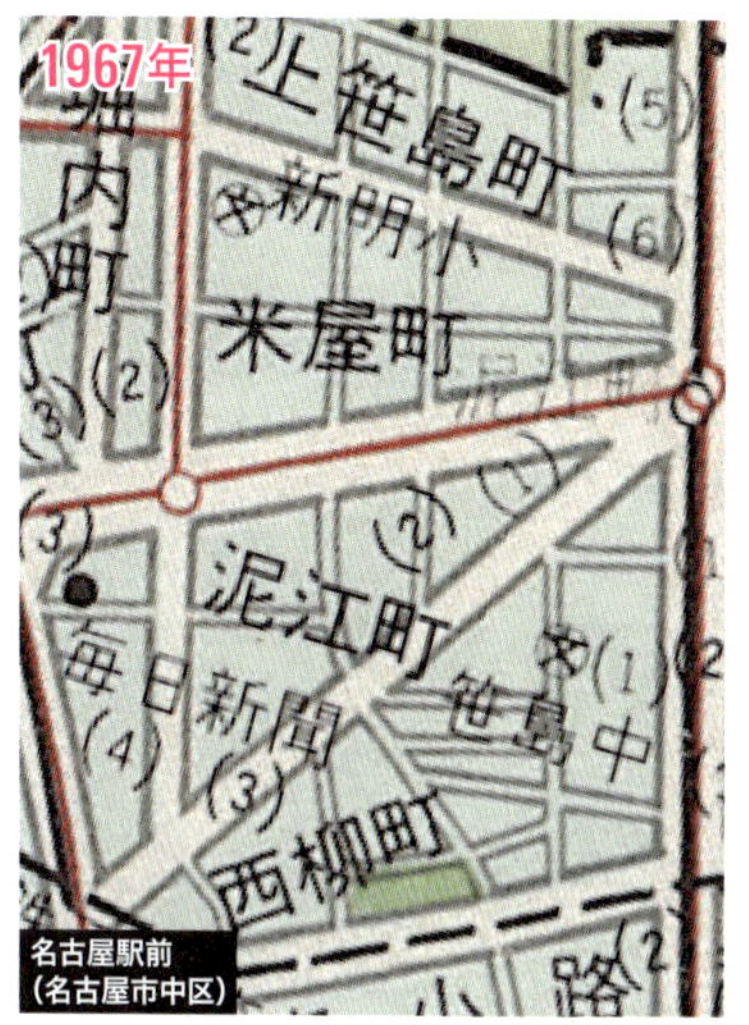

名古屋駅前（名古屋市中区）

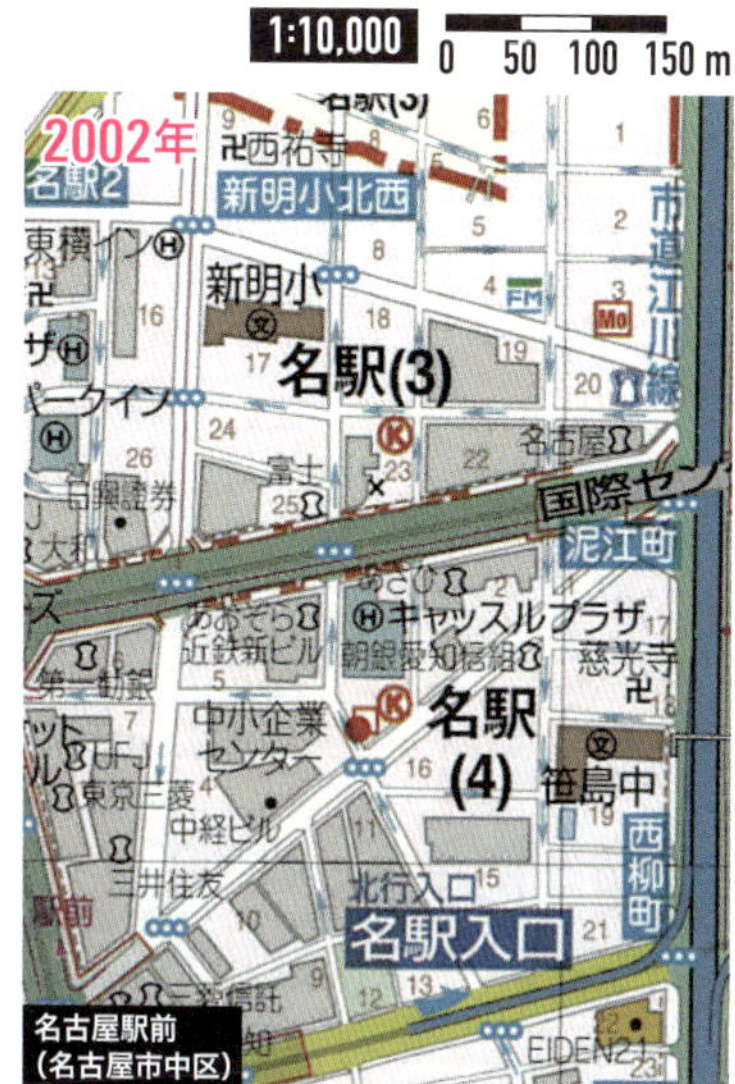

名古屋駅前（名古屋市中区）

❷都市郊外の町名、町域の変化

1:10,000 0 50 100 150 m

万願寺周辺（東京都日野市）

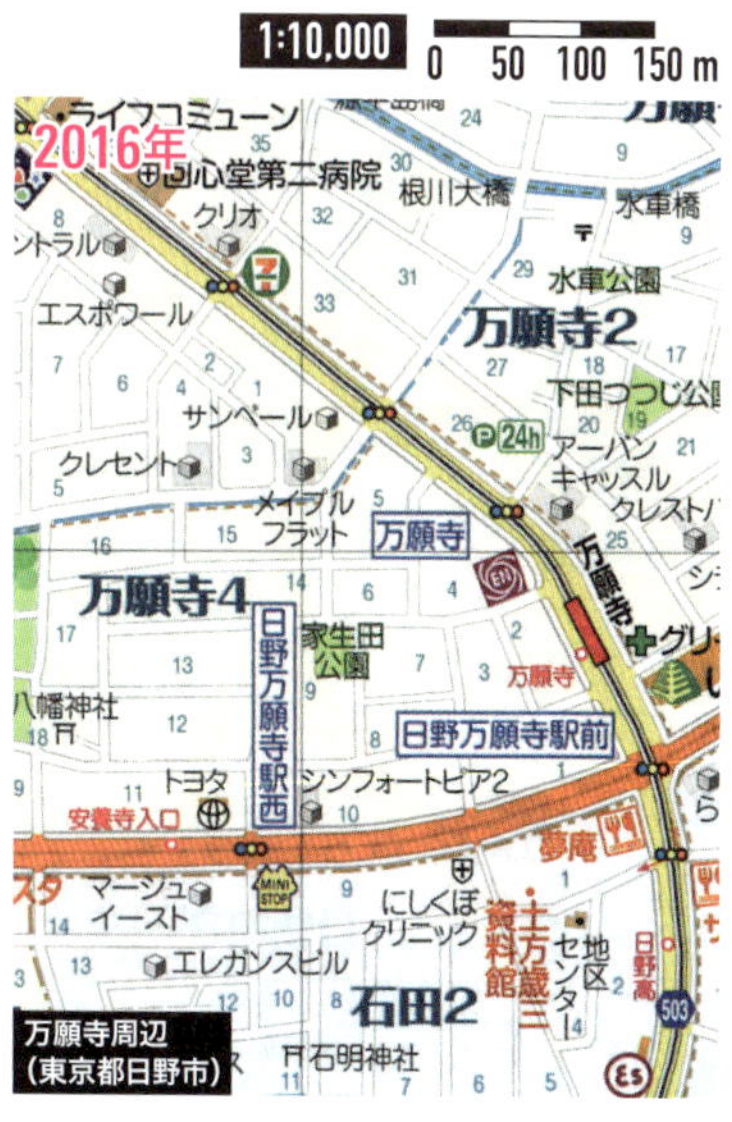

万願寺周辺（東京都日野市）

土地勘から都市勘へ

面的に把握する感覚を身につけると、地図から風景や日常、
人々の様子が見えてきます。
ここまでお見せした地図の多くは1万分の1の縮尺で、
本書の全面見開きでも2・5km×1・9kmの広さですが、
この広さは徒歩や自転車で回れる範囲です。
しかし今や都市はこの面積にはおさまらず、
多くの人は、鉄道や車で広範囲を移動します。
ここからは、地図をズームアウトして、より広い範囲を一望します。
ミクロな土地勘から、都市全体を俯瞰する「都市勘」を得て、
街の動きや過去、今、未来を読み解いてみましょう。

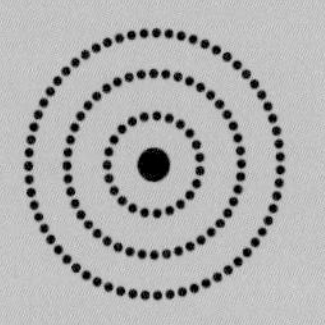

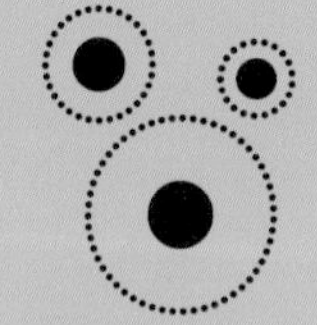

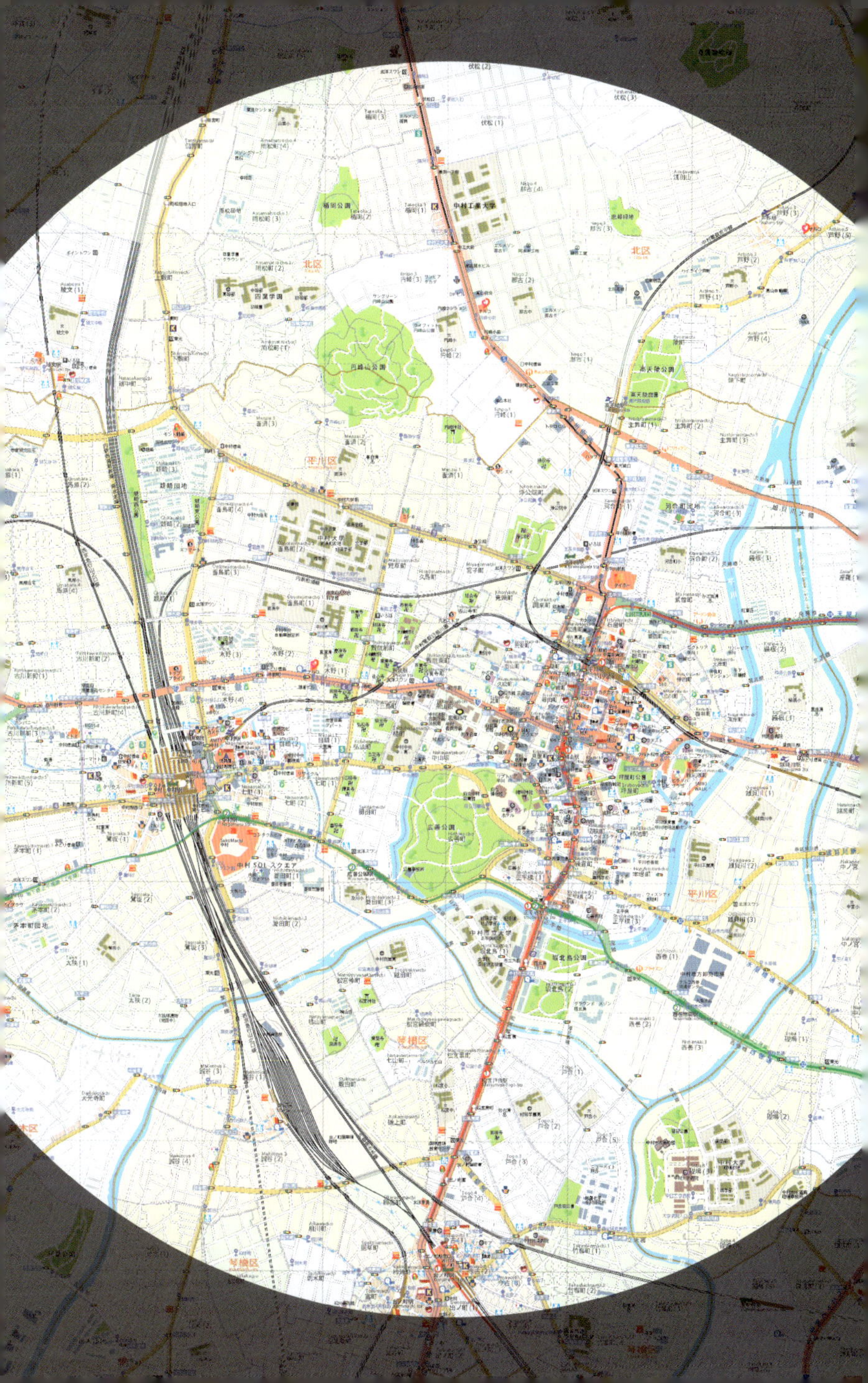

中村工業大学
円崎山公園
北区
平川区
四葉学園
広善公園
中村 SQL スクエア
中村大学

7

都市の発達と成長・年輪を読み解く

首都圏の人は「駅前が一番賑わう」と直感的に思ってしまいますが、全国的には必ずしもそうとは限りません。江戸時代以前からの都市では、どのようにして街ができ、明治時代に入ってからどこに駅ができるのでしょうか。また、現代の地図を見るだけでも、ここ100年でどう都市が拡がっていったか、都市の成長の年輪を読み解くことができます。

街の中心はどこ?

よく「街の中心」「中心市街地」という言葉を耳にしますが、何があると中心なのでしょうか。最も人通りが多いところ、最も地価が高い地点、主要街道の始点や結節点、あるいは駅や市役所、とさまざまな中心地があります。また、自治体が都市マスタープラン(市内各地区のそれぞれの方向性)を定めており、これらすべてを総合してどこが中心市街地かを位置づけていますが、「ここに中心性をもたせて賑わってほしい」という願望が入っていることもあります。

ここからは、主要な地方都市の地図上で、都市の拠点となる場所を種類別に塗り分け、その分布を見てみます。最も多くの人を集める場所として、大型商業施設やいくつもの店舗が密集する市街地(商店街)があります。そこから遠くない場所にありながら、少々離れたところに官庁街やビジネス街があります。そして多くの人が行き来するときに通る交通結節点となる駅やバスターミナル、外来者の拠点となる宿泊施設も多くの人を集めます。こうした政治、経済、交通の他に文化的、公益的な拠点として、図書館や美術館、市民ホールといった文化施設や大型病院等の公益施設、公園や史跡も、多くの人々を集める場所です。これらが集中しているか、分散しているかによって都市の様相は異なり、その理由も都市の周辺や地形を見ると読み解けます。とりわけ、これらが集まる中心市街地と中心駅が重なっているか、離れているかも要注目です。中心市街地は古くから同じ場所で賑わい続けている訳ではなく、賑わう中心地(重心)が動いて今に至る都市もあります。こうした都市の重心やその動き、背景を見てみましょう。

商業施設

最も人が集まるところには
大型商業施設が立地することが多い。

商店街（市街地）

古くから人通りが多く、今も賑わう所は
商店街となり、市街地を形成する。

公益施設

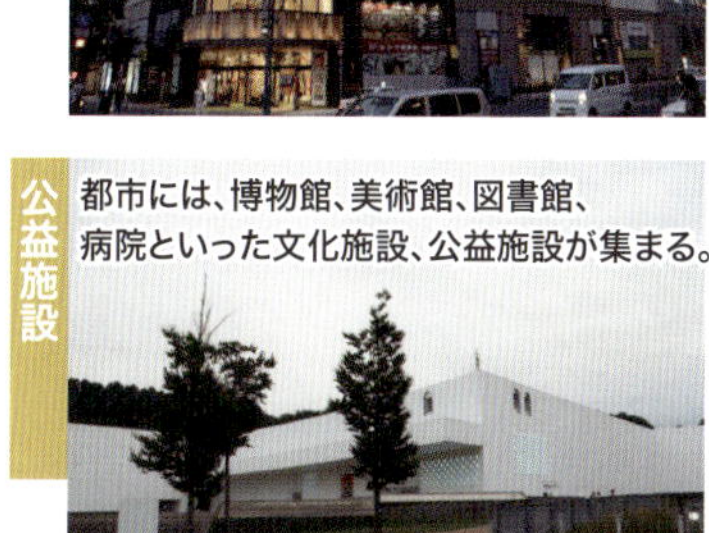

都市には、博物館、美術館、図書館、
病院といった文化施設、公益施設が集まる。

ビジネス街

企業や銀行のオフィスや支店が集中する
ビジネス街は、平日のみ賑わう。

官庁（街）

大都市には、都道府県庁や市役所の他、
複数の官庁があり、官庁街を形成する。

公園・史跡

城下町では城址が史跡、公園になる他、
都市公園が作られることもある。

宿泊施設

ビジネスや観光での目的地付近や
アクセスの良い場所に作られる。

交通拠点（駅）

駅やバスターミナル、フェリーターミナル
等の交通結節点は、多くの人を集める。

「駅前が賑わう」とは限らない？

地方都市に行って「駅前に何もなくて、この都市には何もない」と感じる人も多いようです。しかし、駅前が賑わうとは限らないのです。

東京の中心的な市街地の1つ、池袋では、大型商業施設が池袋駅の東西（左右）にあり、駅を中心に均等に街が広がっています。池袋はまさに、駅が街の中心と言っても良いでしょう。しかしこれは全国的にはレアケースです。池袋の場合、駅ができる前は周囲は農地が広がっており、街がないどころか人家もなかったのです。池袋は駅ができてから新しくできた街で、だからこそ駅を中心に発展したのです。

熊本はどうでしょうか。熊本駅に降り立つと、政令指定都市の中心駅とは思えぬほど閑散としています。地図を見ると、熊本駅から北東（右上）に離れたところに多くの主要施設が集中する街があるのが見えます。鶴屋は熊本最大の百貨店、パルコは若年層を集める複合商業施設で、付近の上通（かみとおり）、下通（しもとおり）のアーケード街は多くの人が行き交っていますが、この中心市街地と熊本駅は離れています。熊本は江戸時代から既に大きな城下町でしたが、このことと駅の立地はどう関係するのでしょうか。次のページから、街と鉄道駅の関係を見てみましょう。

駅ができてから街ができる

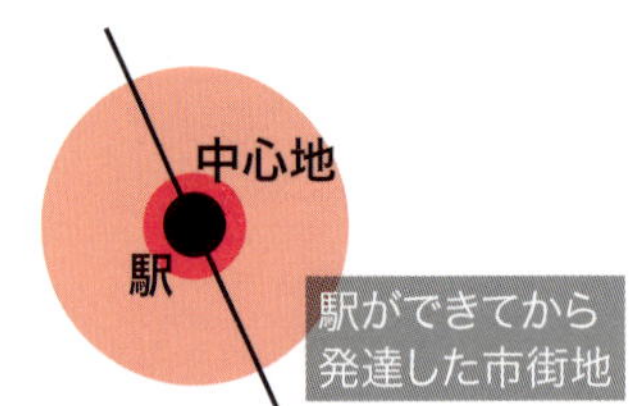

首都圏の副都心や郊外等
新しい街で見られる。

街ができてから駅ができる

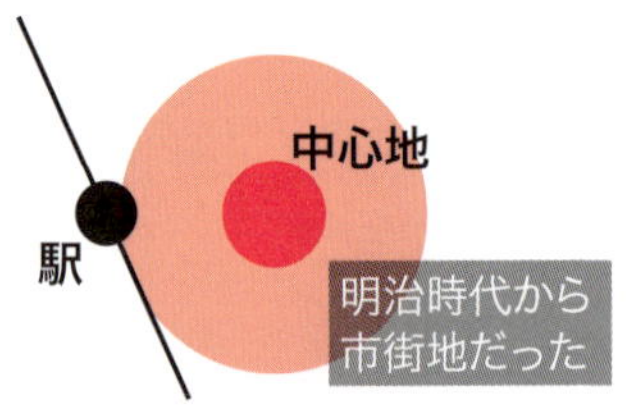

城下町等、全国の
主要都市で見られる。

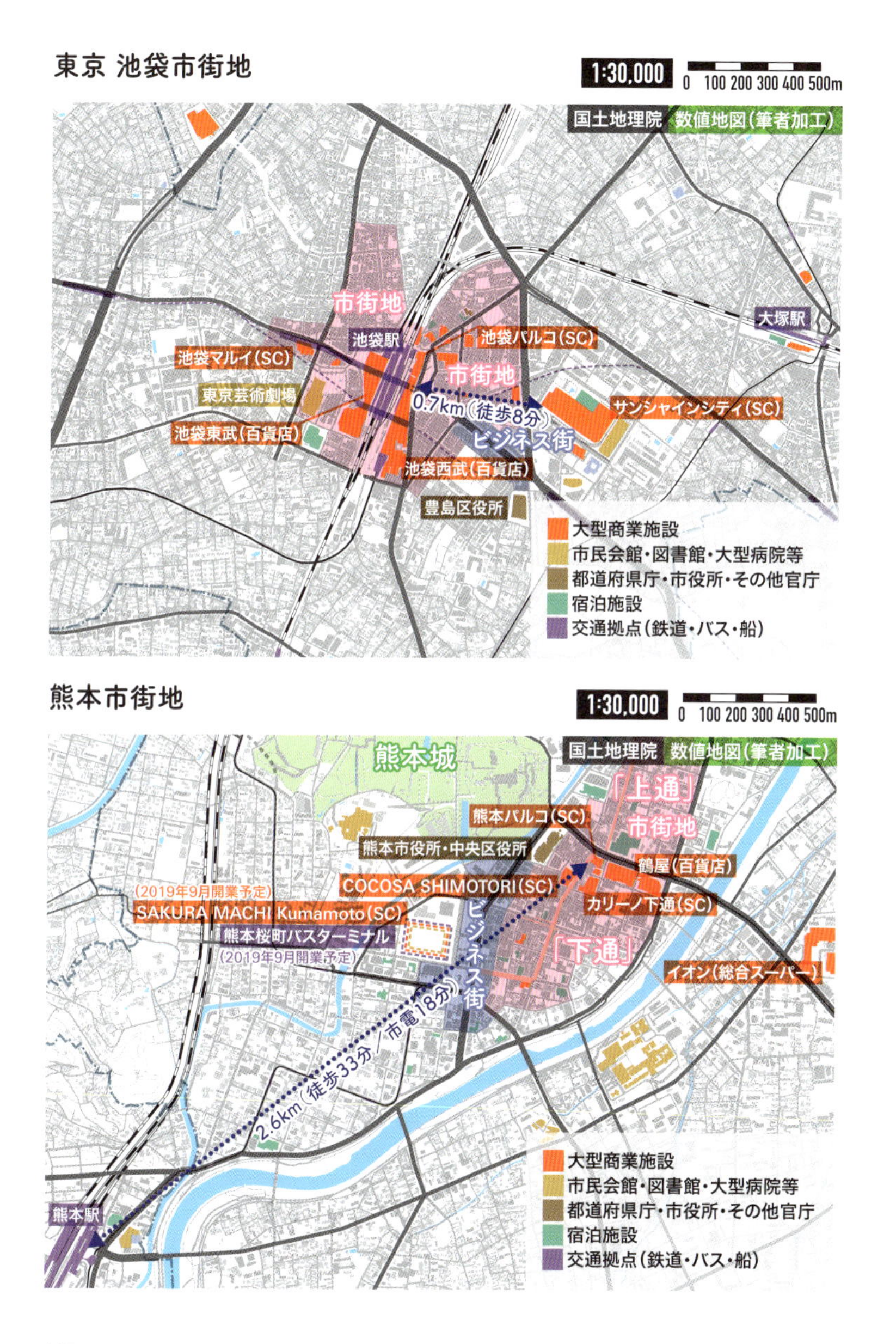
東京 池袋市街地
1:30,000
0 100 200 300 400 500m
国土地理院 数値地図(筆者加工)
市街地
池袋駅
池袋パルコ(SC)
池袋マルイ(SC)
市街地
東京芸術劇場
0.7km(徒歩8分)
サンシャインシティ(SC)
池袋東武(百貨店)
ビジネス街
池袋西武(百貨店)
豊島区役所
大塚駅
大型商業施設
市民会館・図書館・大型病院等
都道府県庁・市役所・その他官庁
宿泊施設
交通拠点(鉄道・バス・船)
熊本市街地
1:30,000
0 100 200 300 400 500m
国土地理院 数値地図(筆者加工)
熊本城
「上通」
市街地
熊本パルコ(SC)
熊本市役所・中央区役所
鶴屋(百貨店)
COCOSA SHIMOTORI(SC)
(2019年9月開業予定)
SAKURA MACHI Kumamoto(SC)
カリーノ下通(SC)
熊本桜町バスターミナル
(2019年9月開業予定)
ビジネス街
「下通」
イオン(総合スーパー)
2.6km(徒歩33分/市電18分)
熊本駅
大型商業施設
市民会館・図書館・大型病院等
都道府県庁・市役所・その他官庁
宿泊施設
交通拠点(鉄道・バス・船)

都市拡大の年輪 ―駅とインターチェンジ―

鉄道は、今や大都市圏のみならず、全国県庁所在地等の地方都市周辺でも大きな役割を担っています。今や地方でも、短距離の普通列車は通勤通学に使われ、日常的な利用も多くなりましたが、開通当初は蒸気機関車で牽引される長距離列車や貨物列車が中心でした。蒸気機関車の時代は煙害もあれば、機関車や貨車が待機、転回するための広い敷地を要したため、駅は市街地から離れたところに作られました。このため鉄道駅の場所を見ると、そこが明治時代の市街地のぎりぎり外側であることが多いのです。さきほど紹介した熊本駅も、明治時代の街の外れです。ただ、山形市、福山市などのように、駅が城の真ん前にできる、という例外もあります。城の敷地が官有地として接収され、広大な空き地となり、ここに駅が作られることもありました。

名古屋市で最も賑わうのは名古屋駅ではなく栄、福岡市では博多駅ではなく天神が中心的な市街地です。こうした中心市街地は江戸時代からすでに街でしたが、名古屋駅も博多駅も、明治初期の市街地の少し外側なのです。当初、駅は単なる遠距離交通の拠点で、街ではなかったのですが、今や名古屋駅、博多駅ともに、栄、天神に次ぐ大きな市街地になっています。名古屋では近年、栄にある松坂屋の売上高を、名古屋駅にある高島屋が抜き、差を広げているというニュースがありました。1999年開業のJRセントラルタワーズ（高島屋が入居）、2006年開業のミッドランドスクエア、2015年開業のJPタワー名古屋（KITTEが入居）といった相次ぐ高層複合施設のオープンは、名古屋駅への追い風を物語っているようでもあります。福岡では2011年のJR博多シティの開業で博多駅周辺の集客力、拠点性は増しましたが、まだまだ天神には及ばず、天神優位の構図は当分覆らない見込みです。栄や天神のような以前からの中心地を旧市街、のちにできた駅を中心とした市街地を新市街とすると、この2地点の距離が、もともとの都市の規模を読み取る鍵になります（詳しくは182ページ）。また、名古屋のように、旧市街から新市街に街の重心が動くことも多く、この動きを読み解くのも重要です（詳しくは210ページ）。

市街地や駅のさらに外側には高速道路のインターチェンジができます。駅とインターチェンジの立地の違いは、鉄道ができた時代と高速道路ができた時代の違いによって生まれます。高速道路は特に1970年以降に整備されたので、その頃の市街地、住宅地の外側に作られます。駅とインターチェンジを比べて見ると、年輪のようにその都市の広がりが見えてきます。東名阪といった大都市圏では、早い段階で高速道路が整備され、その後も住宅地が広がりましたが、地方都市では1980年以降に整備され、現在の住宅地の外側に高速道路が通っているのが一般的です。

よくある駅とインターチェンジの立地パターン

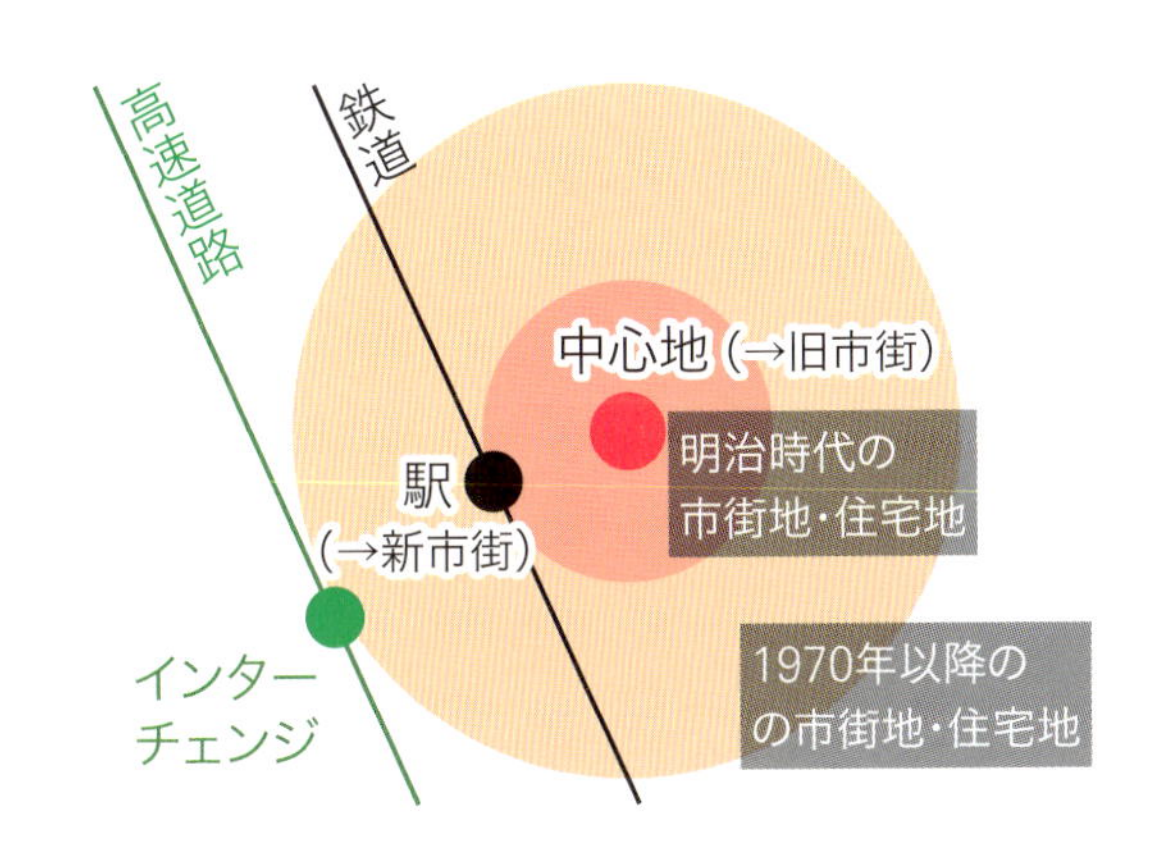

古地図で追う都市拡大の年輪

都市拡大の年輪を、実際に見てみましょう。鉄道と高速道路が都市拡大の年輪となり、分かりやすい都市の1つが金沢市です。1910年（明治43年）の地図に映る金沢市の姿は、ほぼ江戸時代の城下町の範囲が市街地となり、市街地の北西（左上）端に金沢駅（1898年開業）が作られて間もない頃です。この頃は、北陸本線（鉄道）の北西（左上）は一部の農村集落を除き、農地が広がっています。

172ページを開いてみましょう。1979年の地図には、1978年に開通したばかりの北陸自動車道（高速道路）が描かれています。また、北陸本線と北陸自動車道の間は建物と道路が増え、徐々に市街化しているのが分かりますが、まだ建物のない農地や空地もあります。そして北陸自動車道の北西（左上）は、明治の頃と変わらない姿が広がっています。2015年の地図を見ると、北陸自動車道の北西側も市街化し、石川県庁も中心市街地からこちらに移転しています。ここで増えている建物のほとんどは住宅で、ここで見てきた約100年の変化の中で大きいのは、住宅地の拡大です。この動きの中で、鉄道が明治時代の年輪、高速道路が高度成長期の年輪を刻んでいるのが分かります。

さて、明治時代の鉄道開通以前から栄えていた都市として、さきほど紹介した熊本市も、ここで紹介した金沢市も、もともとは城下町です。昔からあった都市のほとんどは城下町ですが、その他にも門前町、港町、宿場町等があります。本書では詳しくは触れませんが、特徴的な町を一都市ずつ例示し、その構造や特徴、傾向を簡単に紹介します。

鉄道開通直後の金沢市街地

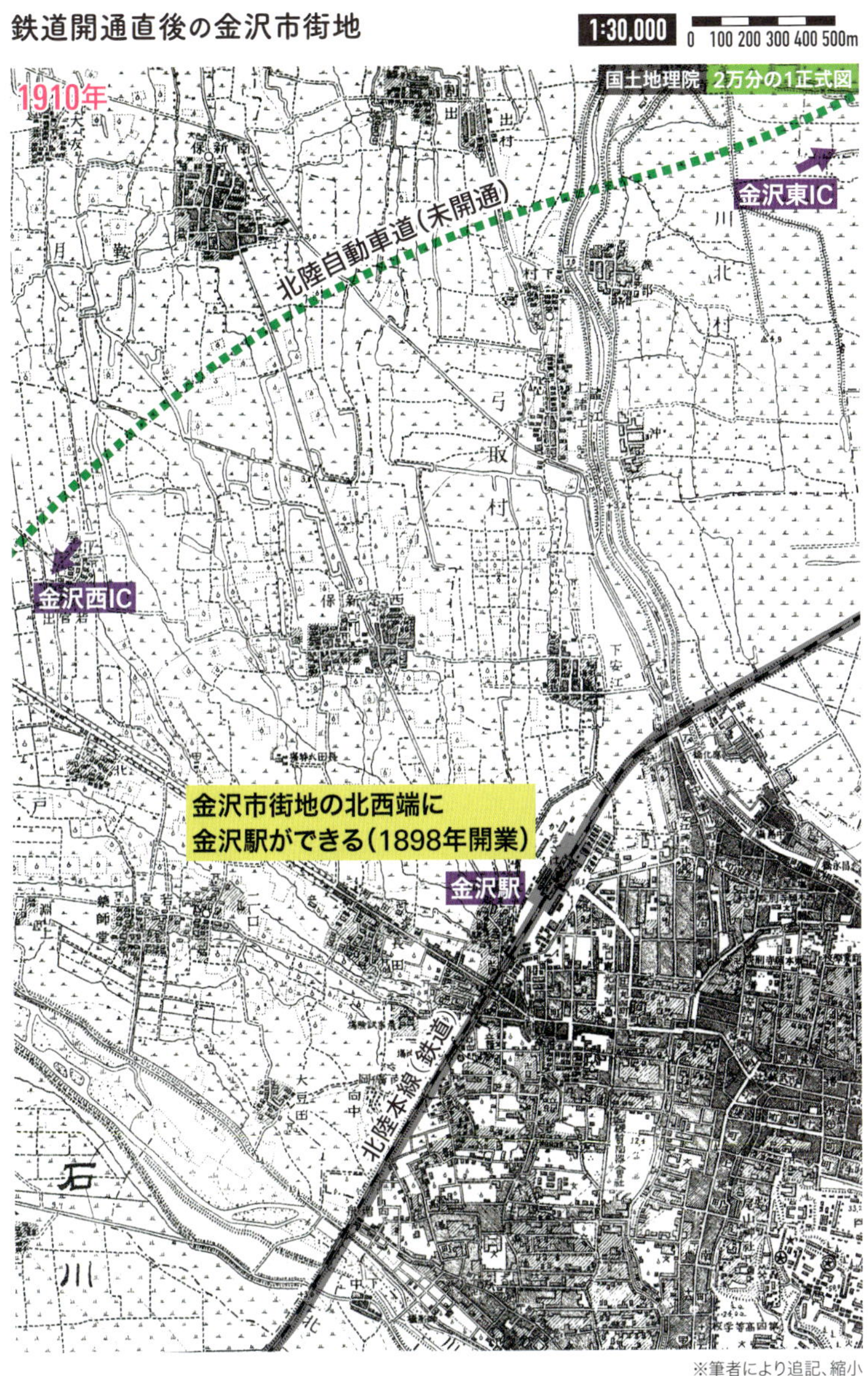

※筆者により追記、縮小

高速道路開通直後の金沢市街地

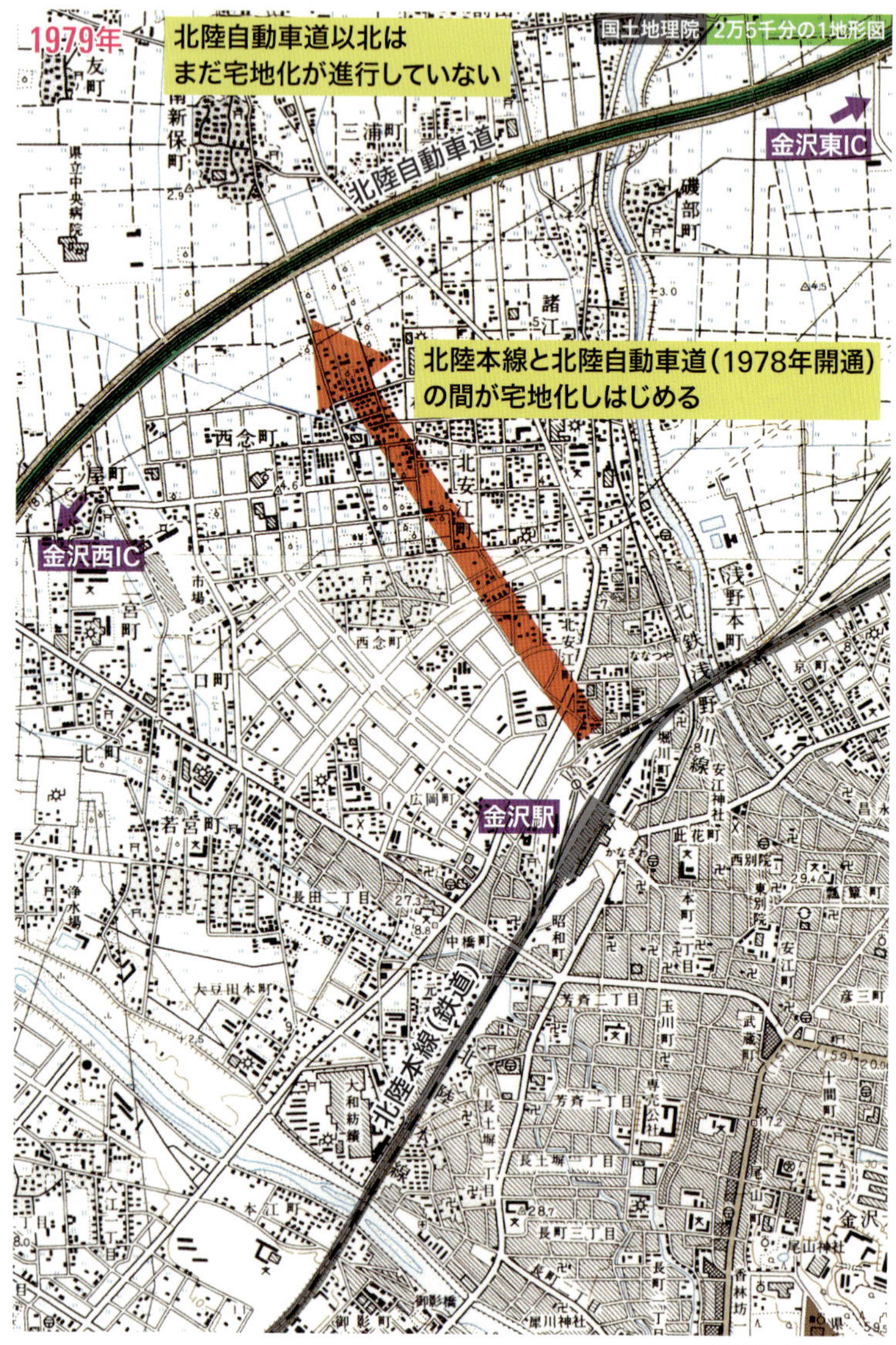

※筆者により追記、縮小

近年の金沢市街地

1:30,000　0　100 200 300 400 500m

※筆者により追記、縮小

武家地と町人地の名残が今も残る城下町

城下町は、江戸時代の領主の居城を中心とした街で、今で言う県庁所在地のような拠点都市です。実際、現在の都道府県庁所在地の多くはもともと城下町ですが、藩の数は県以上に多く、大小300弱を数え、大小さまざまな城下町がありました。ここでは城下町の一例として「鶴ヶ城」の通称で知られる若松城の城下町、現在の会津若松市を見てまいります。

城下町の特徴は、武家地（武士居住地域）と町人地（町人居住地域）に分かれることです。城の近くは武家地になり、城から遠いところや人通りの多い街道沿いが町人地になる傾向があります。会津若松では、鶴ヶ城近辺の旧武家地は官庁や学校が多く、町人地は商店が集中する市街地になっていますが、このように当時の区分が現在の市街地形成に影響を与える例は多々あります。また、武家地の割合が高い松江は文化の都として、町人地の割合が高い大阪は商業の都として発展する等、双方の割合が地域性に影響します。武家地、町人地の他には、寺社が集中する寺社地が置かれます。

城下町の区画は計画的に作られ、長方形の区画になっていますが、外敵から攻め込まれにくいよう、鍵型の街路が作られました。しかしその後の空襲やモータリゼーションを機に、道路の拡幅や新設、区画整理で街路の多くは直線化されています。江戸時代の繁栄の割に明治以降人口が伸びなかった都市は、現在の市街地の範囲が江戸時代の城下町の範囲とほぼ一致します（山口県萩市等）。逆に小規模な城下町ながら明治以降大都市になった都市は、周囲の広い範囲に新たな市街地、郊外住宅地が拡がっています。

会津若松市街地

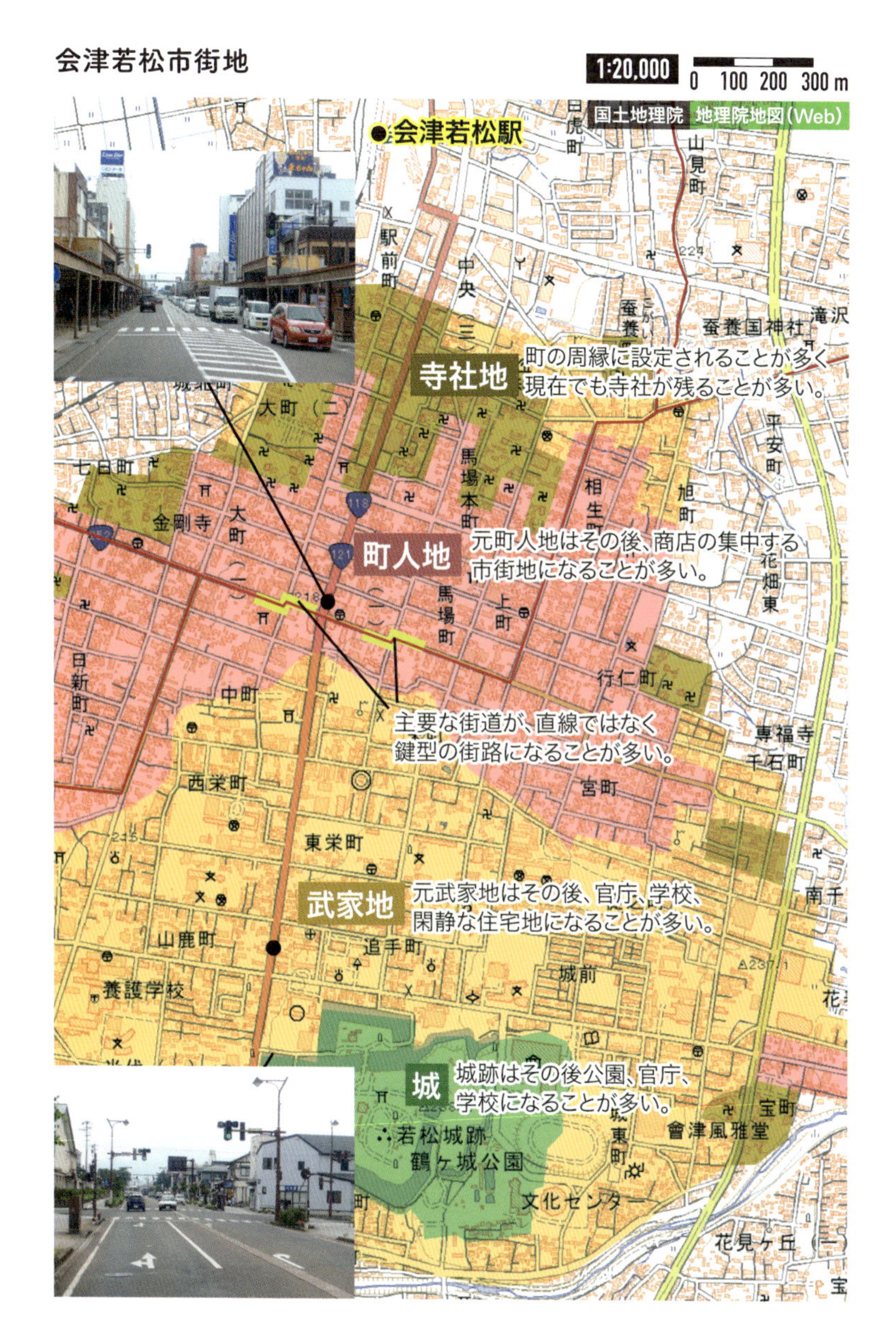

1:20,000
0 100 200 300 m
国土地理院 地理院地図（Web）
会津若松駅
寺社地
町の周縁に設定されることが多く、現在でも寺社が残ることが多い。
町人地
元町人地はその後、商店の集中する市街地になることが多い。
主要な街道が、直線ではなく鍵型の街路になることが多い。
武家地
元武家地はその後、官庁、学校、閑静な住宅地になることが多い。
城
城跡はその後公園、官庁、学校になることが多い。
若松城跡
鶴ヶ城公園
文化センター
會津風雅堂

寺社の参道を中心に拡がる門前町

今や大都市の条件は、政治、工業、商業、交通の中心地になることでしょう。しかし江戸時代は今ほど商工業が強くはなく、中心都市は政治の中心の城下町に限られます。交通の中心地は後述する港町と宿場町ですが、それ以上に拠点性をもつ町がありました。それが、門前町です。

現在、人が遠出をする目的は、買い物や観光でしょうか。しかし江戸時代には関所があり、個人の長距離移動には許可（通行手形）が必要でした。ビザを要する外国に行きにくいのと近い状態です。しかし例外的に、ノービザのごとく許可が出たのはが大きな寺社への参詣でした。個人の遠出は参詣や湯治等に限られ、参詣の口実で旅行気分を味わう人も多かったことでしょう。そんな宗教都市でも観光都市でもあったのが、城下町に次ぐ集客力をもつ門前町だったのです。

長野市は善光寺の門前町を発端に、その後県庁所在地になった都市ですが、門前町の構造は単純明快、中心となる寺社への参道がまっすぐ引かれ、その参道を中心に町が広がります。基本的には寺社の門前が最も賑わい、そこから遠ざかるにつれて閑散としますが、長野市の場合、大型商業施設は善光寺から離れた長野駅前に集中しています。このように、明治以降に寺社の集客力以外の発展要因があった場合、別の核（長野駅、権堂駅）が生まれ、そちらに現代の都市機能が集中、善光寺には古くからの店舗や参詣、観光の拠点が集中し、それぞれの棲み分けから新旧のグラデーションが生まれます。こうした構造は千葉県成田市（成田山新勝寺）や奈良県奈良市（東大寺他）でも見られます。

長野市街地

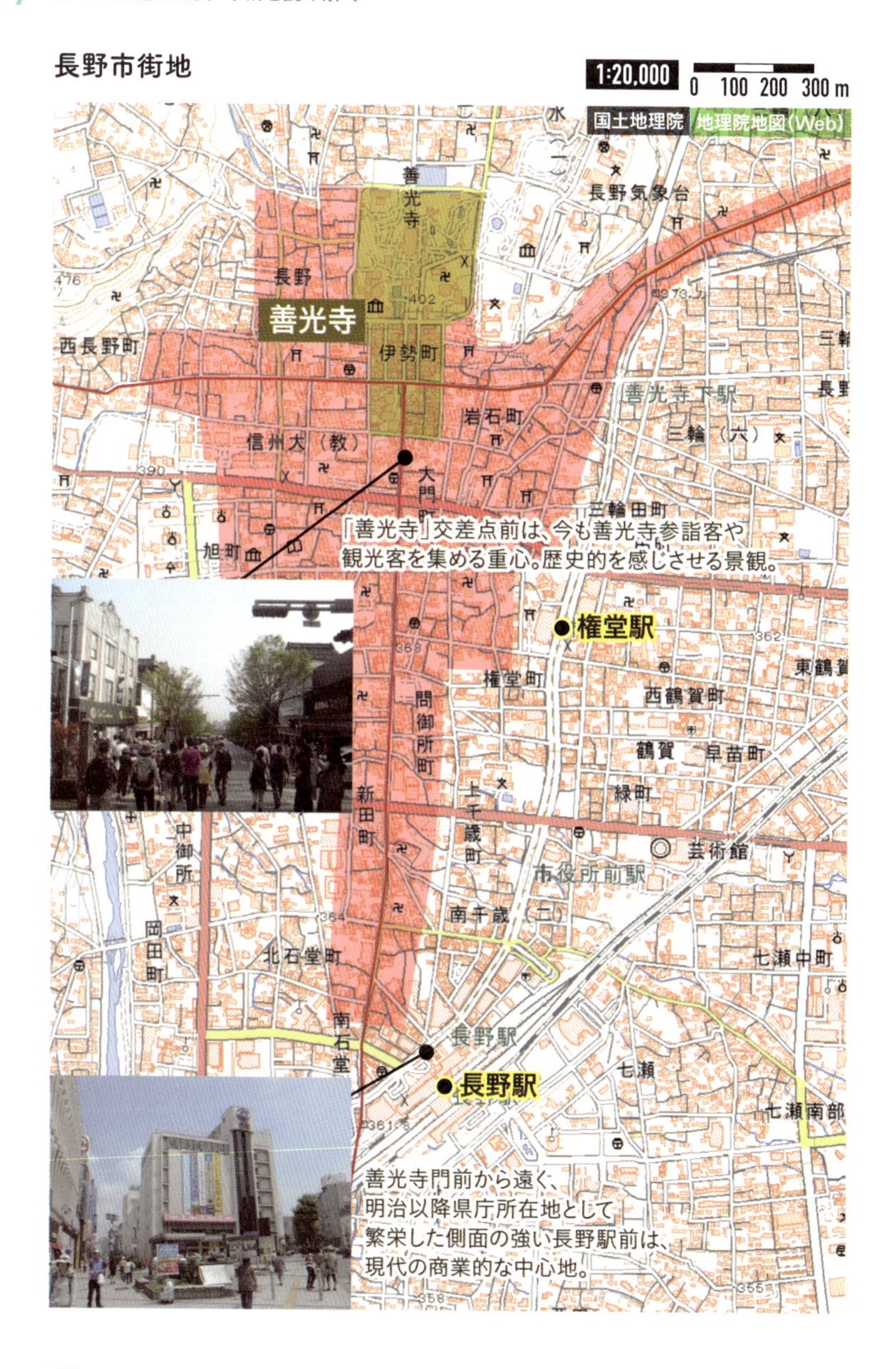
1:20,000
0 100 200 300 m
国土地理院 地理院地図(Web)
善光寺
長野気象台
長野
西長野町
伊勢町
善光寺下駅
岩石町
三輪(六)
信州大(教)
大門町
三輪田町
旭町
「善光寺」交差点前は、今も善光寺参詣客や
観光客を集める重心。歴史的を感じさせる景観。
権堂駅
権堂町
西鶴賀町
東鶴賀
問御所町
鶴賀
早苗町
緑町
新田町
上千歳町
中御所
芸術館
市役所前駅
南千歳(二)
岡田町
北石堂町
七瀬中町
南石堂
長野駅
七瀬
七瀬南部
善光寺門前から遠く、
明治以降県庁所在地として
繁栄した側面の強い長野駅前は、
現代の商業的な中心地。

中心点がなく、あらゆるものが動く港町

港があり、そこに町ができれば港町です。鉄道や道路が発達した現代では最も速いのは陸路ですが、鉄道や自動車がない場合、山や坂がある道を徒歩で越えるよりは船のほうが速いこともあります。しかし、明治に入ると陸路の発達、高度成長期以降は空路の発達で、一般の人が港に行く機会は減っています。明治以降は、開国で貿易が増えたことや、工業や水産業の大規模化で、大規模な港湾が整備されて大都市になった都市もあります（横浜市、神戸市等）。

ここで紹介するのは奄美大島の名瀬（奄美市）です。離島となると、港は生命線です。まず港に向いた地形は、外洋の高波を受けない湾で、すぐに水深が深くなるところです。水深が浅いと船が停泊できません。すぐ深くなるかどうか、水深は地図からは分かりませんが、陸地の傾斜である程度読み解けます。陸地の傾斜が強ければ強いほど、水中の傾斜も強く、停泊しやすい港に向いた場所だと分かります。名瀬も周囲を山に囲まれていますが、港町として有名な横浜、神戸、長崎、函館はどこも「坂の町」です。対して逆に港に向かないのは、千葉県の九十九里浜等、外洋の高波を受ける浅瀬です。また、港は城や寺社のような中心点がありません。まず、港そのものが動きます。名瀬では船の大規模化や港のキャパシティ拡大のため、港が沖合に移転しました。また、奄美市役所や大島支庁舎は港から遠い山裾にありますが、城下町であれば城の近くにある官庁や学校、高級住宅地は、港町の場合、港から離れたところに作られる傾向があります（横浜の山手、神戸の北野等）。

奄美（名瀬）市街地

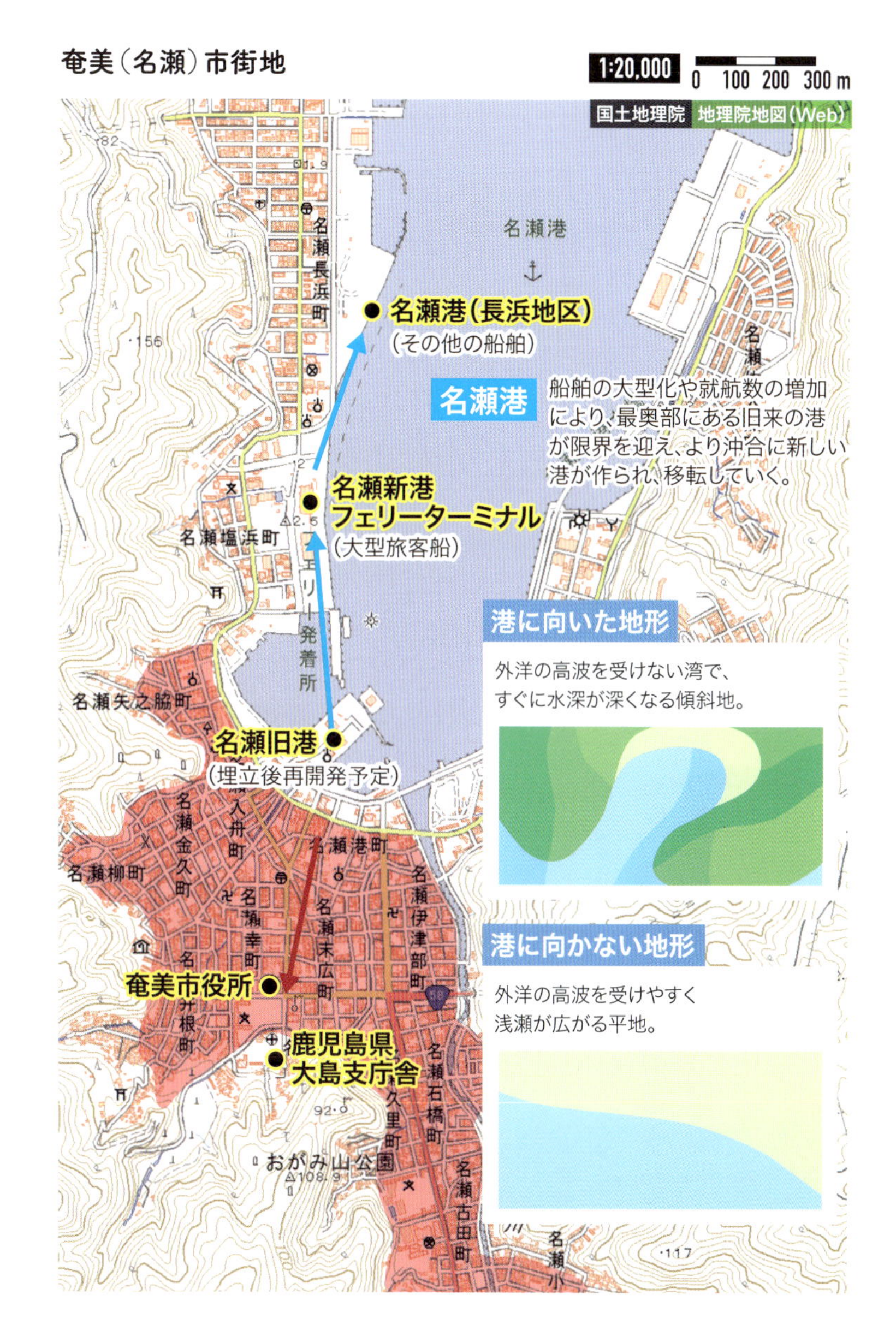
1:20,000
0 100 200 300 m
国土地理院 地理院地図（Web）
名瀬港
名瀬長浜町
名瀬港（長浜地区）
（その他の船舶）
名瀬港
船舶の大型化や就航数の増加により、最奥部にある旧来の港が限界を迎え、より沖合に新しい港が作られ、移転していく。
名瀬新港
フェリーターミナル
（大型旅客船）
名瀬塩浜町
フェリー発着所
港に向いた地形
外洋の高波を受けない湾で、すぐに水深が深くなる傾斜地。
名瀬矢之脇町
名瀬旧港
（埋立後再開発予定）
名瀬入舟町
名瀬金久町
名瀬柳町
名瀬港町
名瀬幸町
名瀬末広町
名瀬伊津部町
港に向かない地形
外洋の高波を受けやすく浅瀬が広がる平地。
奄美市役所
鹿児島県大島支庁舎
名瀬石橋町
おがみ山公園
名瀬古田町

一本道の細長い旧市街地、宿場町

最後に宿場町です。移動手段が徒歩か馬だった江戸時代、一日で移動できる距離は30～40㎞ほどで、長距離移動は数日かかるものでした。そこで必要になるのは、宿や食事、休憩、馬の手配です。こうした役割を担ったのが宿場町で、主要街道沿いには5～10㎞間隔で置かれました。城下町が今で言う県庁所在地の都市だとすると、宿場町は中継地点の小さな町に過ぎません。城下町、門前町、港町が面的に広がっているのに対し、宿場町は街道沿いにのみ、線状に拡がる小さな町になっています。

妻籠宿（長野県南木曽町、旧中山道）は宿場町の原型が色濃く残り、古くからの建物が残っていることから観光地にもなっています。地図上で中山道沿いに建物が並んでいるのがわかります。関宿（三重県亀山市、旧東海道）は東海道に沿って東西（左右）に建物が連なっています。建物は南北（上下）にも広がり、妻籠宿より多く見えますが、これは明治以降に広がったものです。

大都市圏内の宿場町は、周辺が全体的に都市化するため、非常にみつけにくくなります。草津宿（滋賀県草津市、旧東海道、中山道）は実際に行くといくつか歴史的な建物が残っていますが、千住宿（東京都足立区、旧奥州街道、日光街道）ではほとんど見られません。地図上でも宿場町の範囲は大変見つけにくいですが、旧街道沿いは寺社が多く、旧街道と直交する細い路地が密集しているのが分かります。

自動車社会になった今、高速道路のサービスエリアがこれに近い役割を果たしています。食事、給油だけでなく、最近では宿泊施設を備えたサービスエリアもあり、現代の宿場とも言えるでしょう。

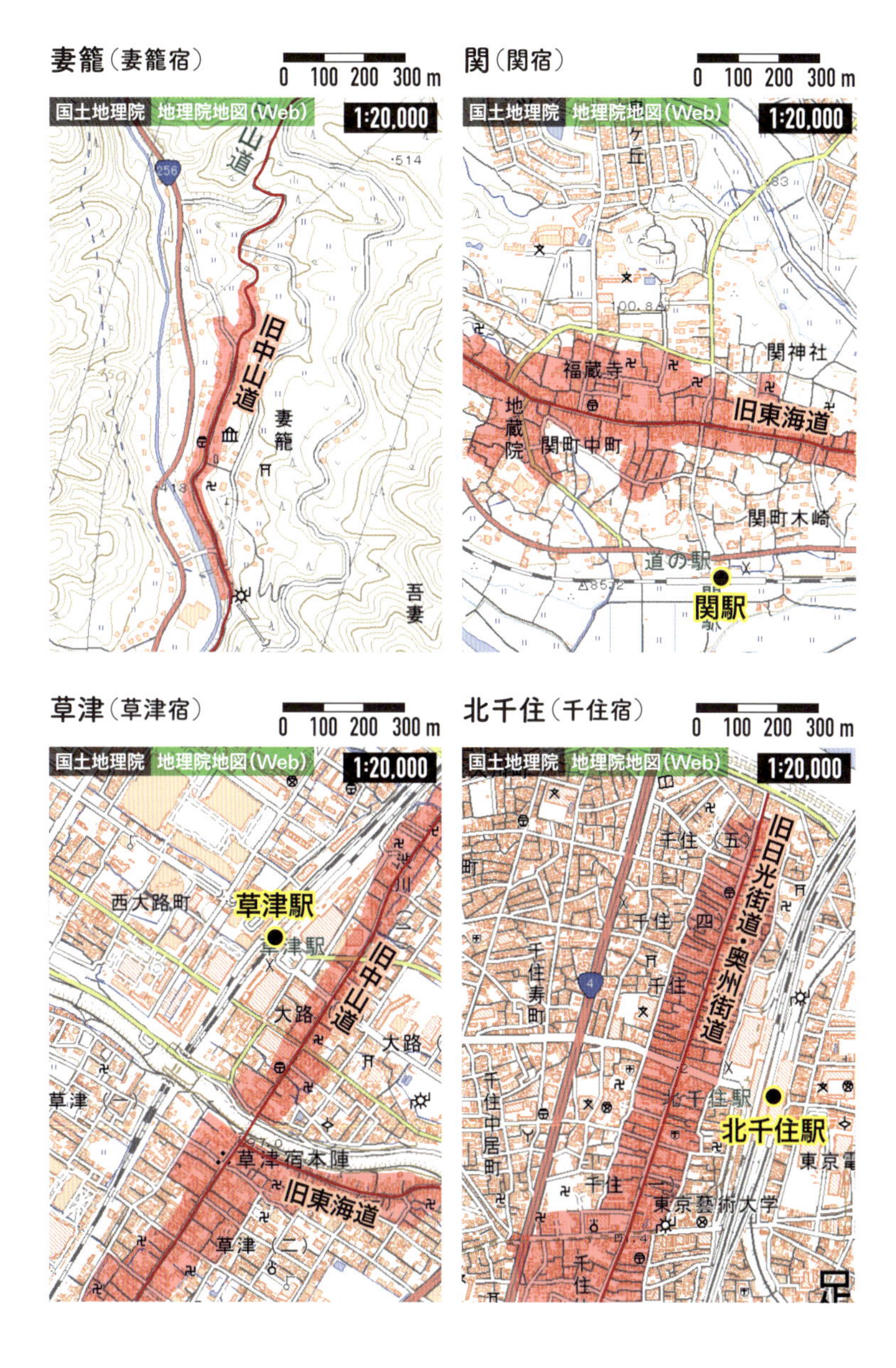
妻籠（妻籠宿）
0 100 200 300 m
国土地理院 地理院地図（Web）
1:20,000
中山道
旧中山道
妻籠
吾妻
関（関宿）
0 100 200 300 m
国土地理院 地理院地図（Web）
1:20,000
福蔵寺
関神社
地蔵院
関町中町
旧東海道
関町木崎
道の駅
関駅
草津（草津宿）
0 100 200 300 m
国土地理院 地理院地図（Web）
1:20,000
西大路町
草津駅
旧中山道
大路
草津（一）
草津宿本陣
旧東海道
草津（二）
北千住（千住宿）
0 100 200 300 m
国土地理院 地理院地図（Web）
1:20,000
千住（五）
旧日光街道・奥州街道
千住（四）
千住寿町
北千住駅
千住中居町
千住（一）
東京藝術大学

中心地（旧市街）と駅（新市街）の距離

日本の都市を語る際に、「旧市街」「新市街」という捉え方はほとんど聞きません。ヨーロッパでは、歴史的建造物が残る旧市街と、商業やビジネスの拠点となる、ビルが建つ新市街の対比が鮮やかですが、日本ではどちらも建物が建て替えられるため、一見分かりにくくなっています。しかし最初にできた中心市街地を旧市街、そののちに駅が市街地化したところを新市街とすると、この構図は全国の多くの地方都市で見られます。166ページで紹介した熊本市街地や、168ページで取り上げた名古屋市の栄、福岡市の天神がここで言う旧市街にあたります。

旧市街の至近に駅ができる場合、旧市街、新市街と分かれることなく、1つの街になりますが、二地点の距離が遠い場合は、それぞれ別の街となります。それでは一体どちらが賑わうのでしょうか。その答えは都市によって異なるので、第8章以降で説明します。

ここでは、新、旧市街の距離を比較してみます。1～3㎞離れている都市は、名古屋市、京都市、福岡市等、大都市が多くなっています。これは、古くからの市街地の範囲が広いことで、旧市街から市街地の端までの距離が長く、駅（新市街）までの距離が長くなる傾向があるからです。逆に距離が短い都市は、明治時代の時点で都市規模がそこまで大きくはなく、市街地が狭かった場合がほとんどです。また、古くからの市街地は広いものの細長かった場合、旧市街に隣接して駅ができることもあります。

中心地（旧市街）と駅（新市街）

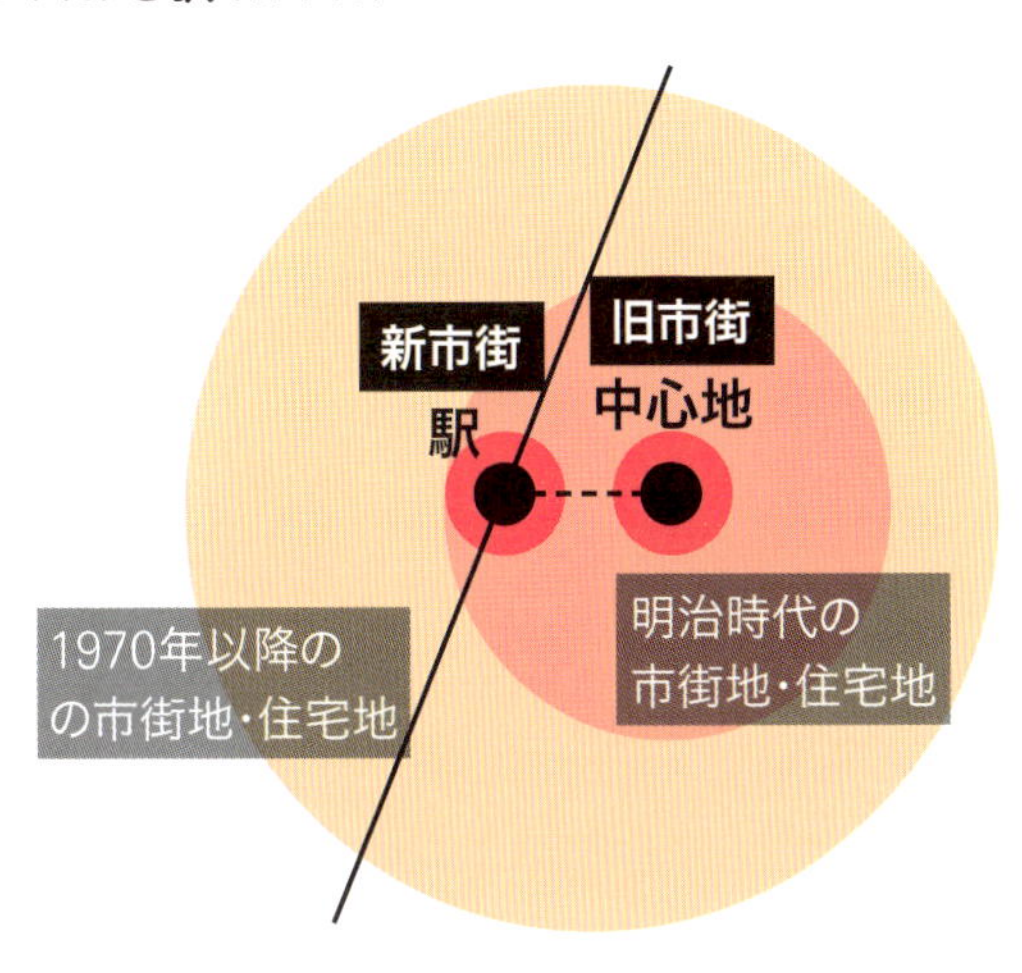

連続する
市街地として
近接、統合

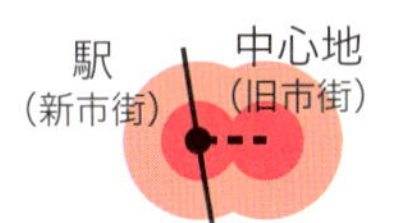

青森、福島、郡山、高崎、福井、静岡、浜松、豊橋、姫路、倉敷、小倉、大分

徒歩圏内
（1km以内）
に近接

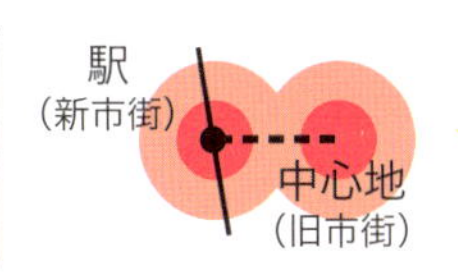

盛岡、秋田、山形、仙台、長野、松本、甲府、富山、岐阜、岡山、鳥取、米子、徳島、高知、山口、佐賀、佐世保、宮崎

1～3km程度
離れている

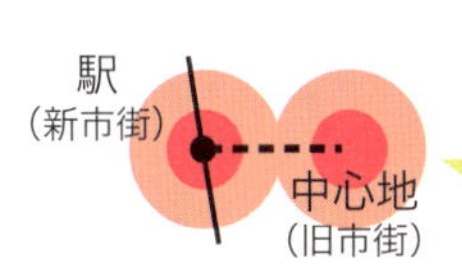

札幌、水戸、名古屋、金沢、京都、広島、福岡、長崎、熊本

江戸時代の町の範囲が、旧市街と駅の距離に影響する

それでは明治時代の地図を見ながら、中心地（旧市街）と駅（新市街）の距離を見てみましょう。多くの都市では明治時代に鉄道駅が開業します。明治時代の市街地は、江戸時代の市街地の範囲とほとんど変わらず、江戸時代の町の端や少し外側に駅ができた、とも言えます。

浜松市街地では、現在最も賑わうのは浜松駅前、ここで言う新市街になります。今や大型商業施設や各種専門店は、浜松駅に隣接していますが、以前は百貨店（松菱、西武）や電気店（エイデン）は浜松駅の北西（左上）の鍛冶町、伝馬町周辺にありました。いずれも2000年台までに閉店し、現在は再開発でできた「ザザシティ」が営業するのみです。明治時代の地図を見ると、浜松城下町の範囲が狭く、その端にできた浜松駅が近かったことで、2つの街が近接、統合されたことが見えてきます。

次に岡山市街地です。城下町の範囲のほぼ中心に旧市街の表町があり、現在でも百貨店（天満屋）、複合商業ビル（ロッツ、クレド）、商店街があります。そこから1km北西（左上）に位置するのが岡山駅で、明治時代は市街地のぎりぎり外側でしたが、今や旧市街の表町を凌駕する新市街になっています。

最後に京都市です。長い間都だったこともあり、江戸時代の時点で市街地は広い範囲に及んでいました。現在最も賑わう市街地は四条河原町で、周辺に百貨店（高島屋、大丸）や商店街がありますが、京都駅とは2km離れていて、バスに乗って移動するとそれなりの距離を感じます。京都駅以南はこの頃田畑が広がっており、京都駅が町の南（下）端に作られたことが見えてきます。

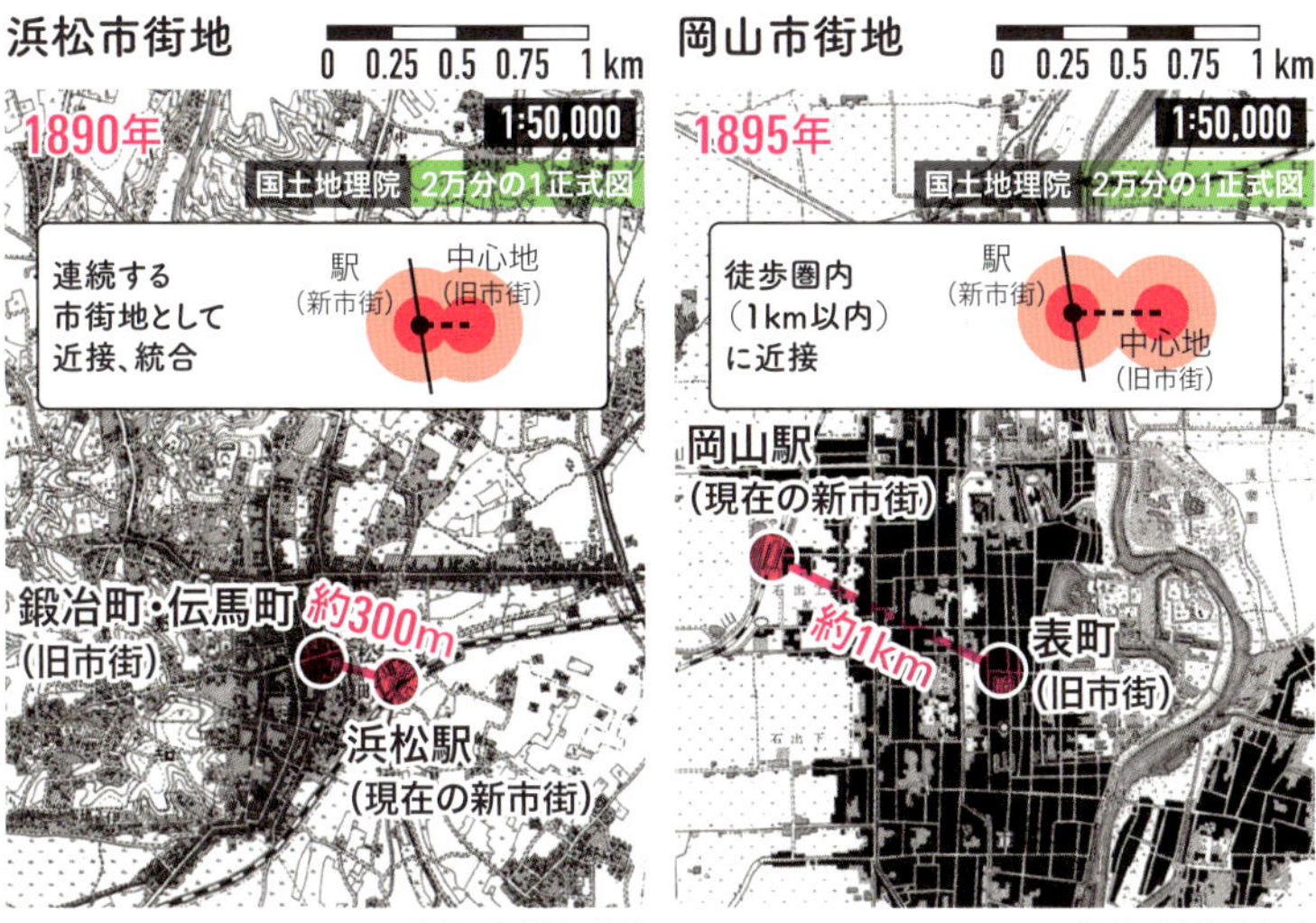

浜松市街地

0 0.25 0.5 0.75 1 km

1890年
1:50,000
国土地理院 2万分の1正式図
連続する
市街地として
近接、統合
駅
(新市街)
中心地
(旧市街)
鍛冶町・伝馬町
(旧市街)
約300m
浜松駅
(現在の新市街)

※筆者により追記、縮小

岡山市街地

0 0.25 0.5 0.75 1 km

1895年
1:50,000
国土地理院 2万分の1正式図
徒歩圏内
(1km以内)
に近接
駅
(新市街)
中心地
(旧市街)
岡山駅
(現在の新市街)
約1km
表町
(旧市街)

※筆者により追記、縮小

京都市街地

1:50,000

0 0.25 0.5 0.75 1 km

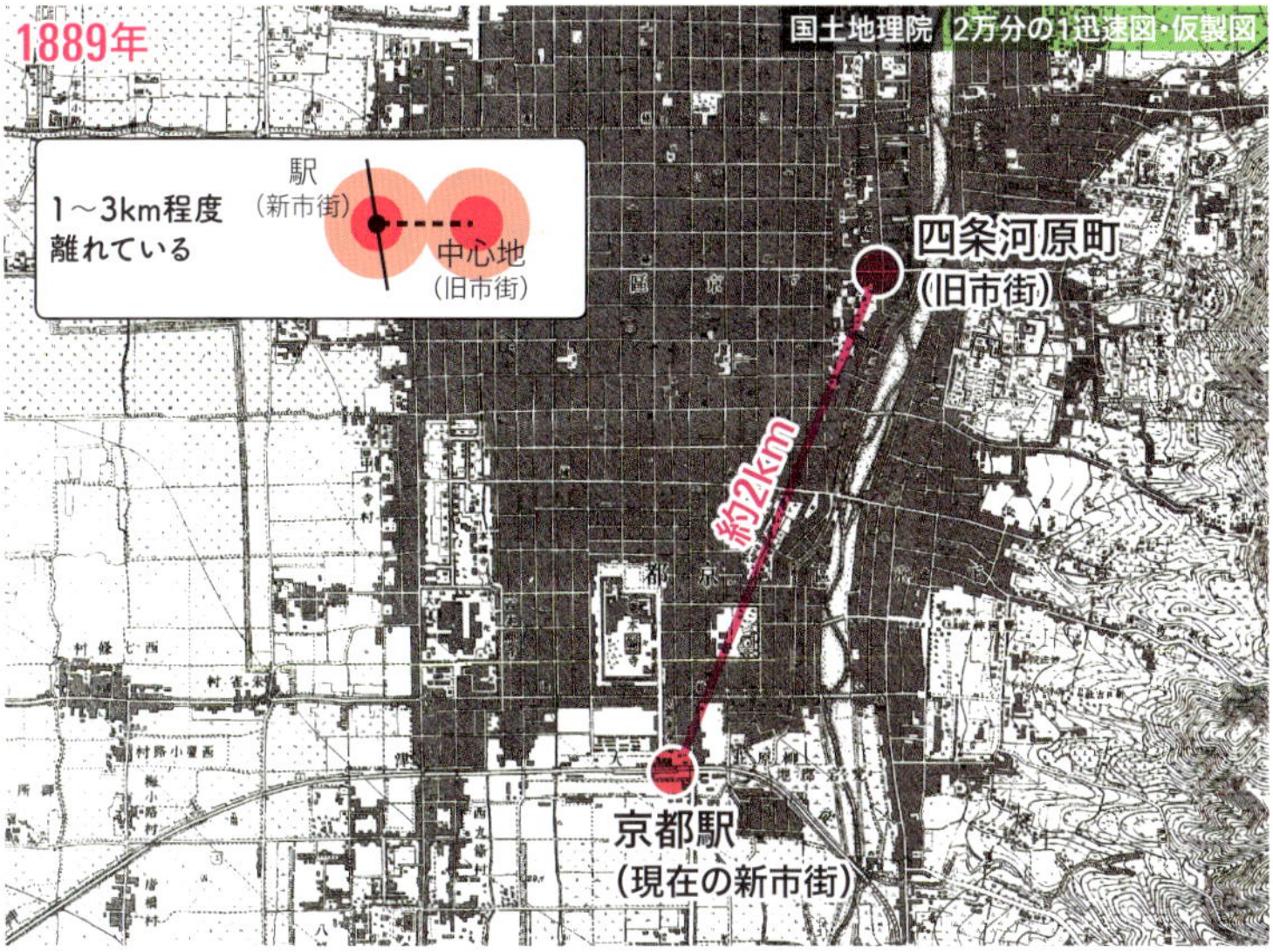

1889年
国土地理院 2万分の1迅速図・仮製図
1〜3km程度
離れている
駅
(新市街)
中心地
(旧市街)
四条河原町
(旧市街)
約2km
京都駅
(現在の新市街)

※筆者により追記、縮小

東京と大阪の、旧市街と新市街とは？

さきほどから旧市街と駅（新市街）の話をしていますが、この構図では語れない複雑な都市もあります。それは、大都市中の大都市、東京と大阪です。

東京では、横浜、関西方面への始発駅として1872年に新橋駅、東北方面への始発駅として1883年に上野駅が開業します。それぞれ日本橋や銀座といった中心市街地（旧市街）の南（下）側、北（上）側に位置しますが、市街地の外側ではなく、市街地に食い込んでいました。対して、当初南北のバイパス線として作られた山手線は、市街地のかなり外側に作られます。しかし西部郊外の都市化を受けて池袋、新宿、渋谷の3駅が巨大ターミナル駅となり、こちらは副都心と呼ばれるようになりました。これまで話してきた新市街に相当するとも言えます。

大阪では、1874年開業の大阪駅（梅田）と1885年開業の（現在の南海電鉄）難波駅の間が江戸時代の市街地（旧市街）で、なかでも心斎橋は現在1つの中心市街地となっています。難波は江戸時代の町の南端で、鉄道開通によって南側のターミナル駅となり、ミナミとも呼ばれます。また、東京から京都、大阪を経て神戸、九州方面を結ぶ、東海道本線の大阪駅は、古くからの市街地のぎりぎり外側に作られました。泥土を埋めて田んぼが作られた「梅田」と言われたこのエリアは、大阪駅開業後しばらくして大阪市に編入されますが、やがて京阪神を結ぶターミナル駅となり、ミナミに対してキタと呼ばれるようになります。こちらは新市街と言っても良いでしょう。

東京（市街地と鉄道の変遷概略図）

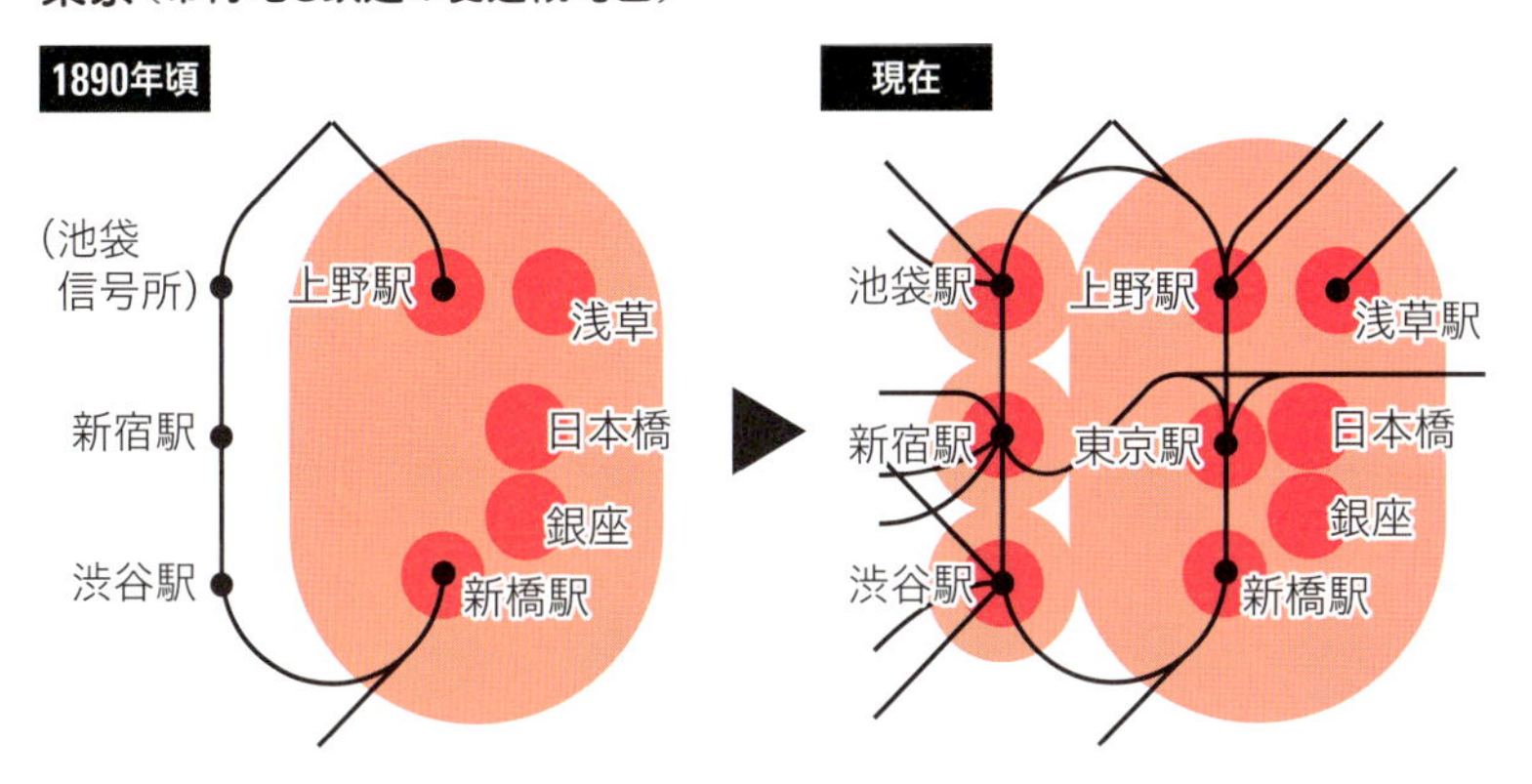

東京で古くから賑わい、現在も賑わう市街地は、銀座、日本橋、浅草といった
市街地で、いずれも東京の東側にある。
西側の市街地、池袋、渋谷は駅ができるまで街ではなかったが、ターミナル駅として
多くの人が集まるようになり、今や東京を代表する街となった。（新宿はもともと宿場町）

大阪（市街地と鉄道の変遷概略図）

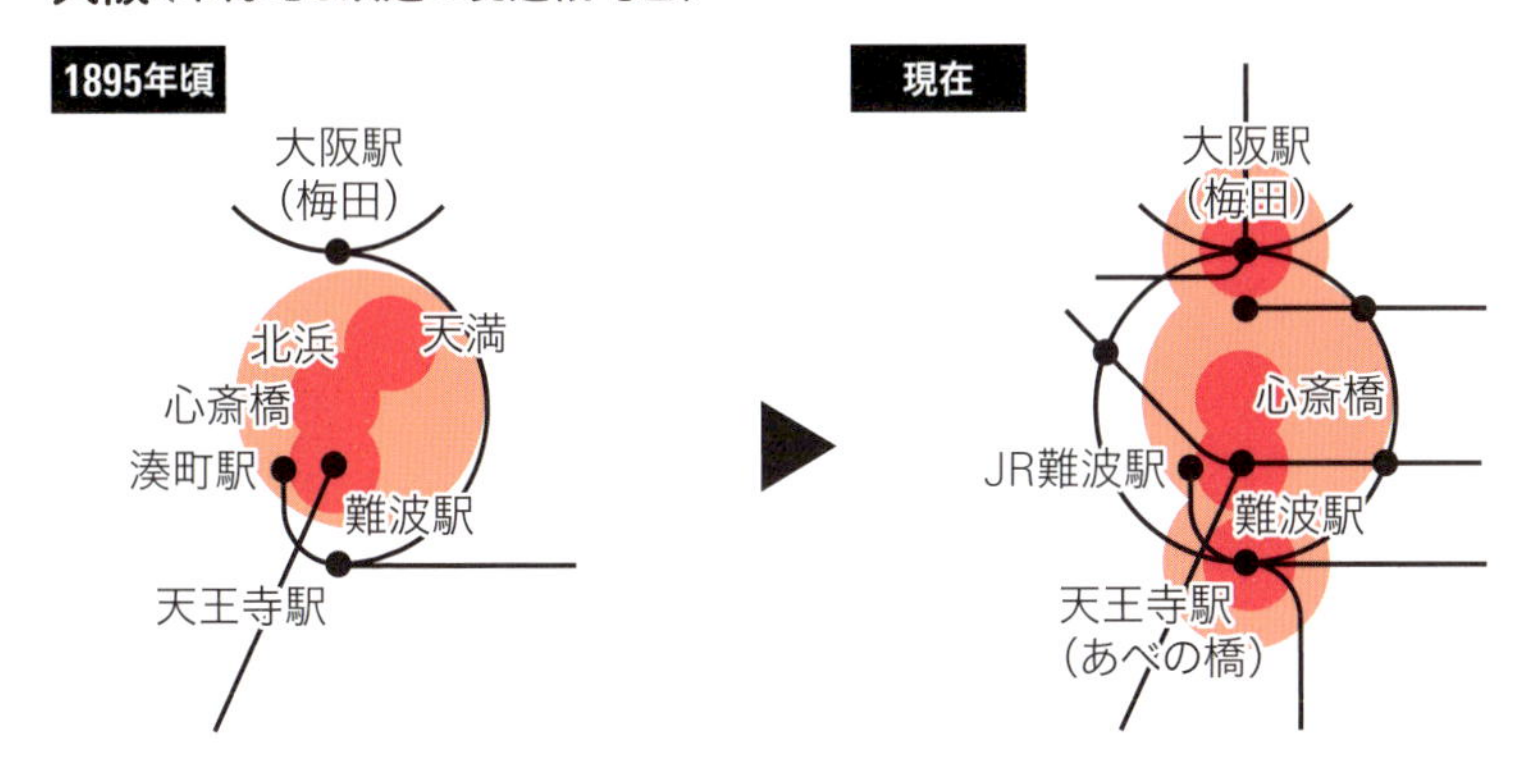

大阪では梅田と難波の間に市街地が広がっており、現在の北浜から心斎橋、難波にかけての
エリア（以前の船場、島之内）が今も昔も都心となっている。
現在の南森町駅を中心とした天満の存在感は強かったが、
現在は以前の市街地の外側にある大阪駅（梅田）、天王寺駅（あべの橋）の拠点性が勝っている。

土地勘から都市勘へ

8

街の賑わいを決める人口、地形、集散

街の賑わいは何によって決まるのでしょうか。ここまで、古くからの都市の発達や駅について見てきましたが、ここからは人口や地形、そして人が集まる拠点の集中や拡散について見ていきます。賑わう街のある都市は、街が空洞化している都市より優れ、問題がないのでしょうか。地図から読み解ける現実を追ってみましょう。

賑わう街と閑散とする街、そして郊外の賑わい

街といえば多くの人が集まるところかと言えば、必ずしもそうではありません。これは東京と地方の格差とも言い切れず、地方でも賑わう街もあれば、東京や大阪等の大都市圏でも閑散とした街はあります。以前は多くの人が集まり、街だったところが、今や行き交う人をほとんど見ない……そんな、空洞化した市街地の様子は「シャッター街」とも言われます。自治体も中心市街地活性化や、街の「賑わい」を目指したりと、大きな関心事になっています。

さて、街の賑わいに明暗がついた原因は何でしょうか。よく言われるのが、人口減少とモータリゼーションです。日本の総人口は現在漸減傾向にありますが、地方においては雇用環境の厳しさから、進学や就職のタイミングでの転出が相次ぎ、すでにかなりの勢いで減少している地域も多々あります。また、地方では多くの人が自家用車をもつことで、人の流れが大きく変わっています。市街地の外れの田園地帯に突如大型モールができ、車で来る多くの人を集め、市街地がシャッター街になる、という展開は、もはや一般的になっていると言っても良いでしょう。

しかしすべての都市がそうではなく、郊外も賑いつつ街も賑わう都市もあれば、郊外がさほど賑わわない都市もあります。左の写真「賑わう街」と「閑散とする街」は、どちらも人口規模が近い九州の地方都市の中心市街地のものです。この差は何によって生まれるのでしょうか。ここから、都市の人口、地形、街の集散の3点に焦点を当てて見てみます。

賑わう街

閑散とする街

郊外の賑わい

都市人口が賑わいを決める

　街の賑わいを決める大きな鍵は、周辺に住む人が多いかどうかです。都市の人口によって中心市街地はどのくらい賑わうか、郊外大型モールが脅威となるか、目安を下の表にまとめました。約100万人以上の都市市街地の集客力は不動のものです。県庁所在地でも比較的人口が多い約40〜100万人の都市では、モールが脅威となりつつも、市街地の賑わいは保たれます。市街地が賑わうかどうかの分岐点は約20〜40万人の都市です。市街地はモールと互角の戦いを強いられます。人口約20万人未満の都市では、大型店や全国チェーンにない魅力がない限り、街は閑散としてしまいます。

　こうして見ると、モールは人口約20万

都市人口(目安)	中心市街地		郊外大型モール
約100万人以上	県内だけでなく 周辺の県からも人を集める。 郊外モールより集客力は強い。  (百貨店・駅ビル等5店以上)	＞	複数の大型モールが 進出するが、中心市街地と 棲み分け、共存する 
約40〜100万人	大型モールに引けを取らない ブランド、テナントも市街地にある。 飲食店等も多く、集客力は強い。 (百貨店・駅ビル等3〜4店程度)	＞	郊外大型モールは 市街地の脅威とは言われるが 棲み分け、共存する。 
約20〜40万人	市街地は大型モールと互角の ブランド、テナントがあり、 大型モールと接戦を強いられる。 (百貨店・駅ビル等1〜2店程度)	＝	都市によっては 市街地の集客力を凌駕し 互角の戦いとなる。 
約20万人未満 	僅かな個人商店が並ぶのみ。 市街地に住む人でも、 自家用車は必須と言われる。  (百貨店・駅ビル等あったりなかったり)	＜	それまでの市街地を 超える商業環境が登場し、 街を代替する。 

人前後の都市市街地を代替しているとも言えます。人口約100万人以上の都市では、モールは郊外の一拠点に過ぎませんが、人口の少ない都市では、モールが街の集客構造の大きな変化をもたらします。車での来店者を集めるため、周辺の都市だけでなく遠方からの集客も可能です。

しかし、都市人口と集客力は必ずしも比例しません。集客力をもつ範囲は、自治体（都市）の範囲と一致しないからです。周辺市町村を含めた「都市圏」が参考になりますが、その範囲にはさまざまな定義があります。こうした都市と都市圏の範囲の差や、周辺の都市との距離等、例外は下にまとめましたが、その他にも例外となる要素がいくつかあります。それでは次のページを見てみましょう。

都市人口によって異なる郊外大型モールの立ち位置

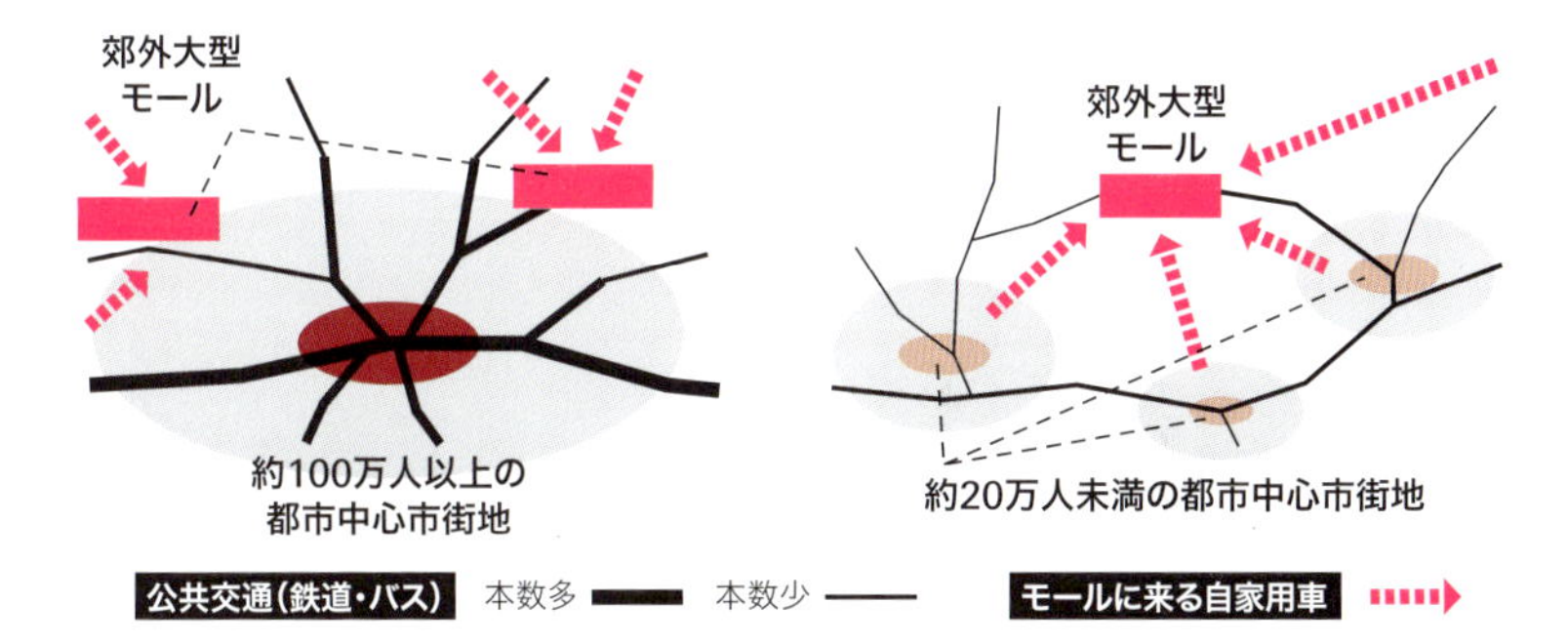

都市人口の割に中心市街地が賑わう例外

市域が狭く人口は少ないが、周辺市町村からの来訪も多く、市の人口以上に人が集まる。（立川市等）
周辺により大きな都市がなく、中心性、集客力が強い。（高知市等）
県庁等、中心性の高い機関があり、集客力が高い。（同じ人口規模だと県庁所在地のほうが賑わいやすい）

都市人口の割に中心市街地が閑散とする例外

市の人口は多いが、市域が広くかなり遠い地域も含んでいるため、集まる人は少ない。（いわき市等）
複数の小都市を束ねて1つの市になっているため、全市から集まる大きな市街地がない。（倉敷市等）
近隣により大きな市街地をもつ都市があり、そちらに吸収されるため集客力が低い。（相模原市等）

平地に囲まれた街と傾斜地に囲まれた街、どちらが賑わう？

それでは、市街地とモールが互角の戦いとなり、市街地の賑わいが保たれるかどうか成否が分かれる、20〜40万人の都市を2箇所、見てみましょう。191ページの賑わう街と閑散とする街の写真はそれぞれ、長崎県佐世保市（都市人口26万人、都市圏人口30万人）と佐賀県佐賀市（都市人口24万人、都市圏人口40万人）のものです。この2都市は、近くにありながら際だった差異が見て取れます。

地図を見てみると、佐世保市街地は周囲を山に囲まれ、起伏に富んでいる一方、佐賀市周辺は平地が続いています。また、薄赤色で描かれた建物密集地の面積も、佐世保市は狭まっていますが、これは地形の制約で、建物を建てられる平地が少ないことが影響しています。逆に、佐賀市は建物密集地が広い範囲に及んでいますが、平地であることで住宅地が拡大できたことを物語っています。

長崎県の県庁所在地、長崎市は坂の町として有名です。自転車に乗る人は少なく、原付バイクやバスを多々見かけます。自転車店も原付バイクを売り、バイクのナンバープレートは通常の4桁より多い5桁です。そんな長崎市よりも平地が少なく、より「坂の町」なのが佐世保市です。

佐世保市は県庁所在地ではなく、九州一の大都市、福岡市の博多駅まで100㎞少々、特急列車で2時間少々です。佐賀市は県庁所在地で、博多駅まで50㎞少々、特急で1時間を切る距離です。県庁があることは佐賀の強みですが、より人口や拠点性の強い都市（福岡市）が近くにあることは、佐賀の商業集積にはマイナスで、人々の流出を促進する原因にもなります（ストロー効果）。

佐世保市周辺

1:150,000 0 0.5 1 1.5 2 2.5 3km

※筆者により追記、縮小

佐賀市周辺

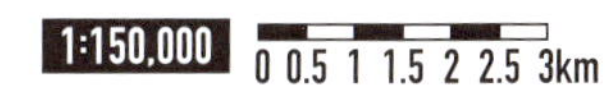
1:150,000 0 0.5 1 1.5 2 2.5 3km

※筆者により追記、縮小

集中する佐世保、拡散する佐賀

それでは、佐世保市、佐賀市それぞれの市街地を拡大した地図を見てみましょう。佐世保市は、市役所を除くと徒歩で回れる市街地に主要施設が密集しています。周囲を山に囲まれた地形の制約があり、郊外に移転先がないことも原因です。わずかな平地を通る数少ない幹線道路は市街地を通るため、車でどこからどこに移動するにも、市街地を通ることになります。

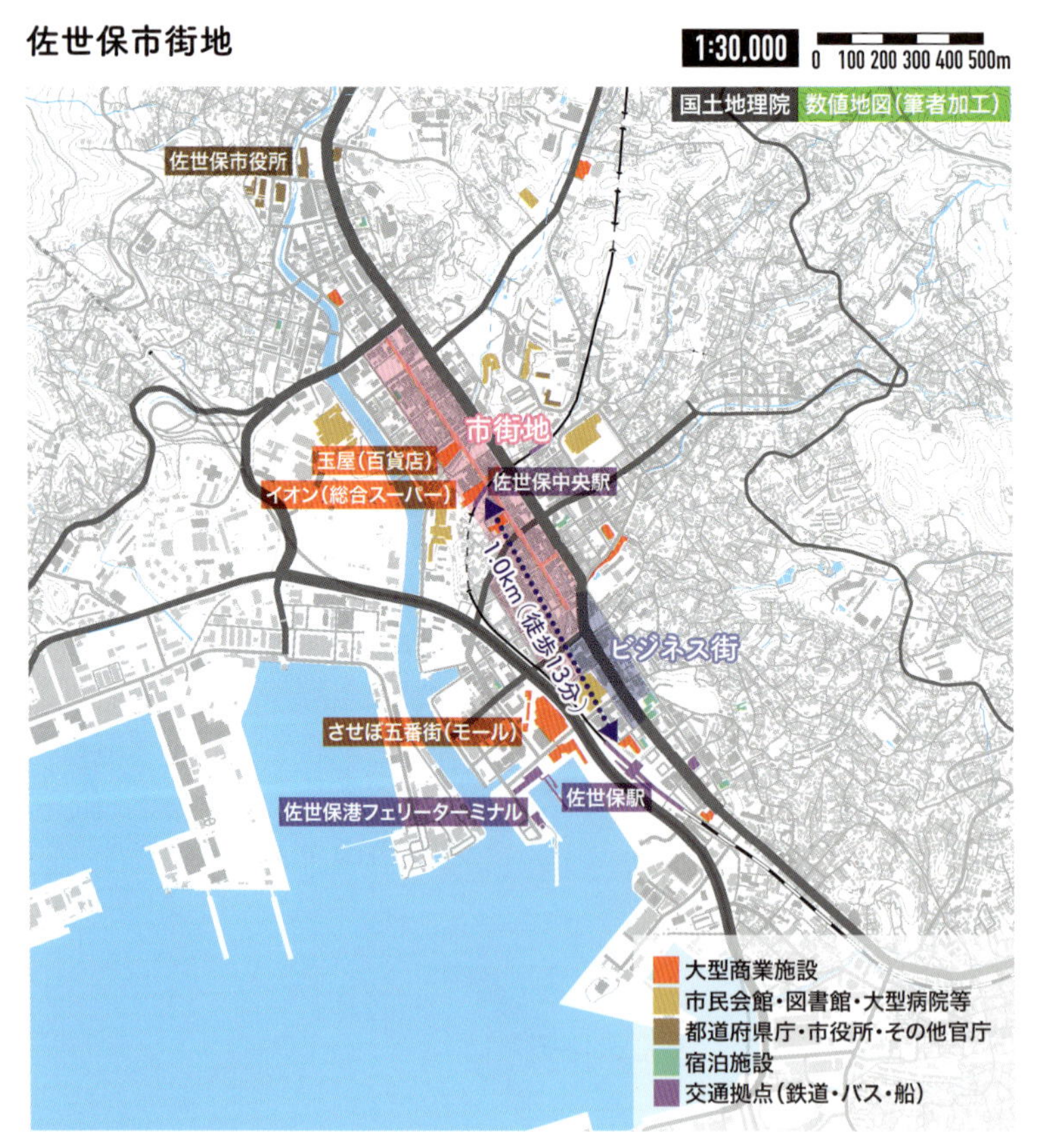

一方、佐賀市はそれぞれの施設が分散しています。佐世保市と事情が逆で、周囲が平野で使える土地が多く、道路網が十分に整えられた影響で、郊外への施設移転が進みました。市街地の人通りは非常に少なく、そのかわり、ゆめタウン佐賀やモラージュ佐賀等、外側を結ぶ道路沿いに郊外型商業施設が多く、こちらが買い物の需要を吸収しています。買い物、手続き、通院……それぞれの目的を叶える場所が離れていることで、自家用車をもつ必要性は極めて高くなります。

佐賀市街地

賑わう佐世保、しかし欠点も。

191ページで少しお見せしましたが、佐世保と佐賀の写真を比較すると、コントラストが明確です。佐世保市街地は建物が高層で、商店街も多くの人が歩いています。佐賀市街地は建物が低層で、商店街もほとんど人が歩いておらず、シャッター街です。そのかわり、同市郊外は平地が続き、広めの戸建て住宅と大型ショッピングモールもあり、車さえあれば便利な環境です。一方、佐世保市郊外の多くは傾斜地で、急な坂道や階段が多く、わずかな平地にある幹線道路沿いは、小型のロードサイド店舗が展開するくらいです。郊外の大型商業施設といえば、196ページの地図の外側（市街地から6〜7km南東）にイオン大塔店があります。しかし、この遠さと地形が災いしてか、市街地（佐世保中央駅前）のイオンのほうが賑わっています。中

佐世保市街地

佐世保市郊外

心市街地のイオンが賑わうのは全国でも異例です。

皆さんにとっては、どちらの都市が住みやすいでしょうか。商店街の写真だけ見ると、密集したコンパクトな街のほうが良さそうです。写真からは分かりませんが、佐世保のような傾斜地の多い都市は路線バスの便数も多いため、車を持たず、徒歩で生活したい人、街を歩くのが好きな人にとっても良いでしょう。一方でこうした都市は、地価や家賃が高いのが難点です。地形の制約から市街地、住宅地の面積を拡げずに人口増を賄ってきたことの代償でしょう。拡張の余地がないことで、比較的早い段階で人口減少を迎え、そのペースは早まりもします。何かを取れば何かを失う、と言って良いでしょう。

都市の現状や変化には、各都市の施策が影響を与えていますが、それ以上に、周囲の環境、特に地形が影響を与えています。

佐賀市街地

佐賀市郊外

1つにまとまる街と、複数の中心地に分散する街

続いて、郊外大型モールの影響を受けず、市街地の賑わいが保たれている都市を見てみましょう。静岡市（都市人口70万人、都市圏人口99万人）と新潟市（都市人口81万人、都市圏人口106万人）は、2000年台中盤に政令指定都市となった都市で、地方都市の中では大都市にあたります。この2都市は人口規模が似ている他、海沿いで、新幹線が通っているという共通点がありますが、中心市街地の分布は異なっています。

第7章の「中心地（旧市街）と駅（新市街）の距離」（182ページ）で、古くからの市街地（旧市街）と、駅を中心に発達した新しい市街地（新市街）の距離に着目しました。この距離が近い静岡市街地は、交通拠点（駅）と商業施設、各種官庁が徒歩圏内に凝縮され、1つの大きな市街地になっています。以前は駿府城に近い呉服町（静岡伊勢丹、県庁付近）の賑わいも強かったものの、現在は弱まり、静岡駅から新静岡駅にかけてのエリアにさらに集中、凝縮する傾向にあります。

一方、新潟市は旧市街（古町）と新潟駅が2km以上離れており、その間にさらに新しい市街地（万代シテイ）ができました。こうして、中心地が3箇所に分散する結果となりました。新潟駅と万代シテイは、徒歩10分と歩いて行ける距離ですが、古町までは信濃川を挟んで遠い距離にあり、ここはバスで移動することになります。また、新潟県庁が郊外に移転する等、この地図の外側にも分散しています。

静岡市街地
1:30,000
0 100 200 300 400 500m
国土地理院 数値地図(筆者加工)
駿府城公園
静岡県庁
ビジネス街
静岡市役所・葵区役所
静岡伊勢丹(百貨店)
市街地
0.8km(徒歩10分)
新静岡セノバ(SC)
新静岡駅・バスセンター
静岡東急スクエア(SC)
静岡マルイ(SC)
松坂屋静岡店(百貨店)
静岡パルコ(SC)
パルシェ(SC)
静岡駅
大型商業施設
市民会館・図書館・大型病院等
都道府県庁・市役所・その他官庁
宿泊施設
交通拠点(鉄道・バス・船)
新潟市街地
1:30,000
0 100 200 300 400 500m
国土地理院 数値地図(筆者加工)
大型商業施設
市民会館・図書館・大型病院等
都道府県庁・市役所・その他官庁
宿泊施設
交通拠点(鉄道・バス・船)
朱鷺メッセ(複合コンベンション施設)
中央区役所
「古町」
新潟三越(百貨店)
1.6km(徒歩19分/バス6分)
市街地
万代シテイバスセンター
ラブラ万代(SC)
ビルボードプレイス(SC)
ビジネス街
新潟市役所
新潟伊勢丹(百貨店)
「万代シテイ」周辺
0.8km(徒歩10分/バス3分)
りゅーとぴあ(市民芸術文化会館)
新潟駅
信濃川
プラーカ(SC)

それぞれの市街地の風景を見てみましょう。静岡市は人口規模の割には商業施設が多く、百貨店の静岡伊勢丹、松坂屋静岡店の他、パルコ、丸井、東急スクエア、新静岡セノバ（静岡鉄道新静岡駅ビル）、パルシェ（JR静岡駅ビル）、といった若年層向けの大型商業施設が充実しているのは、全国的にも珍しいことです。駿府城址（駿府城公園）の付近には、静岡県庁、静岡市役所といった官庁やオフィス街があり、市街地が連続しています。ここには飲食店をはじめとした個人店も多く、徒歩で行き交う人を多々みかけます。

新潟市はどうでしょうか。古くからの市街地である古町では、新潟大和（百貨店）、ラフォーレ原宿・新潟（若年層向け商業施設）といった大型店が閉店（それぞれ2010年、2016年）し、残る大型店は新潟三越（百貨店）のみですが、2020年に閉店予定です。商店街の個人店もシャッターを閉めた店舗が多く、客足は伸び悩んでいます。ではこ

静岡駅付近

呉服町

の集客力がどこに移ったかというと、南東（右下）の万代シテイ周辺です。

信濃川は以前、現在の万代シテイを含む広い川幅でした。ここを埋め立てたところに新潟交通の本社、車庫が置かれた後、1972年の再開発で生まれたのが万代シテイです。新潟駅と古町の中間という好立地を活かし、新潟一の市街地となりました。新潟伊勢丹（百貨店）がある他、ラブラ万代からビルボードプレイス（どちらも若年層向け商業施設）にかけては新潟で最も人を集める、トレンドの先端エリアになっています。

全国の都市を見渡すと、1つにまとまる街もあれば、複数箇所に分散する街もあります。まとまる街は交通渋滞や拡張余地のなさがネックとなり、特に都市拡大とモータリゼーションが進行した高度成長期に問題視されました。官庁移転はこうした問題解決のために行われましたが、現在は市街地の空洞化が懸念材料になっています。

古町

万代シテイ

全体像を引いて見てると、街の集客力が読める

静岡市街地と新潟市街地を比べると、なぜ静岡のほうが賑わうのでしょうか。小さな縮尺の地図で引いて見ると、佐世保と佐賀の比較と同様、都市を囲む地形が平地か傾斜地かという違いが見えてきます。しかし、この規模の人口があれば、平地でも十分に街は賑わいます。新潟市も、中心地が1箇所に集中していれば、静岡市と同様に賑わっていたでしょうし、現に万代シテイは賑わっています。問題は「なぜ古町ではなく万代シテイのほうが賑わうか」ということです。

新潟市の市街地、住宅地の拡がる方向を見てみましょう。日本海があるため、北（上）側には広げられませんが、周囲が平野なので、市街地、住宅地はそれ以外の方向には広がり、このことが街の集客力に大きく影響します。地図を見ると、万代シテイや新潟駅に行きやすい信濃川右岸の面積は広く、古町に行きやすい信濃川左岸の面積は狭いことがわかります。信濃川左岸は、中心地から離れると（西区）広い範囲に及び、このエリアが古町への集客力を支えそうですが、中心地から遠いと車をもつ人は郊外の大型モールへ行き、公共交通を頼る人は、所要時間がかかるバスよりも速くて定時性の高い鉄道を使うため、新潟駅の求心性のほうが強くなります。南部（下）、東部（右）の広い範囲から最も近く、遠方からのアクセスも良い新潟駅に大型商業施設ができれば、大きく構図が揺れ動きますが、新潟市の計画を見る限り、今のところその予定はないようですので、新潟駅至近の街「万代シテイ」の求心性は今後も保たれることでしょう。

静岡市周辺

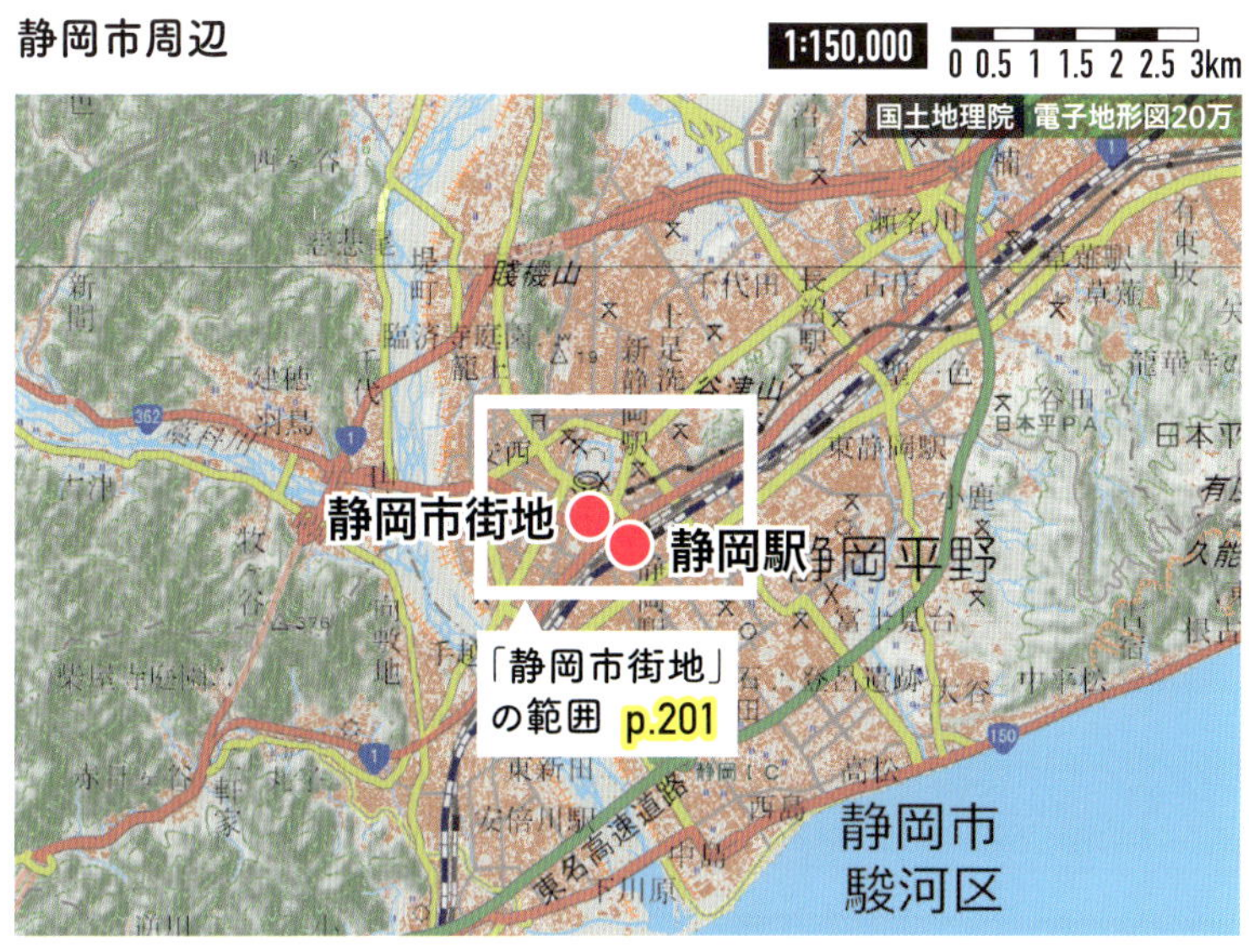

※筆者により追記、縮小

新潟市周辺

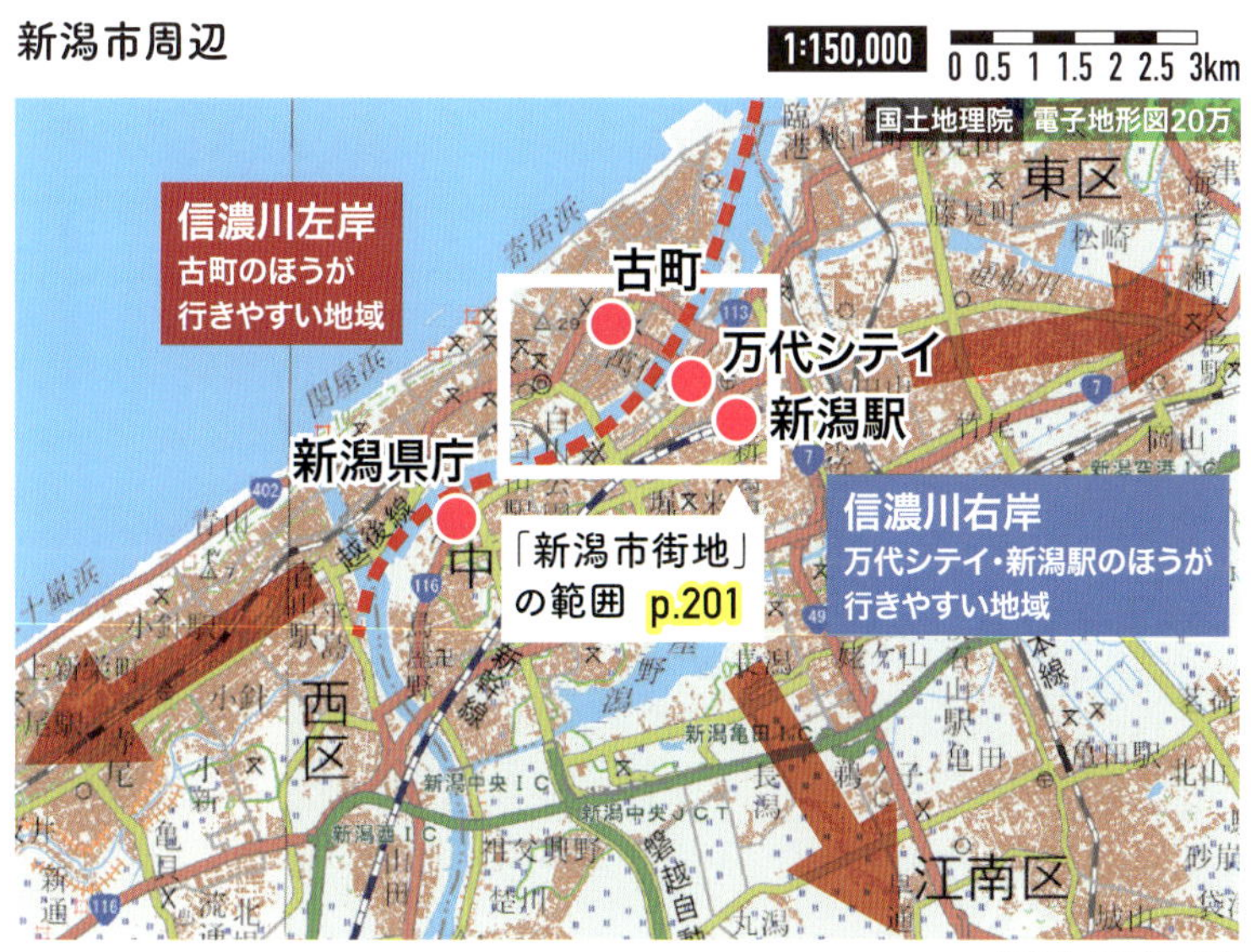

※筆者により追記、縮小

街の様子や街の動きは、背景に複合的な要因が見えてくる

もう1つ、第7章冒頭で出した熊本市も引いて見てみましょう。いくつかの要因が重なって、熊本駅から離れた熊本市街地（上通、下通）の中心性が保たれ賑わい続けています。まず、西（左）側に山があるため、西方面には市街地が広がりません。そのかわり、東（右）側には平地が広がり、こちらに住宅地が増えていきます。西側にある熊本駅の求心性が高まることはなく、東側にある熊本市街地の賑わいは保たれ続けます。平地は南（下）側にも広がっていますが、南側の平地は標高の低い、稲作に向く水利の良い農地です。住宅地としては、農家があることで宅地造成しにくく浸水の可能性が高い低地よりは、人家が少なく造成しやすい標高の高い平地が好まれます。こうしたことから熊本市街地は東（右）方向に広がり、このことが東寄りにある熊本市街地の賑わいが続く要因にもなっています。しかし、2021年の熊本駅ビル開業でこの構図は変わるかもしれません。

ここまで、歴史的な要因、特に昔からあった街の大きさや、街の種類（城下町、門前町等）について、駅ができたことで新たな街ができて街の重心が変わってていく現象、その現象が歴史的な要因や地形の要因によってどう変わっていくかを見てきました。また、凝縮する街と拡散する街の違いやその要因も見てきました。これは一例にすぎず、例外も多々あります。交通網の発達で、近隣のより大きな都市に求心力が吸い取られる例（ストロー効果）もあれば、平地でも都市圏人口が多いことで凝縮する街もあります。ただ、大型商業施設が集中する中心地はどこにあるか、その分布、周囲の地形、周辺の都市の4点を注視すると、あなたも「都市勘」がつかめるようになるはずです。

熊本市周辺

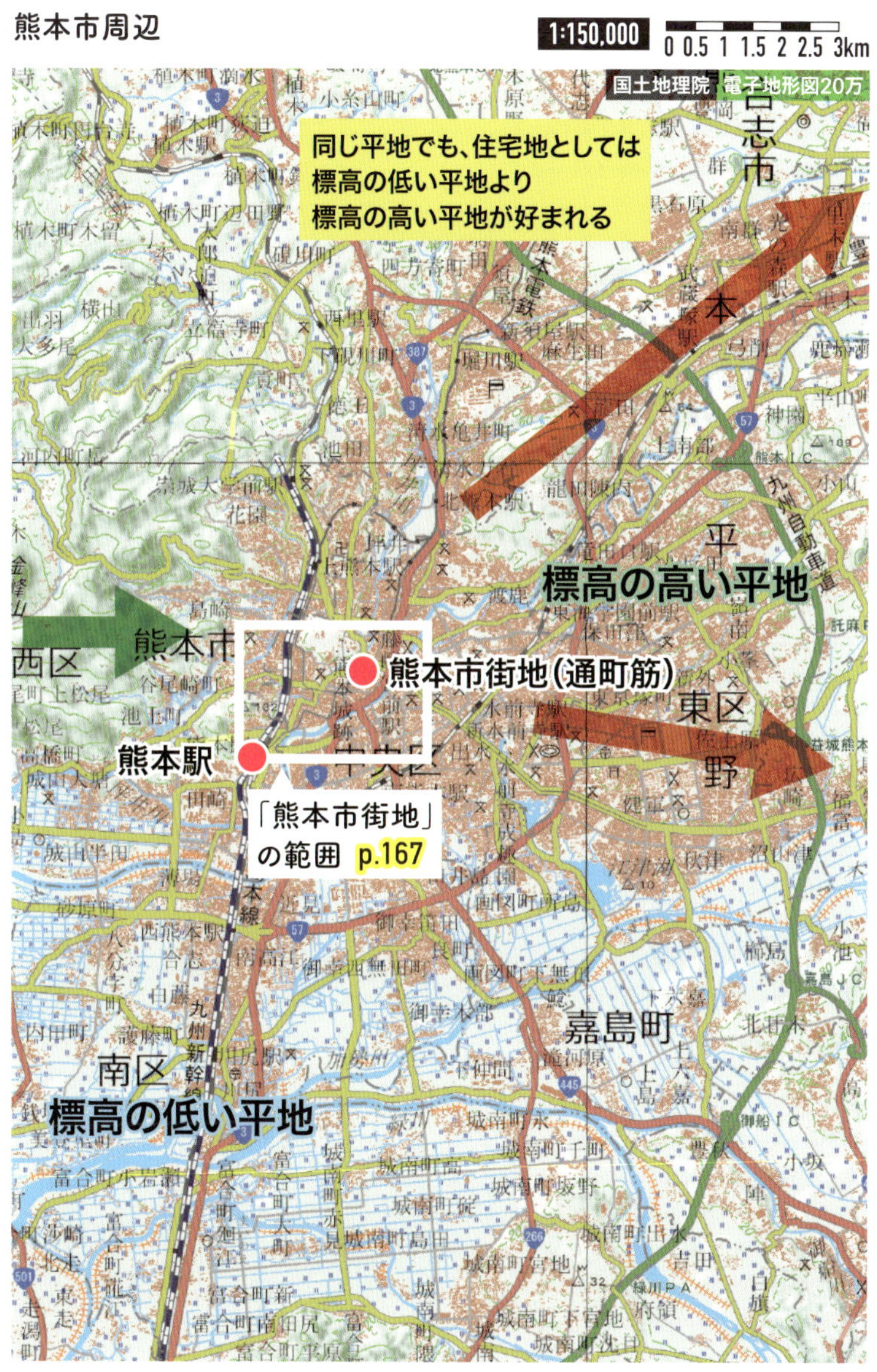

※筆者により追記、縮小

9

街は動く？
街の移動と過去、今、未来

都市は生き物です。ここまで、地形や歴史、周囲の環境で都市がどう形作られるかをお話ししましたが、時代や状況の変化に応じて街も変わり、重心も動いていきます。今の地図を見るだけでも、過去から今への動きが見えてきますが、さらに先へと進めると、未来を少し読めてきそうです。これからの時代、変化はどこで起こるのでしょうか。

市街地の重心は移動する

第7章では、江戸時代からの町の中心に旧市街があり、鉄道駅ができることで新市街が発達するという都市の重心の動きを説明しました。しかしその傾向は全国一様ではありません。重心が移動することなく、旧市街が強いままの都市もあれば、すっかり重心が移動し、旧市街が中心地だったことがわかりにくくなっている都市もあります。

第7章の冒頭で、旧市街が賑わう一方で駅前は閑散としている熊本市を紹介しましたが、八戸市や山口市、高知市も同様です。こうした都市の駅前は、企業の営業所やホテルが少しあるくらいで、商業的な集積や賑わいはありません。しかし、駅から離れた旧市街に行くと、駅前の閑散とした風景が嘘だったかのように賑わっています。盛岡市、京都市、広島市は、駅前に大きな商業施設ができたことで少し集客力を増していますが、街、中心地と言えば断然、旧市街です。さきほど触れた福岡市も同様です。一方、札幌市や鹿児島市は、旧市街が圧倒的に強い都市でしたが、駅前（新市街）に新しくできた駅ビルが集客力を増し、街の構図を大きく変えています。さきほど触れた名古屋市も同様です。仙台市や岡山市は、旧市街から駅前（新市街）に集客力、中心性が移動して数十年が経っています。

最後に駅前（新市街）が圧倒的に強いパターンです。松本市や松江市の旧市街は、商業、ビジネスの中心性はかなり弱まりつつも、歴史的建造物の残る観光地になっています。秋田市や鳥取市、徳島市ではすっかり駅前の中心性に後塵を拝し、旧市街の商店街の人通りはかなり少なくなっています。

中心街（旧市街）と駅（新市街）のどちらが強い？

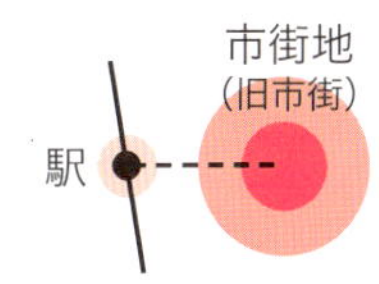

八戸、山口、高知、熊本、宮崎

旧市街は老若男女を集め、誰もが認める街になっている。
鉄道駅は外から人が来る際の中継点にすぎない。

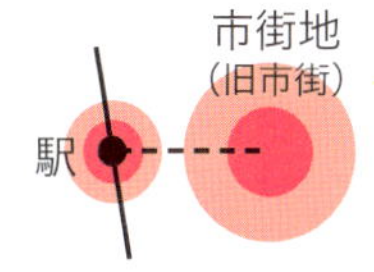

盛岡、京都、広島、福岡、佐世保

駅前よりも旧市街が賑わい続け、老若男女を安定して集める。
駅ビルや商業施設ができて攻勢をかけている都市もあるが、
旧市街の集客力、中心性には追いついていない。

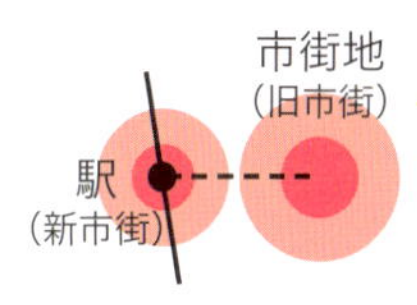

札幌、名古屋、鹿児島

旧市街が老若男女を集め、賑わっているが、
駅前にできた駅ビルの集客力、再開発の勢いが強く、
旧市街の大きな脅威となりはじめている。

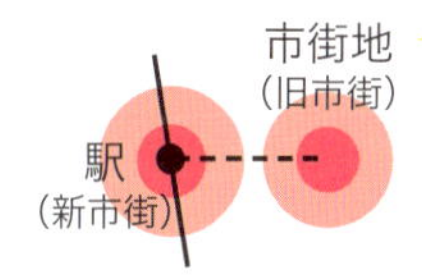

弘前、仙台、山形、水戸、甲府、岐阜、富山、岡山、米子

駅ビルをはじめ、全国チェーンの店舗が多い新市街と、
百貨店、個人店の多い旧市街で、対等に棲み分けている。
中高生は新市街、高齢層は旧市街に行くという傾向も生まれる。
しかし旧市街は飲食店や美容室の新規開業もあり、
２０～３０代で旧市街を訪れる人もいる。

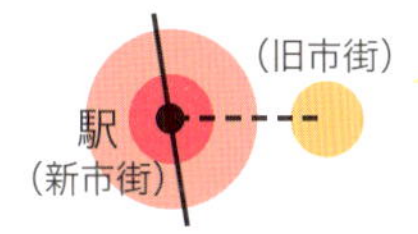

長野、松本、松江

駅前に駅ビル、百貨店が集中し、新市街が唯一の中心地となる。
旧市街は歴史的建造物があることや、観光施設があることで、
観光地となり、新市街と棲み分けをしている。

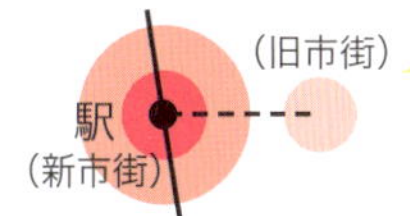

秋田、鳥取、徳島

駅前に駅ビル、百貨店が集中し、新市街が唯一の中心地となる。
旧市街の中心性はすっかりなくなり、近隣住民向けの
日用品店がわずかに営業する商店街が残る程度。

比べてみよう、動かない街、動く街

駅周辺（新市街）の集客力が少し強くなったもののまだ重心は旧市街にある盛岡市街地と、すでに旧市街から駅周辺（新市街）に大きく動ききった松江市街地を比べて見てみましょう。2都市とも城下町で、城址近くの中心市街地と、川を隔てて駅（新市街）がある構図も共通しています。

まず盛岡市です。地図上に菜園（さいえん）、肴町（さかなちょう）という市街地がありますが、菜園は現在最も賑わう中心市街地です。菜園は大正時代までは湿地帯で、昭和初期に開発されたため比較的新しい街ですが、盛岡駅前の市街地よりは古くから賑わっているので、ここでは菜園を旧市街としています。もともとの中心市街地は肴町で、百貨店の川徳は1980年に肴町から菜園へ移転しましたが、街の重心が菜園に移動したのも見えてきます。盛岡駅（新市街）はまだ十分な中心性のない新しい市街地ですが、宿泊施設、新たな公共、公益施設があります。これはできたての新市街や重心移動の初期段階でよくある傾向で、特に遠方からの交通利便性がプラスとなる施設が多いのが特徴です。

一方、松江市街地は重心が駅周辺（新市街）に移っています。都市圏人口がそこまで多くない割に駅前に大きな百貨店や駅ビルができると、それだけで街の重心は移りますが、松江の重心移動にはそれ以外の要因もあります。松江市街地は戦災を免れ、旧市街は松江城をはじめ、歴史的建造物が多く残っています。官庁や文化施設はあるものの、新たなビル建設の需要を新市街の松江駅周辺（新市街）が受け止め、企業が入るビルや新たな商業施設はこの付近に増えました。重心が移ったというよりは、異なる性格の街として棲み分けがなされています。

盛岡市街地

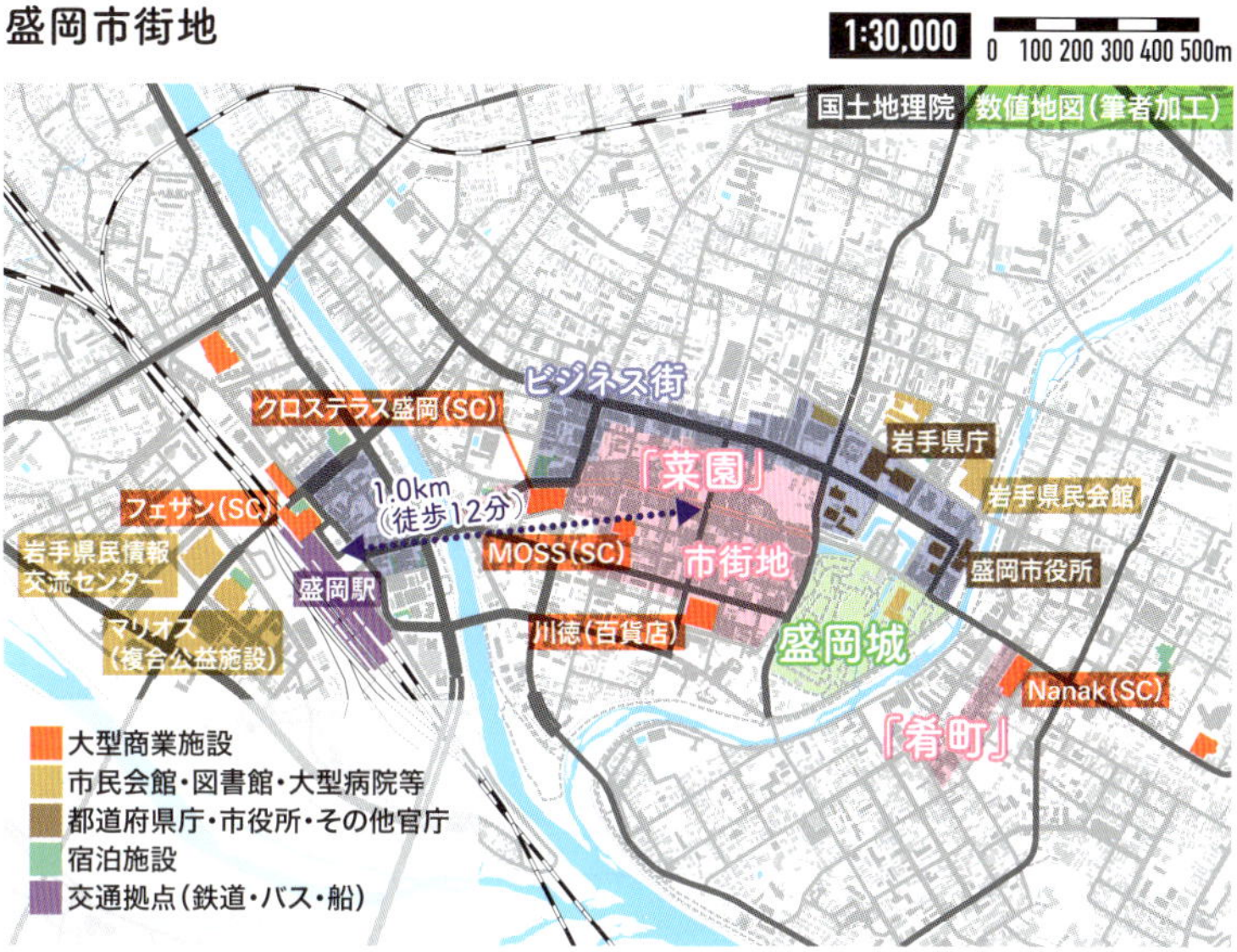

1:30,000 0 100 200 300 400 500m

国土地理院 数値地図（筆者加工）

大型商業施設
市民会館・図書館・大型病院等
都道府県庁・市役所・その他官庁
宿泊施設
交通拠点（鉄道・バス・船）

松江市街地

1:30,000 0 100 200 300 400 500m

国土地理院 数値地図（筆者加工）

大型商業施設
市民会館・図書館・大型病院等
都道府県庁・市役所・その他官庁
宿泊施設
交通拠点（鉄道・バス・船）

旧市街が影を潜める大都市

横浜市と神戸市、と言えば日本を代表する港町ですが、共通するのは旧市街が影を潜め、新市街に賑わいの重心が移っていることです。横浜市はもともと伊勢佐木町が中心地で、以前は多くの百貨店がありましたが、現在は歓楽街となっています。「カトレヤプラザ伊勢佐木」も「ちぇるる野毛」も、近隣の人を集める食品スーパーと日用雑貨店が入る小規模な商業施設にすぎません。今や多くの人

横浜市街地

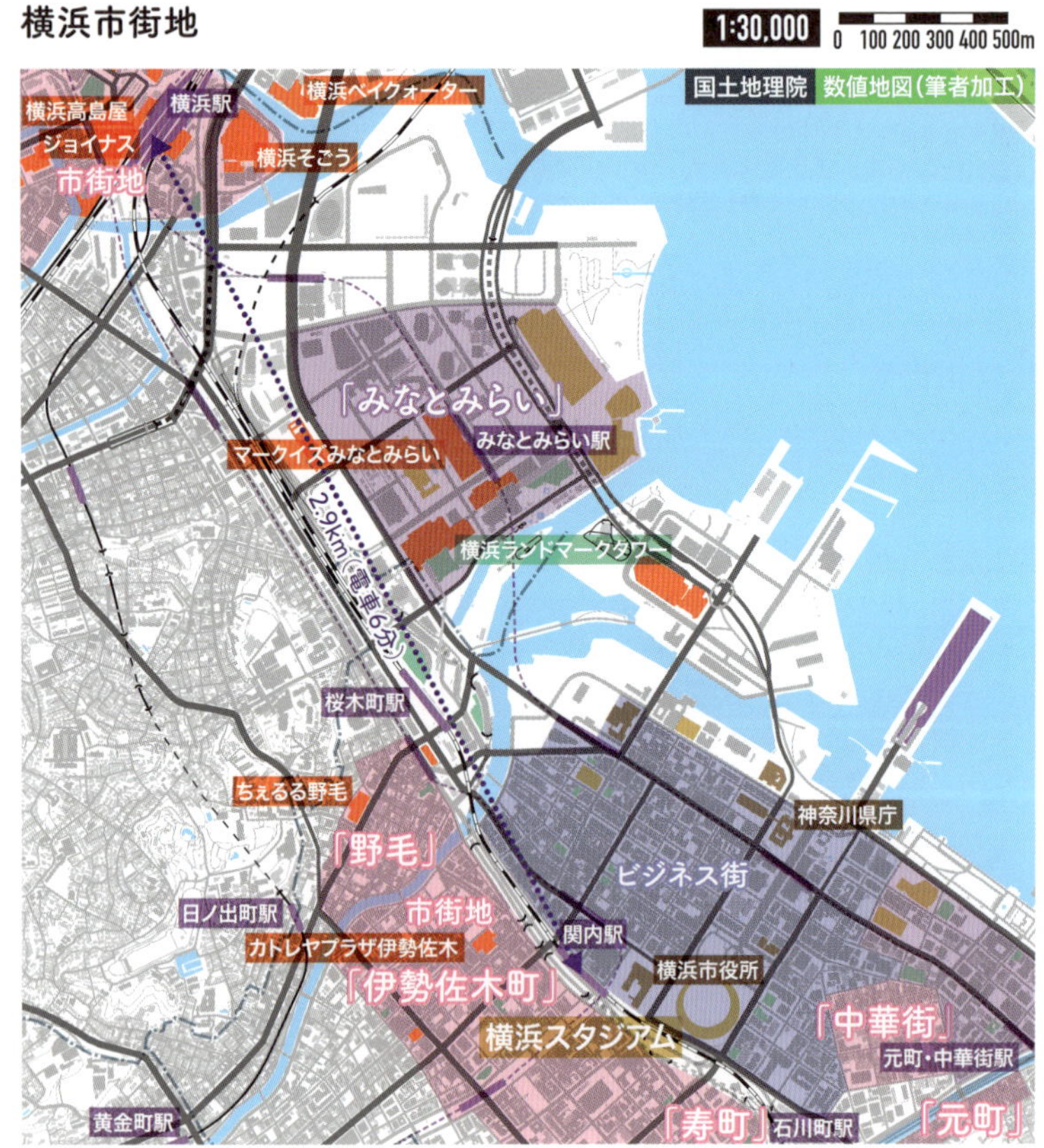

を集める、誰もが認める中心地は、横浜駅周辺です。また、新市街より新しい市街地「みなとみらい」も商業施設、オフィスビルが増え、発展してきています。

神戸市は商業、ビジネスの拠点が集中する三宮（さんのみや）が老若男女を集める中心地ですが、戦前は南西（左下）の新開地（しんかいち）が中心地でした。新開地も現在は食品スーパーがある程度で、商店街の人通りは少なく、ここが神戸の中心地だったことが信じられないほどです。何故ここまでの変化があったのでしょうか。

神戸市街地

1:30,000　0 100 200 300 400 500m

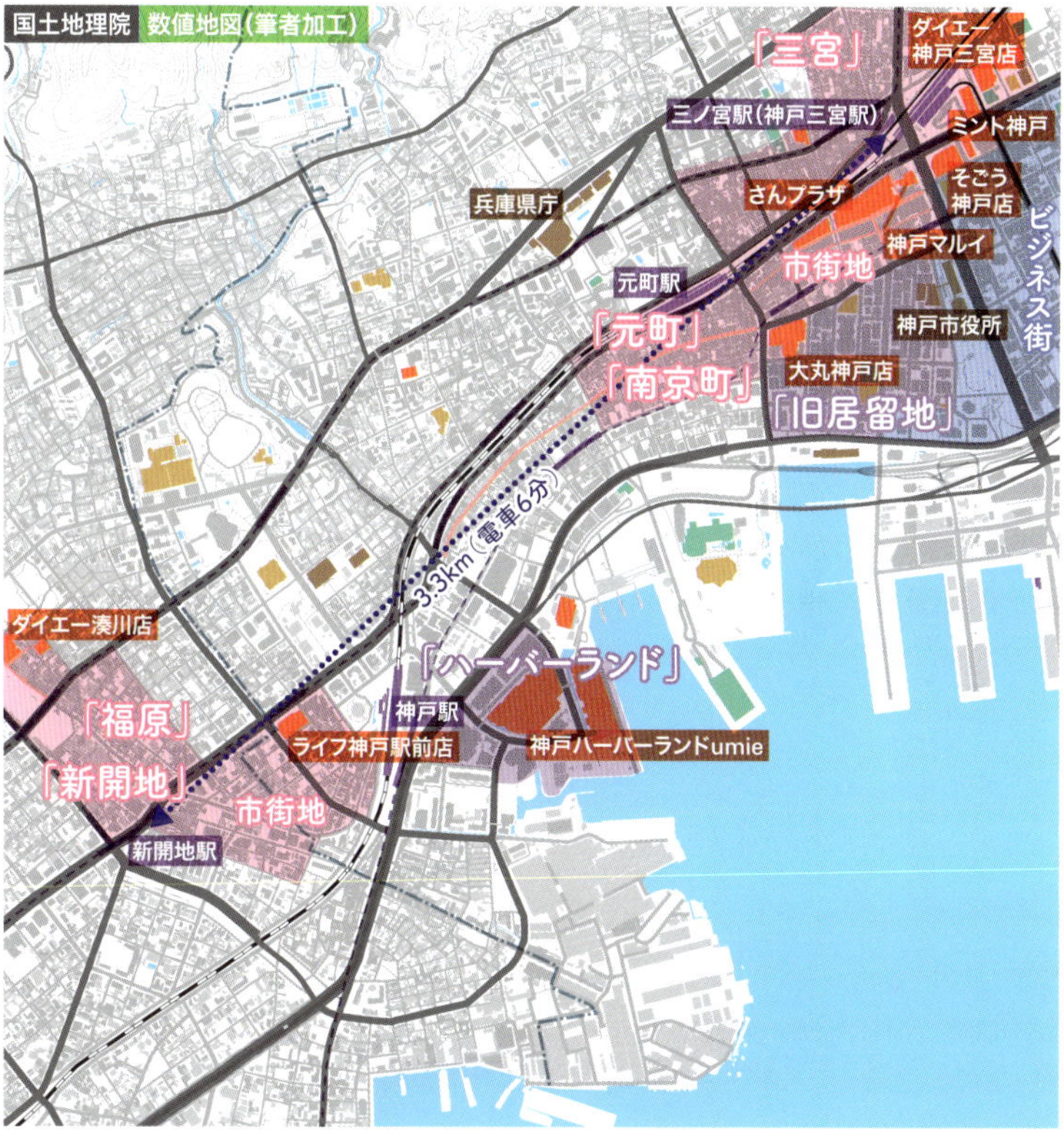

国土地理院 数値地図（筆者加工）

時代に翻弄された街と駅（1）横浜

横浜市では市街地の重心が伊勢佐木町から横浜駅周辺に移動し、その後みなとみらいも新たな中心地ができていますが、どんな経緯があったのでしょうか。他の都市では「旧市街と駅」の構図で説明できますが、横浜市の場合は横浜駅そのものが移動し、戦後には旧市街がまるごと米軍に接収されています。時代に翻弄され、周囲の都市に翻弄された都市とも言えます。

このあたりで開港以前からある街は東海道の神奈川宿（宿場街）のみでしたが、開港して「関内（かんない）」といわれるエリアが整備されます。東（右）半分は外国人居留地、西（左）半分は日本人町で、いわば貿易関係のビジネス街に作られます。関内は現在でもビジネス街で、神奈川県庁や横浜市役所は日本人町側に、中華街は外国人居留地側に作られます。関内は現在でもビジネス街で、歴史的建造物や異国情緒は観光資源にもなっています。

横浜駅は当初、日本初の鉄道（新橋〜横浜間）の終着駅として、関内や伊勢佐木町への入口である、現在の桜木町駅の位置に開業しました。しかしその先、西日本方面へ延伸し途中駅となったことで、2回の移転を経て現在の位置に落ち着きました。伊勢佐木町はビジネス街の関内に隣接する、商業施設や歓楽街のある市街地でした。それが大きな転機を迎えるのは戦後の米軍による接収です。旧外国人居留地のみならず、横浜市役所や伊勢佐木町を含む広い範囲に及びました。

横浜市役所は米軍に接収されている間、周辺の代替地を転々とし、接収解除後に元の場所に戻ってきました。一方で、接収の間に本社機能を東京に移して戻って来ない民間企業もありました。地図の赤点線で囲んだ部分が、おおむね米軍の接収地域ですが、旧市街地のほとんどが接収されたことが分かります。なお、神奈川県庁等、一部接収されていない建物もありました。接収から約10年を境に徐々に接収解除されて復興を遂げていきますが、このころには横浜駅周辺が市街化されはじめ、街の中心はこちらに移っていきます。

横浜高島屋等現在の横浜駅がある場所は古くは海でしたが、埋め立てられて油槽所（石油タンク）が作られました。油槽所の跡地に横浜駅が開業してから

横浜市街地

は、横浜髙島屋等現在の主要な商業施設が建てられ、周辺の市街地ができあがってきます。高度成長とともに、東京へ通勤する人が増えたこと、周辺の市町村から横浜市に来る人が増えたことで、横浜駅は主要交通結節点として多くの人を集めることになります。

伊勢佐木町も横浜駅周辺も、時期は違えど、もともと海だったところが埋め立てられ、新たにできた市街地という点は共通していますが、その流れはここで終わりません。三菱重工業の造船所跡地とその沖合の埋立地で、1989年に「横浜博覧会」が開催されますが、その跡地がみなとみらい21地区として整備され、さらに新たな市街地ができます。

現在の街の様子はどうでしょうか。左ページでそれぞれの市街地の代表的な景観を紹介します。官庁やオフィスビルと観光拠点が混在する関内（関内駅より海側）ですが、みなとみらい線の開通でより便利になり、景観も整えられていて明るい雰囲気です。伊勢佐木町は今や歓楽街ですが、古くから営む専門店もあります。首都圏でチェーン展開する書店、有隣堂の本店がある等、文化の中心地だった名残もあります。横浜市のみならず神奈川県内から多くの人を集める横浜駅は、老若男女を集める百貨店（髙島屋、そごう）、駅ビル（ジョイナス）等の大型商業施設、専門店が密集し、付随して飲食店やオフィスビルもあります。最も新しい市街地、みなとみらい21地区は、ランドマークタワーやクイーンズスクエア、パシフィコ横浜等、大規模な複合ビルが多く、観光やイベント、非日常的な買い物先として定着しています。新しい街ゆえ、小規模な個人店はなく、伊勢佐木町や横浜駅と棲み分けがなされています。

関内地区

伊勢佐木町

横浜駅周辺

みなとみらい

時代に翻弄された街と駅（2）神戸

神戸市も横浜市と同じく、明治期の開港で繁栄した県庁所在地で、やがて京阪神大都市圏に取り込まれました。中心都市の面とベッドタウンの面の両方をもつ都市、という性格も共通しています。また、街が動く現象もよく似ています。

もともとこのあたりには兵庫津（ひょうごのつ）という港町（地図左下）がありましたが、開港後にそこから少し離れた現在の三ノ宮駅の南

神戸市街地

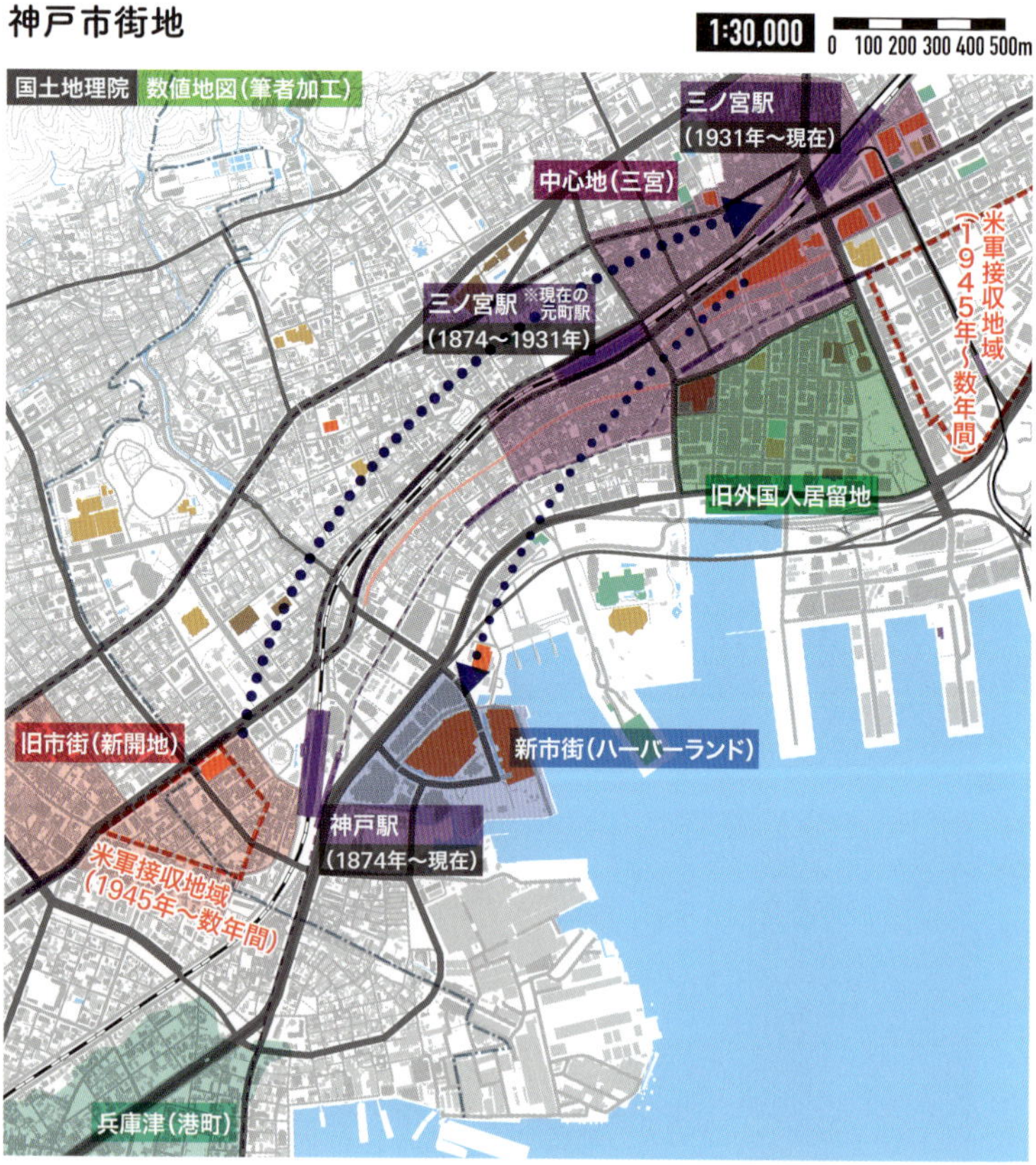

1:30,000　0 100 200 300 400 500m

国土地理院 数値地図（筆者加工）

（下）側に外国人居留地が作られました。兵庫津と外国人居留地の間に神戸駅が作られ、近くの街「新開地」が賑わうようになります。しかしこの新開地も、伊勢佐木町同様、戦後その一部が米軍に接収されました。戦前は、神戸駅と新開地付近（湊川）の間で何回か移転していた神戸市役所も、1957年に三宮に移転し、現在に至ります。そして新たな新市街地としてハーバーランドが生まれたのも、どこか横浜のみなとみらいと重なる部分があります。

今や商店街を歩く人をあまり見かけない新開地ですが、人口密度は高く、周辺には住宅が密集し、地域住民を集めるスーパーや個人店があり、もはや市街地から住宅地へと変わっています。三宮は、そごうやマルイ等の大型商業施設から各種専門店、飲食店が密集し賑わう他、オフィスや官庁も多く、神戸の中心地を形成しています。新開地と三宮は、横浜以上に明暗を分けています。

新開地

三宮

書店、電気店は「一等地のちょっと先」を好む？

市街地の商業施設の分布を、より詳しく見てみましょう。商業施設1つ取っても多岐にわたりますが、それぞれ立地の傾向が異なります。まず、百貨店や駅ビル等、主に衣料品・宝飾品のテナントが入る大型商業施設は最一等地に立地しますが、地価が高くても、最も人通りが多く、目印かつステータスになる場所です。床面積をそこまで必要とせず、ブランド性があり客単価の高いファッション店は、こうした所に立地します。左の新宿の地図を見ても、新宿駅を取り囲むように多くの百貨店があり、古くからの中心地である新宿三丁目には伊勢丹、マルイがあり、2つの一等地が見えてきます。

興味深いのが書店、電気店等の専門店の立地です。新宿で書店や電気店の分布を見てみると、どこも新宿駅から少しだけ離れています。そして、全方向の「少し先」にあるため、新宿駅から同心円状に広がっています。専門店は品揃えが重要で、床面積を必要とする一方、低価格も求められます。それでいて、飲食店のように幾多もの小型店が共存するのではなく、数店の大型店に絞られます。専門店は地価の高い一等地では成り立たないものの、遠いと競合に負ける……その戦いにより、一等地の少々外側、という絶妙な場所に残るのでしょう。そしてその周囲に、オフィス街・官庁街と歓楽街があります。オフィスと歓楽街はセットで隣接するのが常ですが、池袋のように大通りがオフィス街で路地に入ると歓楽街、というパターンもあれば、新宿のように古くからの街（東口）が歓楽街で、新しい街（西口）がビジネス街、と分かれるパターンもあります。

よくある市街地の立地分布傾向

東京 新宿市街地

小さな街でも、表通りや駅前を一歩中に入ると歓楽街がある

前ページで紹介した、よくある立地傾向が顕著に表れるのは、かなりの大都市市街地くらいです。多くの都市では、大型の書店や電気店が単独で店舗を出すよりも、駅ビルや百貨店の上の階に専門店が出店するほうが多いですが、「ファッション店（低層階）の少し先（上層階）」というところは共通しています。街の規模が小さくなると、遠くからやって来る人よりも近隣の人を集めるようになるため、日用品店（食品スーパー等）の存在感は強くなります。

浦和市街地（さいたま市）のパルコは、上層階に書店や映画館が入居していますが、旧中山道沿いの旧市街は、日用品店、書店を含む古くからの店舗やオフィスが混在しており、前ページから説明している立地傾向はあてはまりません。古くからの市街地で、大型店があまり進出しないエリアは同様です。青森県の弘前市街地は、旧市街の土手町と新市街の弘前駅ともにファッション店、専門店を含む大型店があり、オフィスやホテルは点在しています。浦和等の大都市圏郊外だと居酒屋やバーが、弘前等の地方都市だとスナックが集まる歓楽街は中心地に隣接する裏路地にあります。

また、東京都の赤羽市街地のような、大都市の中心部から少し離れた街は、日用品店や飲食店の街として特化します。駅こそ大きいものの、専門的な需要は東京都心に吸収されるため、ファッション店、専門店は目立ちません。愛媛県の宇和島市街地のような中小地方都市では、大型店があっても低層の建物で、日用品が中心です。また、小規模でも、裏路地に歓楽街があります。

よくある市街地の立地分布傾向

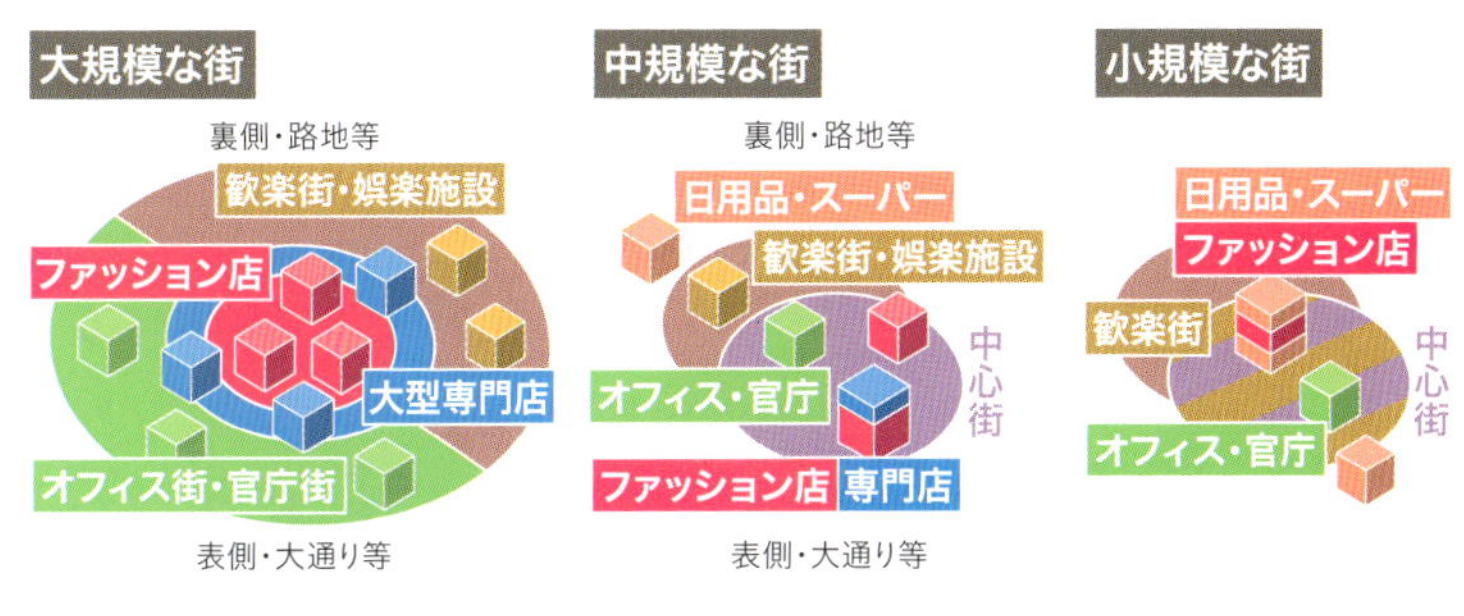

中規模な街—浦和市街地

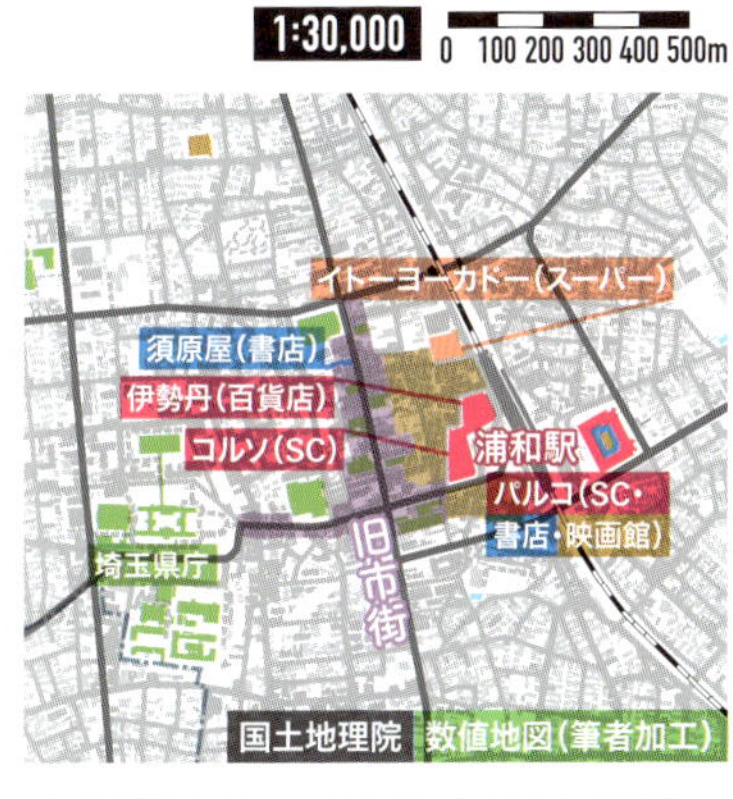

中規模な街—弘前市街地

小規模な町—東京 赤羽市街地

小規模な町—宇和島市街地

街の新たな動きは、市街地のキワで起こる

ここまで、市街地の重心を読み解いてきました。一定規模の都市では、大型商業施設は最も人の集まるところにありますが、その立地から都市の中心地、一等地がどこか、察しがついてきます。しかし知らない街だと、どれが百貨店で、どれが若年層向けの商業施設かは分かりません。雑に言えば、百貨店名は漢字で、若年層向けビル名はカタカナかローマ字の傾向がありますが、このように当たりをつけて、あとはネットで検索して答え合わせをすれば良いのです。左上の地図、岡山市の「天満屋」と、左下の地図、鹿児島市の「山形屋」は地図を見ても目立つ、漢字の大型商業施設ですがどちらも百貨店で、旧市街の中心地になっています。

それでは今や未来の兆しに着目してみましょう。新しい波はどのあたりで起こるのでしょうか。中心地、一等地は再開発されることもありますが、一方でゲストハウスやカフェ、コワーキングスペース等の新しいスポットができるのは「市街地の少し外側」か、人通りの少なくなった中心地でです。人通りが多いところは資本力のあるチェーン店が高い賃料を払って出店しますが、人通りが少なく、古い建物が多いところこそ、こうした新しい流れは生まれます。中心地近辺は、地元の人だけでなく、外の人も来やすい場所です。岡山市の奉還町商店街と岡ビルは岡山駅周辺市街地の端、表町（旧市街）は少し人通りの少なくなった商店街です。しかし古い建物は取り壊される可能性もあります。鹿児島市では金生町に隣接する名山町が近年話題のリノベーションスポットですが、コワーキングスペースやゲストハウスは、色が塗られたところの少々外側に複数箇所点在しています。

岡山市街地

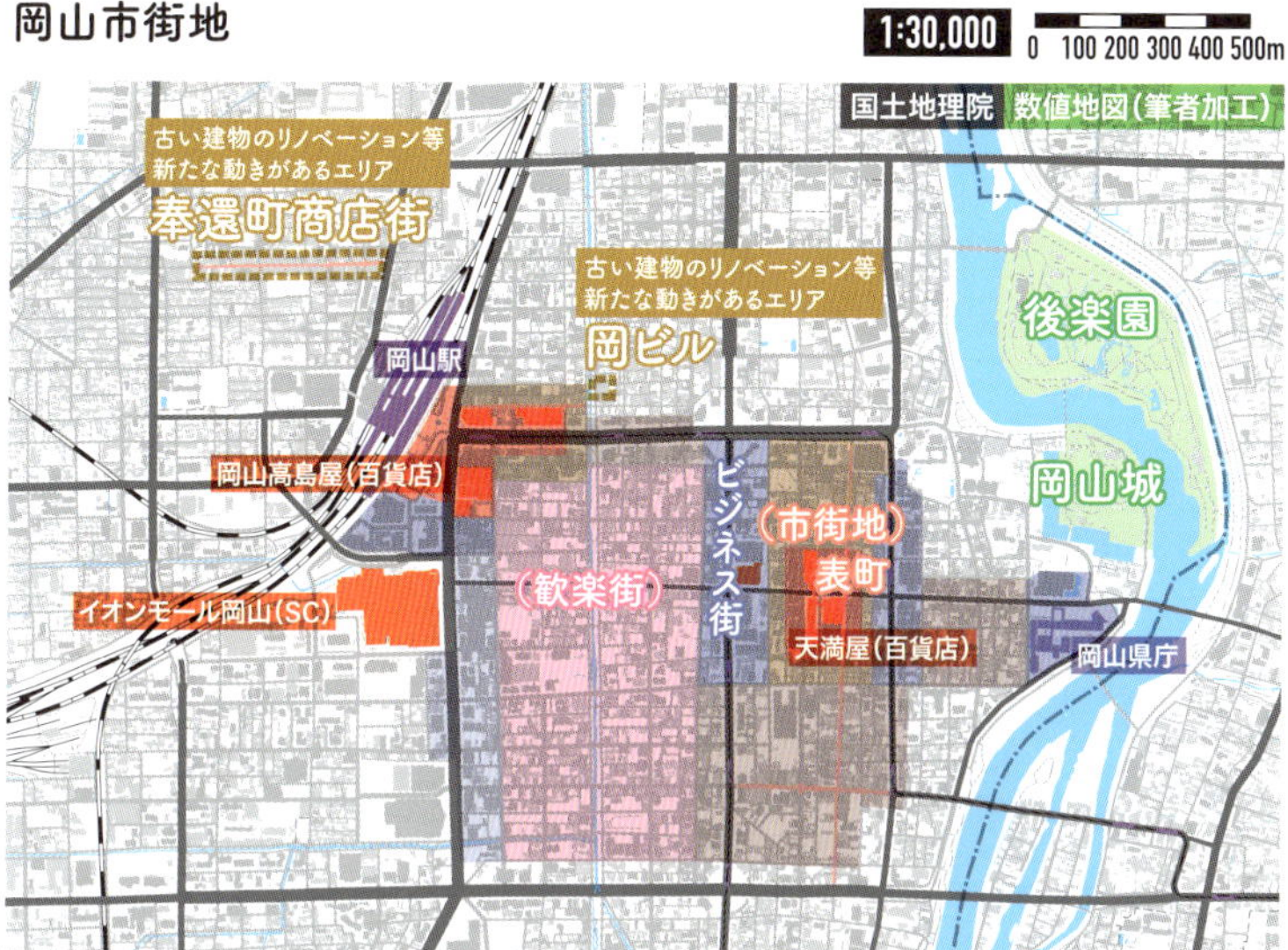

鹿児島市街地

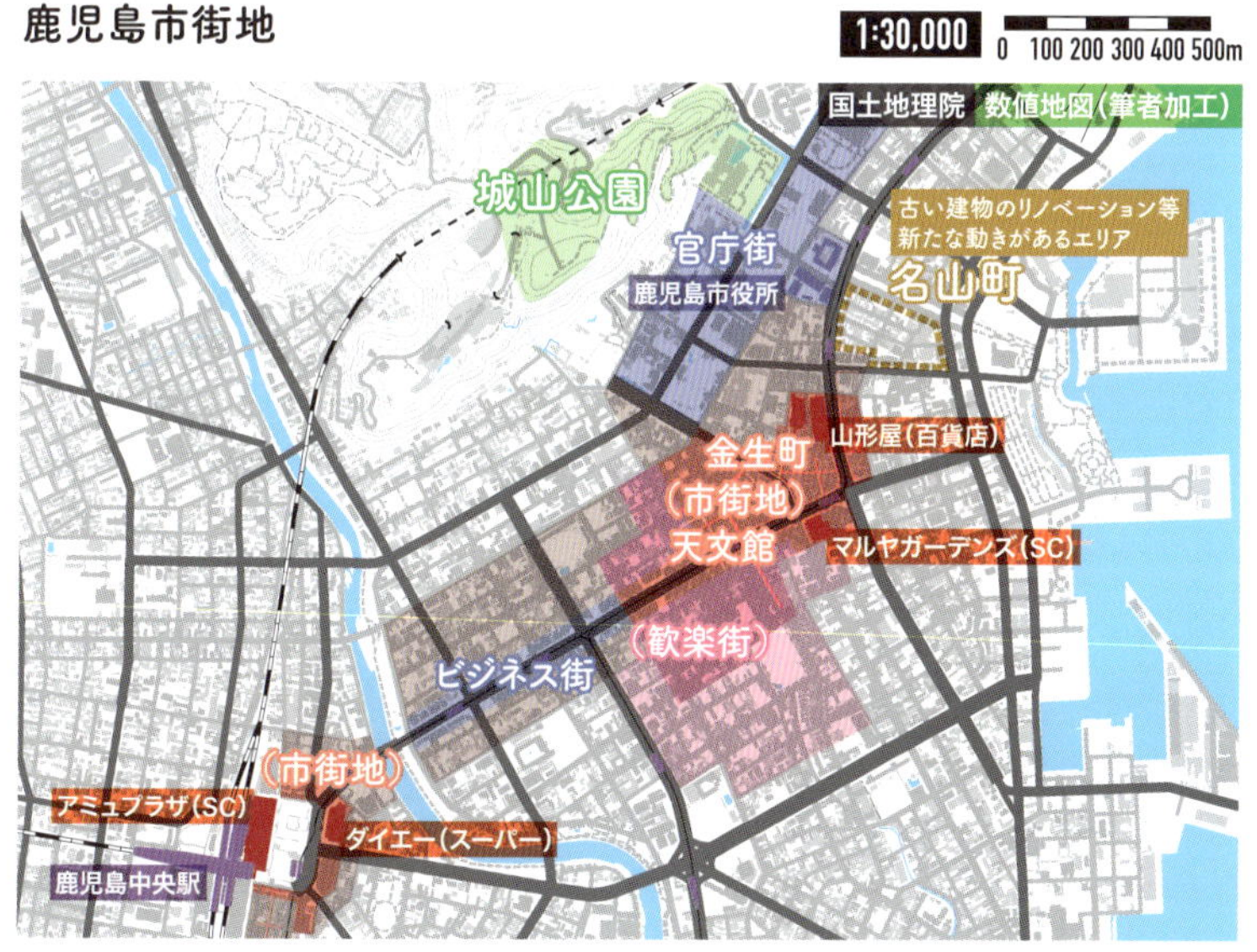

都市・社会を映す地図

本書では、地図を見て点から線へ、
線から面へと話を広げてきました。
そして、面的な土地勘をつける方法から、
面を拡げて「都市勘」をつける方法、
道路模様から日常を読み解くアプローチをお届けしました。
しかし、そもそも地図とはどんなものなのでしょうか。
都市や社会を読み解く道具として、
それらを映す表現手段として、地図はどのような特徴を持ち、
どのように発展してきたかを追ってみましょう。

10 地図表現の特徴と都市地図の変化

明治以降、国は全国の測量を行い、全国の地形図を作ってきました。そして今やネット経由で多くの人が地図を見ています。この、測量からネット地図までの進化の過程を担った地図会社の工夫とはどんなものでしょうか。また、地図は文章や写真、絵画と並ぶ表現手段とも言えます。他の表現手段とは異なり、地図はどのような特徴を持っているのでしょうか。

地図と方向音痴の関係 ―複数の移動経験を重ねる―

ここまで、これでもかという量の地図を紹介しましたが、ここからは、地図とはどんなものなのか、簡単に触れていきたいと思います。地図を読むのは難しい、苦手、と思われている方も多いでしょう。その理由の1つは、自分の動きを面的に捉えられないこと、言い換えれば複数の移動経験を、1つの平面に重ねられないことです。方向音痴でお悩みの方は、ほぼこの症状があてはまります。方向感覚がある人は、体内に方位磁石があるかと言うとそうではありません。あらゆる経路や場所を相対的に把握しているだけです。経路の途中のポイントや目的地で、他の場所との位置関係や、東西南北どちらの方向か、といった方向感覚を把握するのです。このとき役に立つのが地図です。

左の図のように、同じ地域で出発地と目的地が異なる移動経験を何回か、別のタイミングでしたとします。それぞれの移動経験が重なる人もいれば、重ならない人もいます。この別々の移動体験を俯瞰で眺め、相対化し、つなげてくれるのが地図です。地図に重ねてみると、同じところ（C、D）を通っていることが見えてきます。同じところを通ると風景の記憶で照合できる人もいますが、近いかどうか（A・B）は地図でこそ気づけることです。こうした移動経験と位置情報の重ね合わせは、母国語の如くすっと重ねられる人もいる一方で、慣れない外国語のように、くり返し地図に落とし込まないと重ならない人もいます。この際、東西南北の方位で把握することが重要です。ざっとで良いのです。だいたい東に進んでいるか、北に進んでいるか、それが全体感を見失わない道標になります。

いくつかの移動経験を、1つの平面に重ねられるか？

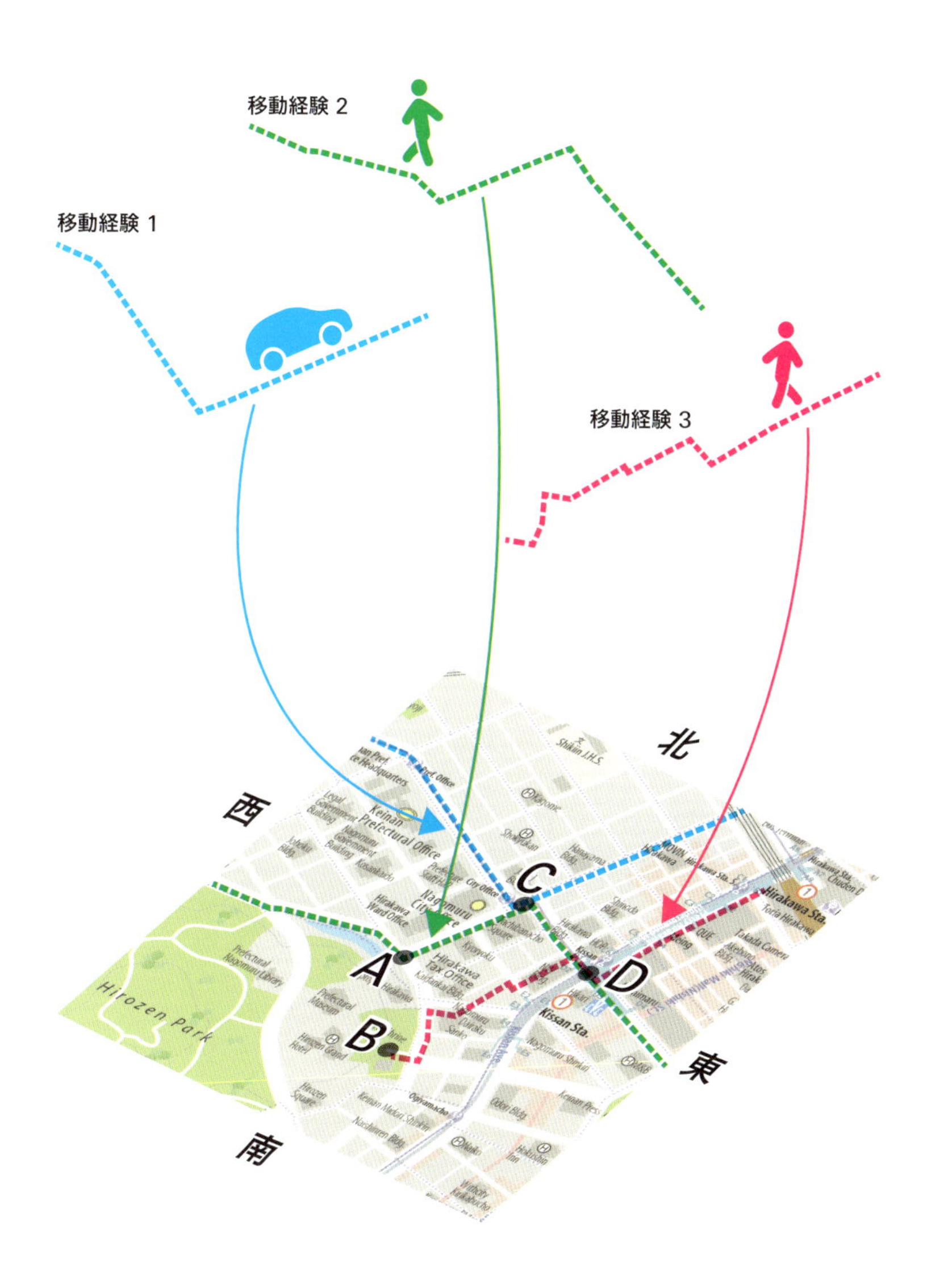

煩雑に見える地図は、層を分解しよう

地図が難しく、苦手だと感じさせるもう1つの理由は、煩雑さです。それを解消するかのようにGoogleマップが登場しました。地図上で見える情報は少ないですが、地図上に描けないほど多くの情報が埋め込まれ、検索することで目的の情報だけを引き出す地図の使い方は、今やすっかり定着しています。「検索すれば答えが出る」と言えば、地図だけでなく外国語の翻訳アプリも同様です。そうなると、外国語を学ぶことはまったくの無駄でしょうか。最低限の意思疎通はアプリで良いとしても、伝わりやすい言い回し、文化、習慣を知っていることで相手とツーカーになる、その価値はアナログながら高くあり続けるでしょう。外国語の習得は重要性が高く、講義や書籍等、多数の教材が展開されています。

地図ネイティブになることは、最低限の実用性を得られるだけでなく、その土地と通じ合う感覚を得ることができます。しかしこうしたアプローチ、習得法はこれまでなく、本書で風穴を空けたつもりです。これまでの章では個別具体的な話をしましたが、ここまで例に出てきた地図は、比較的煩雑な地図ばかりでした。複雑なものは分解し、単純化する必要があります。頭の中でいくつかの層に分けて見たり、重ねたりすると咀嚼できるようになります。たとえば都市地図の場合、店舗ロゴからはチェーン店の密度、建物の色からは建物の用途、道路の色からは道路の重要性（幹線道路かどうか）、背景の色からは町域が見えてきます。そしてそれらを重ねて見えてくることもあるのです。

一般的な都市地図の表現を、層で分解すると……

店舗ロゴ
2000年台以降の都市地図には、チェーン店のアイコンが見られる。

建物と建物用途
建物は、その形状だけでなく、商業施設か住宅か、等、用途で色が異なる。

道路と交通規制
高速道路、国道、都道府県道…等、主要道かどうか色で見分けられる。

町丁目と町域
どこまでが町域なのか分かるよう、町境を描き背景を塗り分けている。

アナログとデジタルの総動員——ゼンリンの地図づくり——

地図には膨大な情報が埋め込まれていることが見えてきました。最も詳細な市販地図、住宅地図の最大手であり、Ｙａｈｏｏ！等ネット地図の提供元でもあるゼンリンは、調査員が一軒一軒の建物の名称を確認し、その膨大なデータを独自の方法で管理しています。その途方もない作業と、カーナビからネット地図、自動運転に至る展開については、内田宗治著『ゼンリン 住宅地図と最新ネット地図の秘密』（実業之日本社）に書かれています。しかし、地形や道路、建物等をすべて一から測量、調査しているのではなく、基本的には国土地理院の地形図、自治体が発行する２５００分の1の基図等を元に調査結果を重ねています。この元となる詳細な地形図は、地形だけでなく、道路や建物の細かい形状も描かれており、そのまま使えそうです。それでは、ゼンリンの地図と何が違うのでしょうか。そして、どのネット地図も、なぜゼンリンの地図データを採用するのでしょうか。

「基図や地形図は自治体によって更新頻度が異なり、数年間更新されない場合もあります。しかし、ネットやカーナビの地図だと即日反映が求められます。そこで、全国67拠点の調査部隊が日々歩いて収集する情報や官報、広報、新聞等をくまなく確認することで、管轄エリア内の経年変化情報を収集しています。建物や道路の情報はすぐに反映すべく、日々データベースで管理しています」と話すのは、約10年間調査に携わっていた藏田知美さん。ゼンリンの地図は、建物の細かい形状から、道路は車道と歩道の境界線や中央分離帯まで描かれますが、こうした情報はどのように取得するのでしょうか。「人の流れが変わるような重要な建物や道路は、できあがったタイミングで現地に行って確認し、建物の名称と形、住所、フロア数、テナント情報を収集しに行きます。形状は、事前に施工主や道路管理者から図面をもらうか、シンプルなものであれば目視で、位置関係をもとに調査し、原稿を作成する図面を起こしていくこともあります」。建物や道路ごとに、必要な図面をもつ機関や会社は異なります。関係各所との連絡を密にし、こうした情報網を整えるというのも、大量の調査員を抱えていてこそできることでしょう。図面がない場合、図面と異なる場合も関係機関に取材をすることで詳細な情報を取得することができます。こうしたことができるのも人力ならではです。

地図づくりのすべてが人力かというとそうではありません。「道路の車線等の情報は、高精度計測の車両で読み取ります。道路管理者から提供いただいた図面や取材・現地確認結果を元に整備したものと答え合わせをするため、実際にできた道路の確認をします。道路や建物の状況は臨機応変に変化することがあるため、実際に現地で測らないと正確な情報は読み取れません」。たしかに道路は目視で確認するより、走りながら計測したほうが効率が良いでしょう。最後に気になるのは、ネット地図で、縮尺を引いて広範囲を見る際に、駅や建物、通り名は主要なものだけが表示され、拡大するにつれて、より多くの情報が出てくる点です。これは、データの表示優先順位をつけないとできないことです。「世間の注目度や、目印になりやすい建物、道路は優先度を上げています。あとは、住宅や工場よりも、広く多くの人を集める施設（商業施設、公共施設等）の優先度を上げる等しています」。

データの管理はデジタルながら、情報の取得や選定はアナログな部分が多々あります。一見地道でアナログな情報戦が、デジタルの最前線で採用されている、という点は非常に興味深いところです。

高度成長で普及した昭和の都市地図 ―昭文社の地図づくり―

もう1社、大手地図会社といえば昭文社です。本書でも、同社の都市地図を多く紹介しています。ゼンリンが膨大な地理情報の調査とデータ展開に強みをもつ一方で、昭文社は地理情報の編集と出版を得意とし、同じ地図会社でも強みが異なります。昭文社は「まっぷる」「ことりっぷ」をはじめとした旅行ガイドも有名ですが、地図もデザインを含めて「どう見せるか」の工夫を重ねてきました。

左の地図は、少々前の昭文社都市地図シリーズです。1960年台から90年台までの変化ですが、この頃何があったのでしょうか。昭文社広報担当の竹内渉さんによると「都市地図を作りはじめたのは1960年台でした。それからエリアを拡大し、都市化の進展やニュータウン開発にあわせて地図のカバー領域を拡げ、1980年台には現在の形がすべて出揃いました」とのことです。家族で代々同じ地域に住んでいれば、土地勘は家族間、友人間で継承されますが、高度成長によって、縁のない新天地への進学、就職、新生活をはじめる人が激増しました。現在のようにネットやアプリの地図がない時代、多くの人が「引っ越すとまず地図を買う」ことは自然な流れでもありました。

左の地図を見ると、1969年の地図では、多くの建物が●（指示点）で描かれていますが、1981年の地図では、灰色で建物の形状が描かれます。また、1992年の地図では、駅の形状がより正確に描かれるようになります。このとき公園（緑）や駅（赤）は着色され、目立つようになっているのも特徴的です。

高度成長期を支えた都市地図

1:10,000　0　50　100　150 m

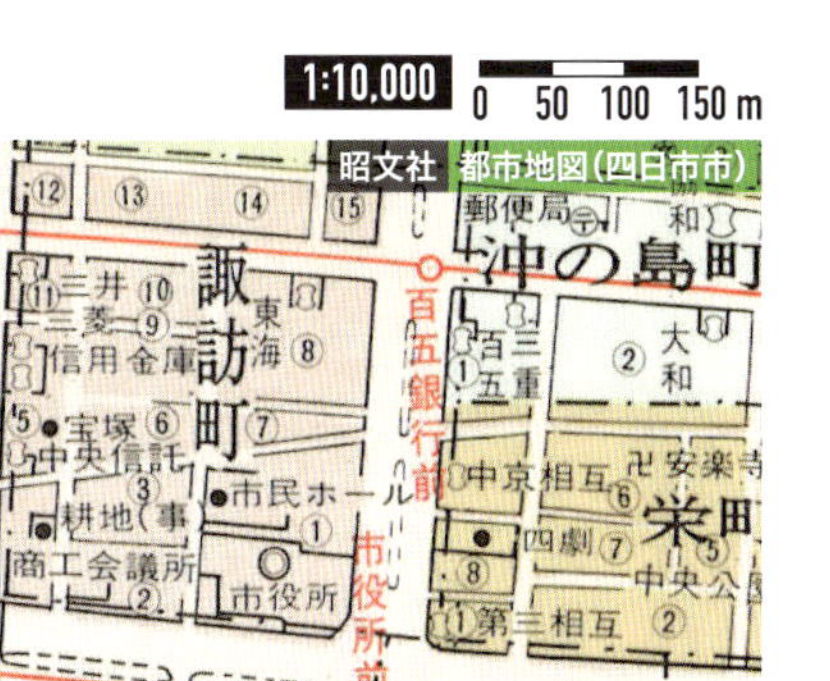

※筆者により縮小

建物の形が描かれる

1:10,000　0　50　100　150 m

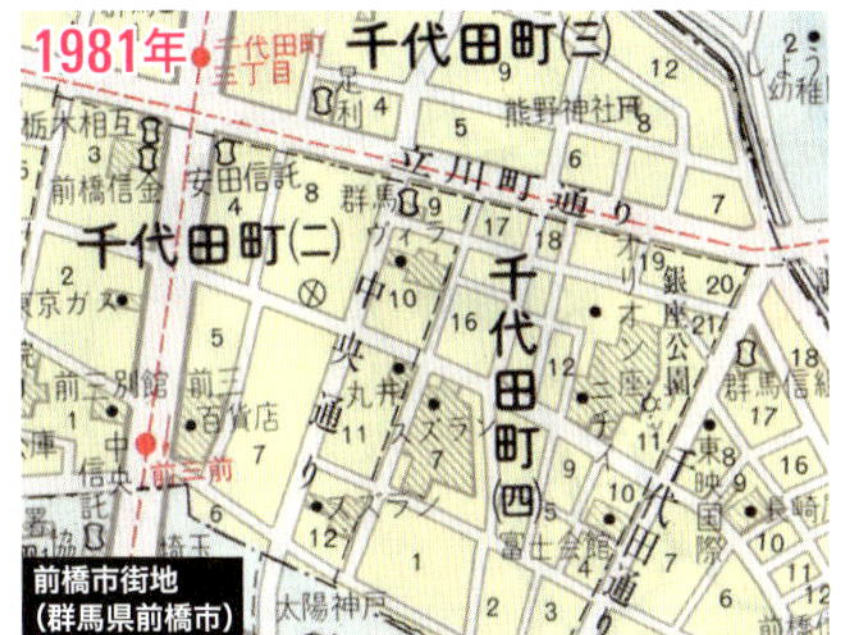

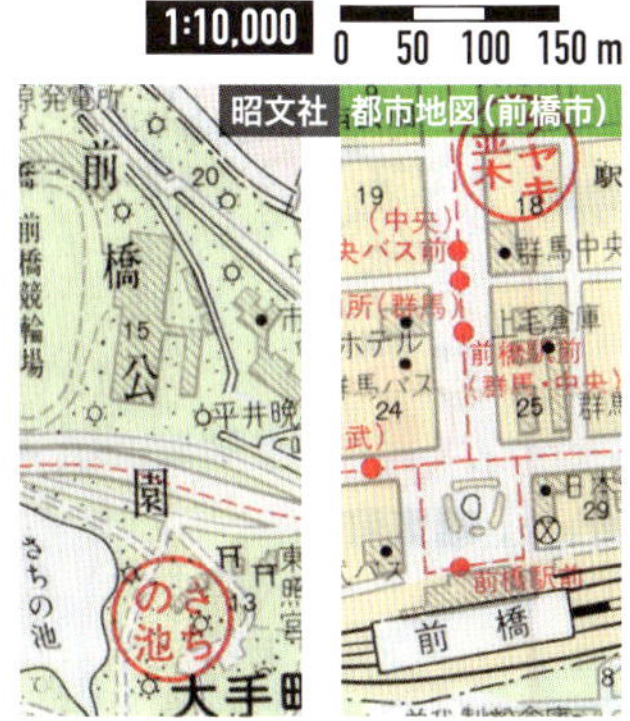

駅と公園が明瞭に描かれる

1:10,000　0　50　100　150 m

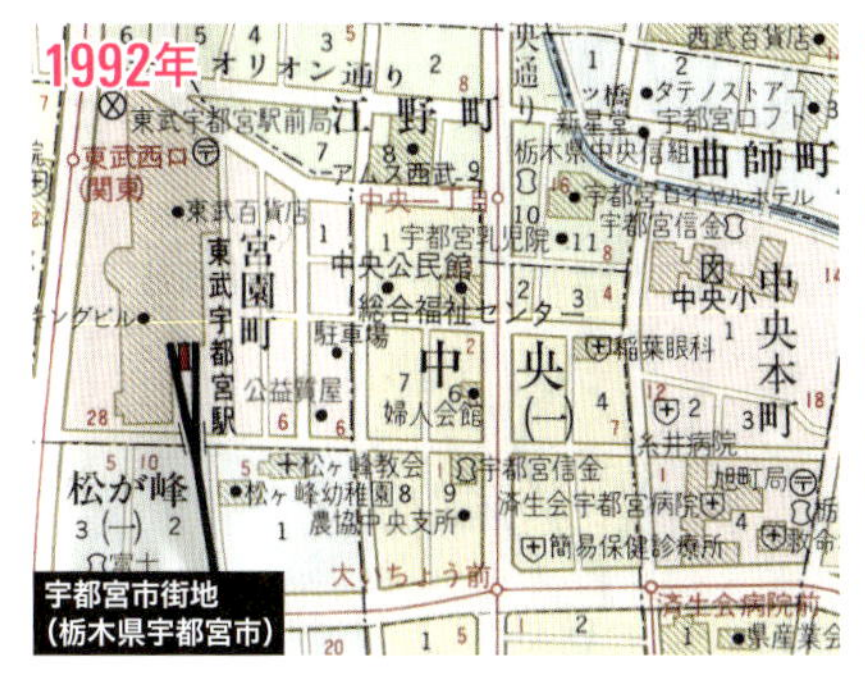

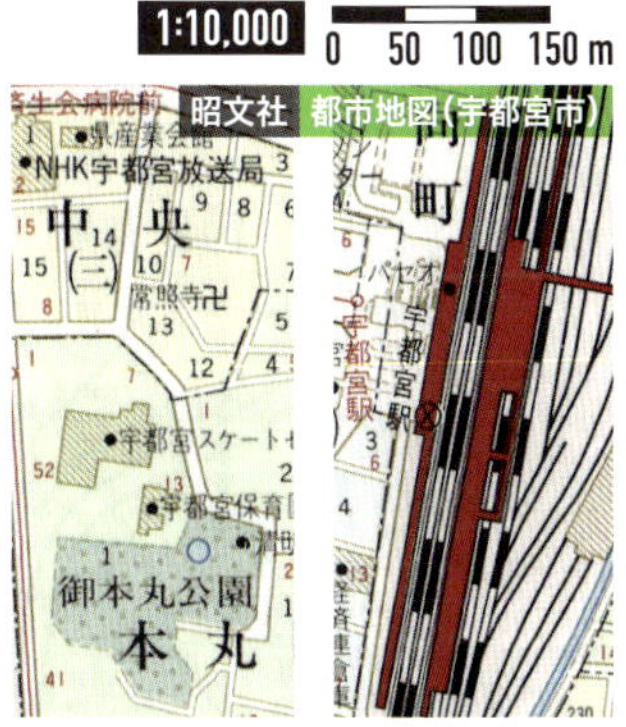

都市地図が進化を遂げるのは、90年台から2000年台

前ページで紹介した都市地図の20年少々の変化は、言われないと気づかないほど微細だったかもしれません。何が変わったのか、左の表にまとめてみました。1990年前後まではたしかに少々の変化でしたが、1990年台後半から、入る情報が大幅に増えます。1990年前後までの地図でも十分多くの情報が載り、着色がなされていましたが、そこからさらに情報や色は増えていきます。建物ごとの用途（商業施設、公共施設、住宅等）が色分けされ、チェーン店のアイコンが記載され、信号機や交差点名、交通規制（一方通行、右折禁止等）といった情報も付加されます。この大きな変化のきっかけが2つあります。

1つは、DTPの導入です。DTPとは、デスクトップ・パブリッシングの略で、直訳すると卓上出版ですが、それ以前は出版、印刷は卓上ではできなかったのです。印刷するための製版の工程では、そのための材料や技師を要しました。印刷も同様に、大きな設備を要します。文字や色を重ねることも容易ではなく、制約がありましたが、DTPはパソコン1台で印刷データを作ることを叶え、同時に文字や色の自由な組み合わせを可能にしました。筆者が1人で空想地図を作ることができたのもDTPの恩恵によるものです。もう1つは、コンビニ等のチェーン店が増え、その存在感が増してきたことです。昭文社のポリシーは、目印となる建物やランドマークを強調し「都市景観」を再現し、それが感じられる地図を作ることです。こうした地図デザインの改良は次のページで紹介します。

昭文社都市地図シリーズの表現の推移

建物・ポイント	1970年前後	1980年前後	1990年前後	1990年代後半	2000年代後半
官公庁・銀行	○ マーク+官庁・銀行名	○ マーク+官庁・銀行名	○ マーク+官庁・銀行名	○ マーク+官庁・銀行名	○ マーク+官庁・銀行名
大型の建物	△ 指示点+建物名で表示	○ 建物の形状+建物名で表示	○ 建物の形状+建物名で表示	○ 建物の形状+建物名で表示	○ 建物の形状+建物名で表示
建物用途の色分け	× 色分けせず	× 色分けせず	× 色分けせず	△ 2種類に色分け ※付録立体地図は4色	○ 6種類に色分け
チェーン店	× 記載せず	× 記載せず	× 記載せず	△ ガソスタのみアイコン	○ FF・CVS・GSアイコン

交通（道路・鉄道）	1970年前後	1980年前後	1990年前後	1990年代後半	2000年代後半
道路種別（国道、県道等）	× 色分けせず	× 色分けせず	× 色分けせず	○ 色分けあり	○ 色分けあり
バス路線	○ バス路線+バス停名	○ バス路線+バス停名	○ バス路線+バス停名	○ バス路線+バス停名	○ バス路線+バス停名
道路名・通り名	△ 大きな幹線道路のみ	○ 大きな幹線道路のみ	○ 大きな幹線道路のみ	○ 大きな幹線道路のみ	○ 大きな幹線道路のみ
交差点名	× 記載せず	× 記載せず	× 記載せず	○ 記載あり	○ 記載あり
交通規制（一方通行等）	× 記載せず	× 記載せず	× 記載せず	○ 記載あり	○ 記載あり
駅や線路の形状	△ 線路は一本線 駅名は囲み	△ 線路は一本線 駅名は囲み	○ 線路と駅は形状を描く	○ 線路と駅は形状を描く	○ 線路と駅は形状を描く

住所（町名・番地）	1970年前後	1980年前後	1990年前後	1990年代後半	2000年代後半
市町村・町名	○ 太めの字で記載	○ 細めの字で記載	○ 細めの字で記載	○ 細めの字で記載	○ 太めの字で記載
番地・地番	○ 記載あり	○ 記載あり	○ 記載あり	○ 記載あり	○ 記載あり
町名別色分け	○ 薄い色で色分け	○ 薄い色で色分け	○ 薄い色で色分け	○ 薄い色で色分け	○ 薄い色で色分け

地形・土地利用	1970年前後	1980年前後	1990年前後	1990年代後半	2000年代後半
緑地・公園	△ 記載するが色分けせず	△ 記載するが色分けせず	○ 記載+緑色背景	○ 記載+緑色背景	○ 記載+緑色背景
市街地・密集地	× 色分けせず	× 色分けせず	× 色分けせず	○ 桃色背景で色分け	× 色分けせず
水系（海・河川・湖沼）	○ 薄い水色で塗色	○ 水色で塗色	○ 水色で塗色	○ 水色で塗色	○ 水色で塗色
地形、標高の表現	○ 等高線+高い所は濃色	△ 等高線のみ	△ 等高線のみ	△ 等高線のみ	○ 等高線+地形の陰影

都市地図の変化をもたらしたのは、DTPと「都市景観」

それでは、1990年台から2000年台までの都市地図の変化を見てみましょう。237ページとは異なり、同じ都市の同じ部分を切り出したものです。一瞬まったく違う地図かと思うほど、見た目の変化がありますが、同じ昭文社の都市地図シリーズです。

1992年の地図は、237ページの昭和の都市地図を継承した様相ですが、1997年の地図では一気に色合いがカラフルになります。これはDTP導入以降かと思いきや、DTP導入前夜のことです。使う色は増え、信号機や交差点名が入りますが、製版の限界に挑んでの工夫でした。2005年の地図はDTP導入以降のものですが、さらに色は増えています。1997年の西鹿児島駅前は郵便局や交番のマークが目立ちますが、2005年の鹿児島中央駅前（2004年に改称）はアミュプラザ（駅ビル）、ダイエーと、ローソンのマークが見えます。3店とも1997年当時はなく、地図デザインの変化というより現地の変化ですが、特にこうした施設が強調して描かれるようになりました。

さきほど「都市景観」の話をしましたが、昭文社竹内さんは「2000年台に入ってから都市景観が大きく変わった」と話します。「街のランドマークが激変しました。銀行は重厚な建物で、目印になっていましたが、再編が始まって毎年看板をかけ替えたり、移転したりしました。一方、お金はコンビニ、ATMでも下ろせるようになり、特にコンビニは、看板の視認性や利便性、重要性が高く重要な存在になりました」。それに合わせて地図のデザインも変化した、という訳です。

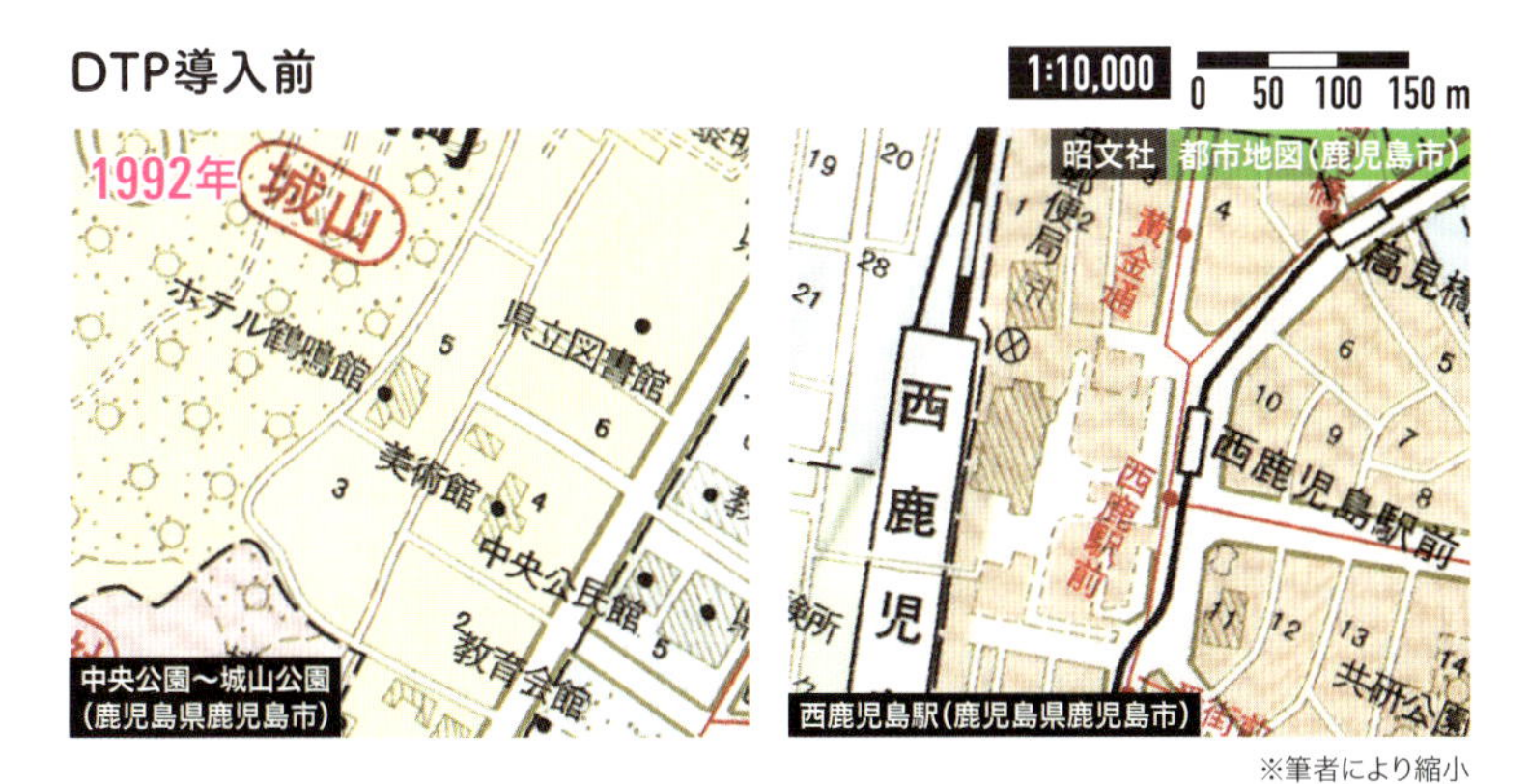

DTP導入前夜

1:10,000

0 50 100 150 m

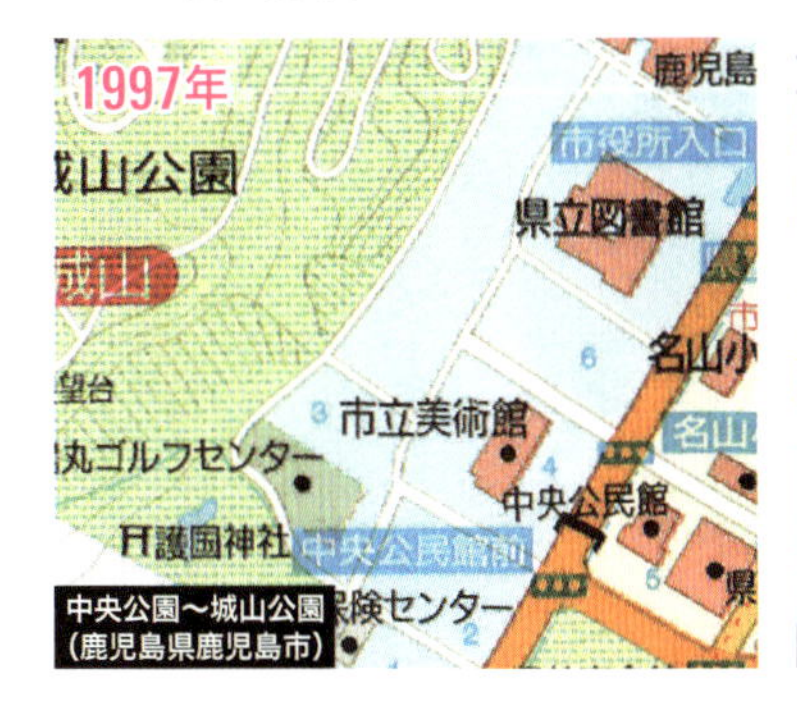

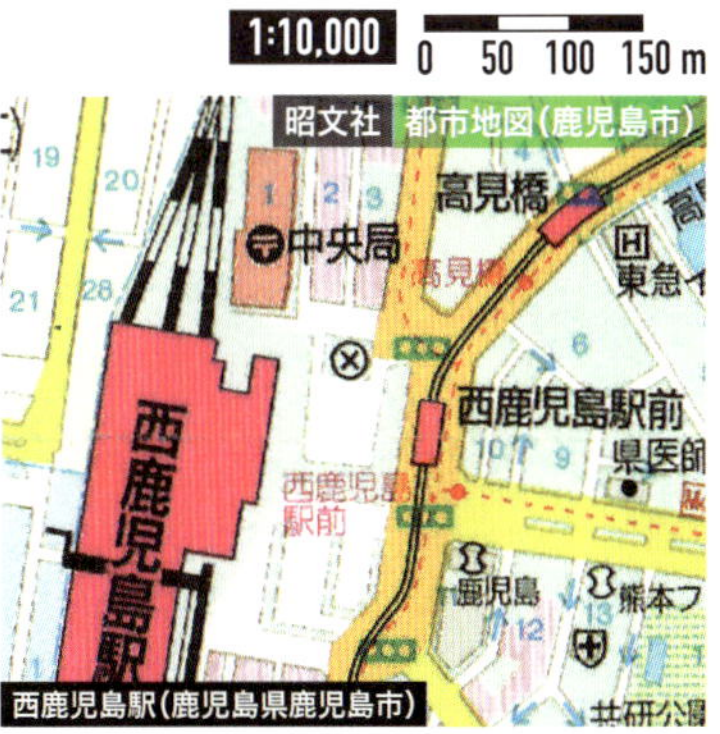

※筆者により縮小

DTP導入以降

1:10,000

0 50 100 150 m

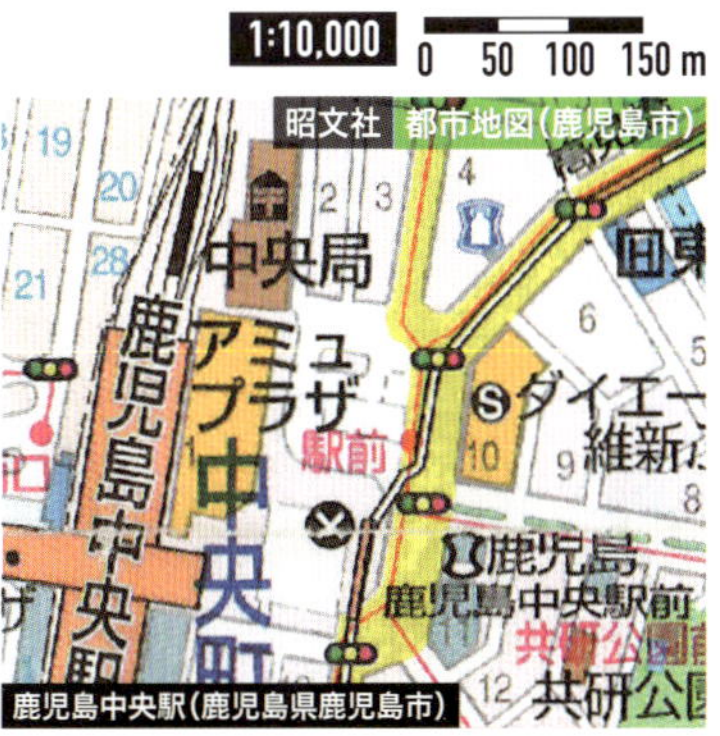

※筆者により縮小

「デジタル立体マップ」にはじまる怒涛の試行錯誤

ここまで紹介した昭文社都市地図シリーズは、主に市町村ごとに作られる大判の地図ですが（小さな市町村の場合、複数の市町村でまとめることもある）、県庁所在地等の主要都市は、さらに拡大地図も入っています。この付録の拡大地図が、DTP導入前後で劇的な試行錯誤を経ています。

1992年当時は、前ページの都市地図同様、最低限の着色に限られていました。ところが1997年の地図で激変し「デジタル立体マップ」になりました。読んで字のごとく、デジタルで立体的な地図の登場です。前ページの1997年の地図はDTP導入前夜でした。この拡大図はDTPを導入して作られています。左の（県）歴史資料センター黎明館等は、建物が立体的に描かれ、隣接する山の形も立体的に描かれています。右の本港新町の地図は、1992年時点では港湾施設や道路がなかったため、地図上の変化以上に現地の変化が大きいのですが、1997年の地図では、フェリーターミナルの建物の他、大小の船舶のイラストが描かれ、どの場所にどこ行のフェリーが出るかが描かれています。しかし2005年になるとデザインはフラットになり、イラストも消えてしまいます。

前ページの地図では、ちょうどチェーン店のアイコンが入った時期ですが、「この頃は入れる情報が増えたこと、建物を立体で描いたことで隠れる場所が出てくる等の問題があり、その解消のため、シンプルなデザインにしました」と昭文社竹内さん。わずか10年の間の試行錯誤ですが、目を見張るものがあります。

DTP導入前

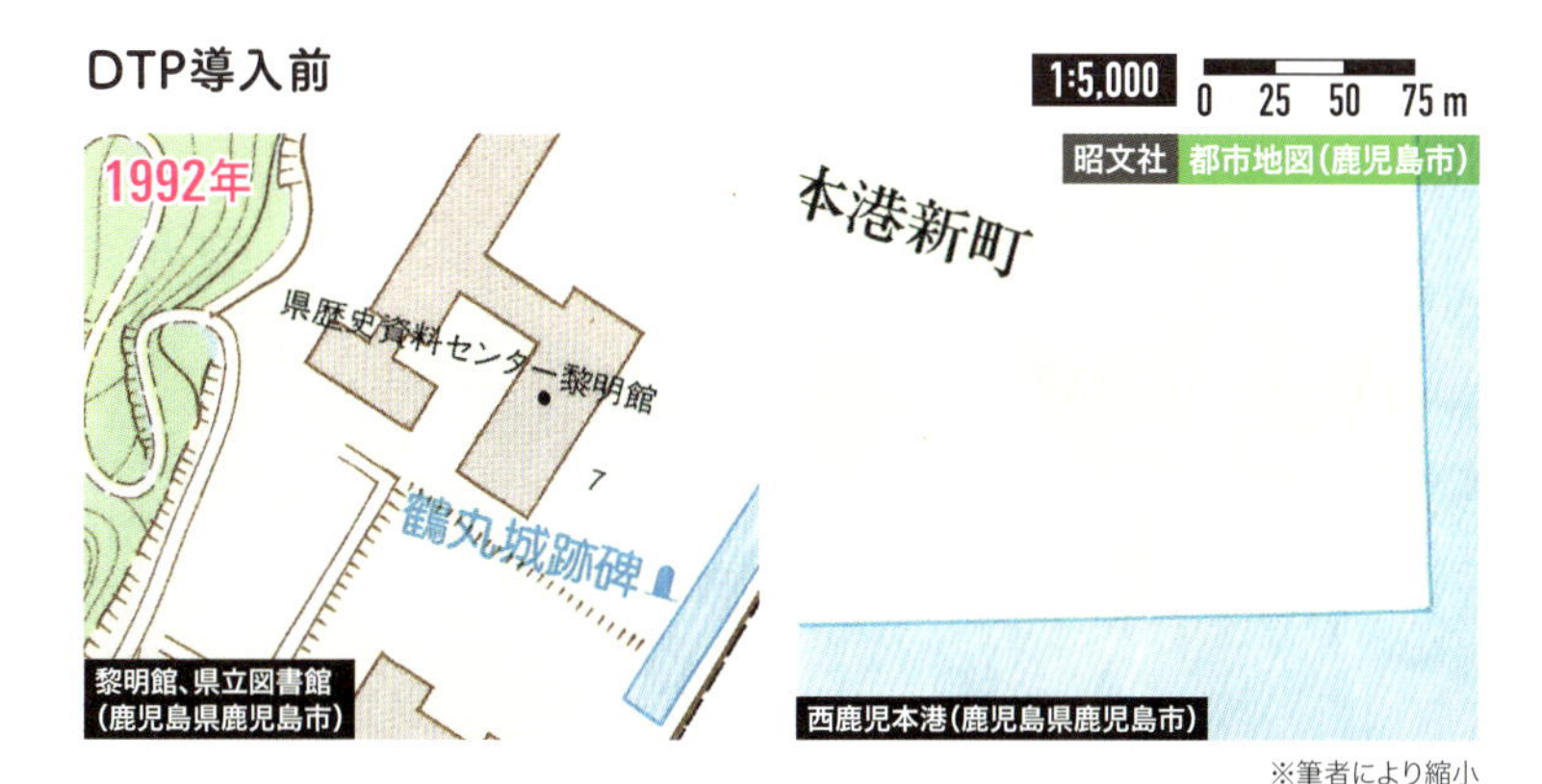

※筆者により縮小

DTP導入前夜

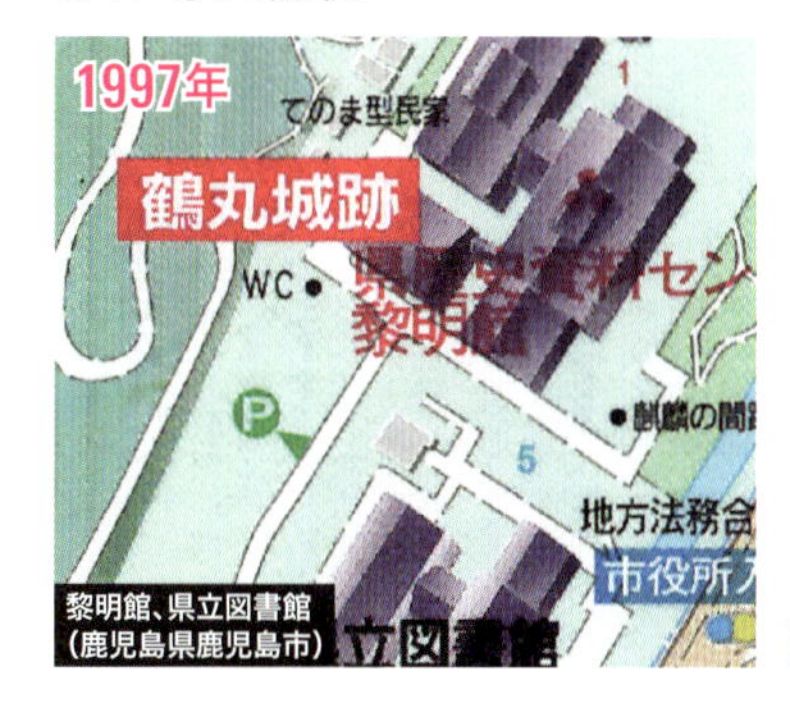

※筆者により縮小

DTP導入以降

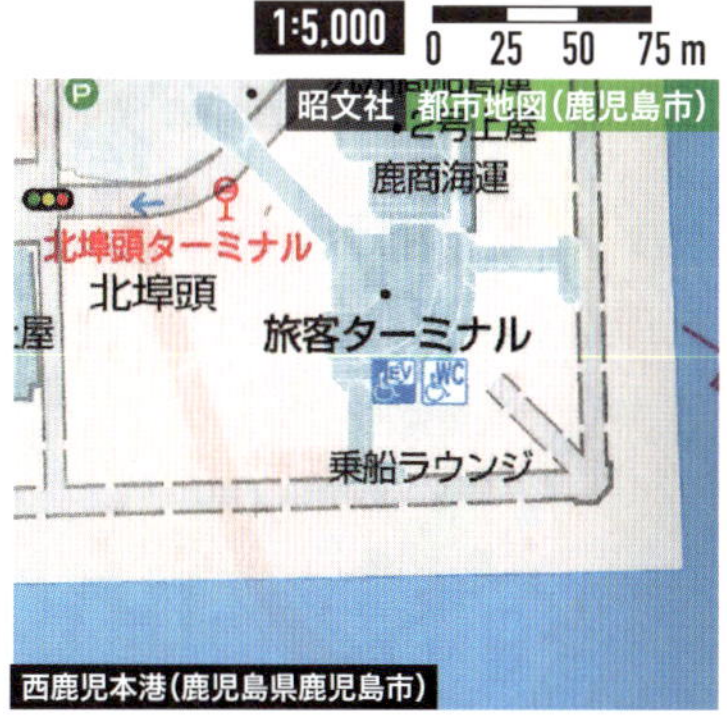

※筆者により縮小

選び方がある？　昭文社の冊子地図

昭文社の地図の多くは冊子になっていますが、その種類は多岐にわたります。1万分の1前後の詳しい縮尺のものは「都市地図」、10万分の1前後の広域の縮尺のものは「道路地図」と言われますが、冊子の地図は、都市地図中心のもの、道路地図中心のもの、両者を含むものがあります。

都市地図中心のものでは、北海道を除く全都道府県をカバーする「県別マップル」と、主に政令指定都市とその周辺をカバーする「街の達人便利情報地図」（以下、街の達人）があります。この2つを見比べると、県別マップルのほうがシンプルで文字情報は見やすいですが、街の達人はより多くのチェーン店のアイコンを掲載し、その混み合う様が、街の賑わいを想起させます。

「スーパーマップル」は、北海道、東北、関東等、地方別で1冊にまとめたもので、都市中心部のみ詳しい縮尺の都市地図、それ以外の地域は広域の道路地図でカバーしています。3万分の1の地図は細かい道路も描かれますが、6万分の1だと道路が一部間引かれます。12万分の1、20万分の1になると主要道路だけが描かれますが、これが長距離移動や全体感を把握する「道路地図」です。たとえば熊本県だと、スーパーマップルは山間部を中心に半分以上が20万分の1ですが、県別マップルだと6万分の1で全域をカバーしています。「ローカル路線バス乗り継ぎの旅」で、太川陽介さんが毎回持っていたのは、どんな田舎でもバス停や施設のきめ細やかな情報を載せた県別マップルでした。地図を買う際には、こうした縮尺やデザインの違いを吟味して選びましょう。

都市地図の比較

1:10,000
0 50 100 150 m

なんば市街地（大阪市浪速区）

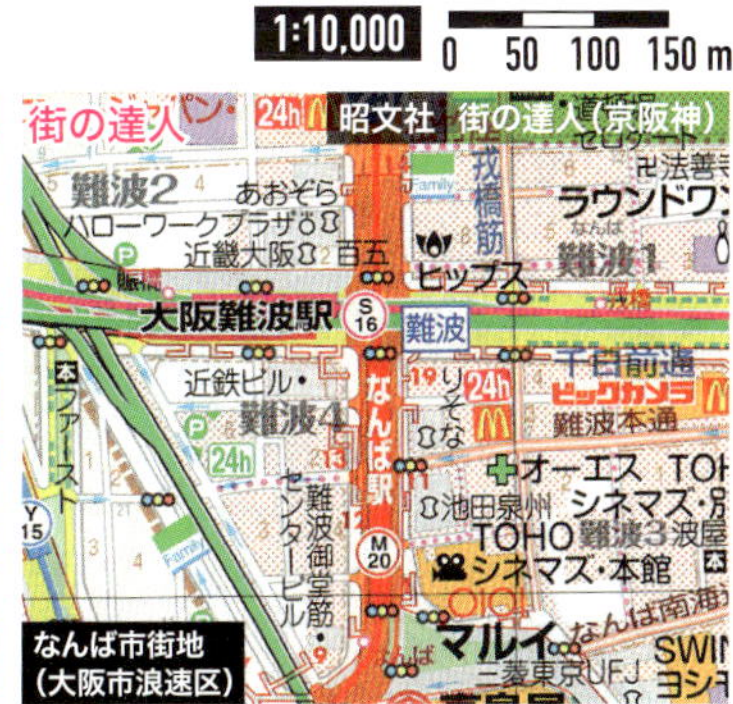

なんば市街地（大阪市浪速区）

さまざまな縮尺のスーパーマップル

昭文社 スーパーマップル（九州）

1:30,000
0 100 200 300 400 500m

武蔵ヶ丘周辺（熊本県合志市・菊陽町）

1:60,000
0 0.2 0.4 0.6 0.8 1km

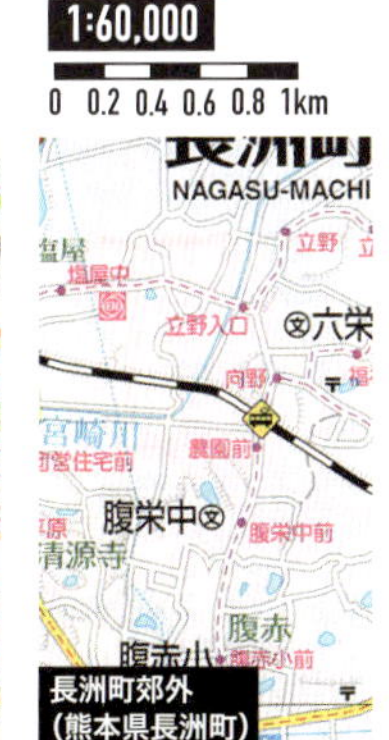

長洲町郊外（熊本県長洲町）

1:120,000
0 0.5 1 1.5 2km

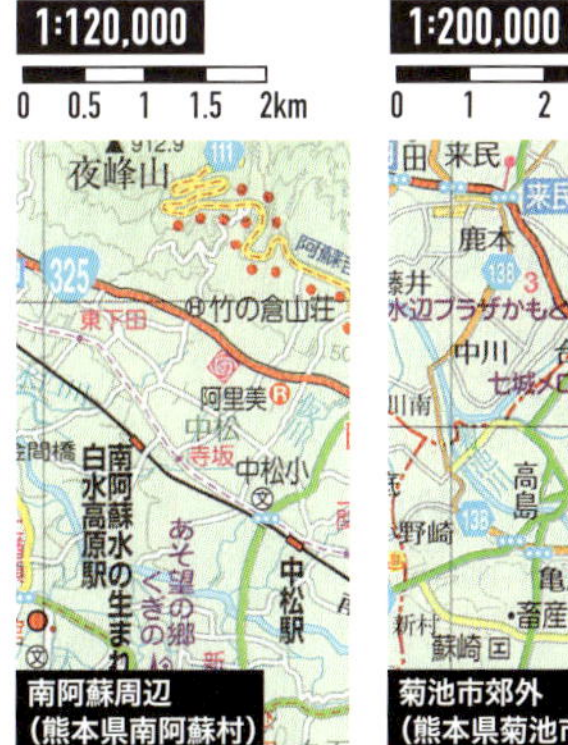

南阿蘇周辺（熊本県南阿蘇村）

1:200,000
0 1 2 3km

菊池市郊外（熊本県菊池市）

縮尺ごとのカバー範囲の違い

1:3,000,000
0 10 20 30 40 50km

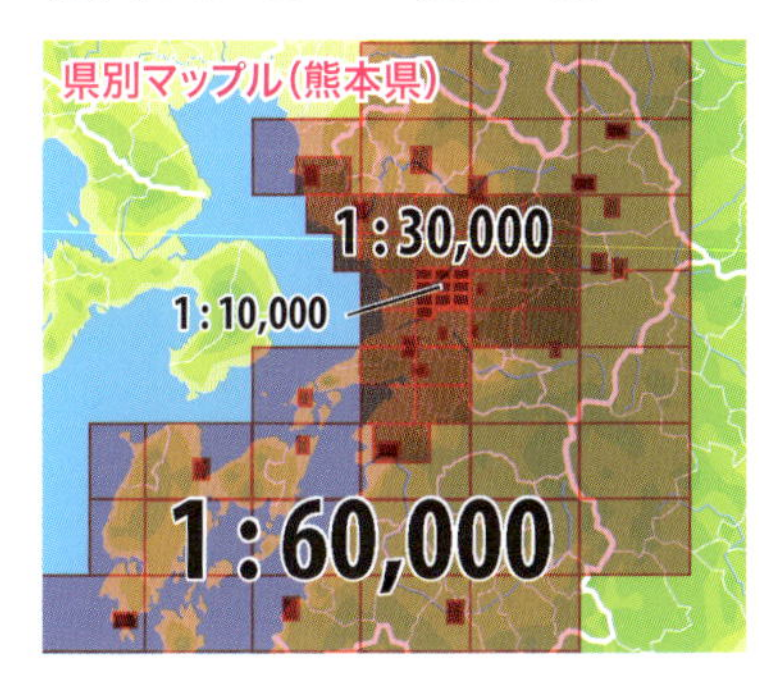

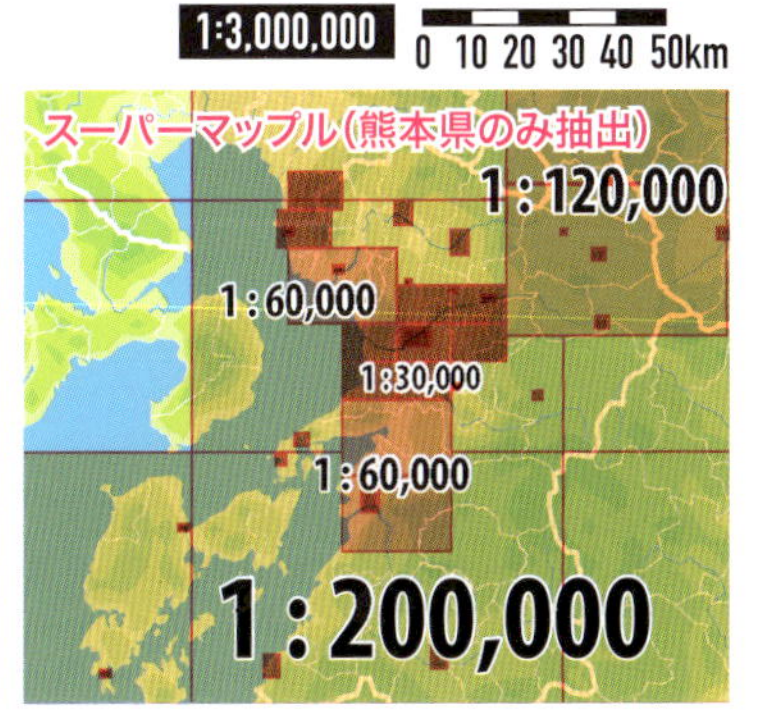

表現手段としての地図──文章や映像等と比べると?──

地図は世間を描写する1つの方法ですが、世間を描写する方法と言えば、文章、写真、映像、絵画等さまざまな方法があります。文章は公文書や契約書といった公的な記録から、小説や詩といった表現や作品まで、写真も証明写真や証拠写真から、写真家が撮る写真作品まで、幅広く使われます。つまり、公的な記録方法である一方、芸術の表現方法でもあるのです。地図も世間を描写する方法の1つで、公的、実用的な記録方法ではありますが、表現方法としてはほとんど開拓されていません。筆者の空想地図はその一歩でもありますが、私自身、地図は文章や絵画と同様、実用的な記録にも表現にも使えるものだと思っています。

さて、地図という表現手段の特徴は何でしょうか。特異的なのは、描く範囲を決めると、その範囲内は網羅的に、そして均等、対等に描かなければならない、ということです。小説や映像等は、描く対象やシーンにフォーカスし、部分的にズームイン、ズームアウトが可能です。たとえば「世の無常」を描くのに象徴的な場所や人物、シーンを切り取り、ストーリー上重要な主人公と、それよりは重要性の低い脇役、通行人を描き分けます。そして、それ以外のほとんどの場所は登場しません。「東京物語」と言っても、出てくるシーンは東京のごくわずかです。それに比べて地図は、描く範囲を決めると同じ縮尺、同じルールで、万遍なく描くことになります。

小説や映像のように、描き手がシーンや描き方の取捨選択ができると、見るべきポイントが明確になり、緩急がつくことで鑑賞しやすくなります。また、構図の切り取り方や、シーンの動かし方等、

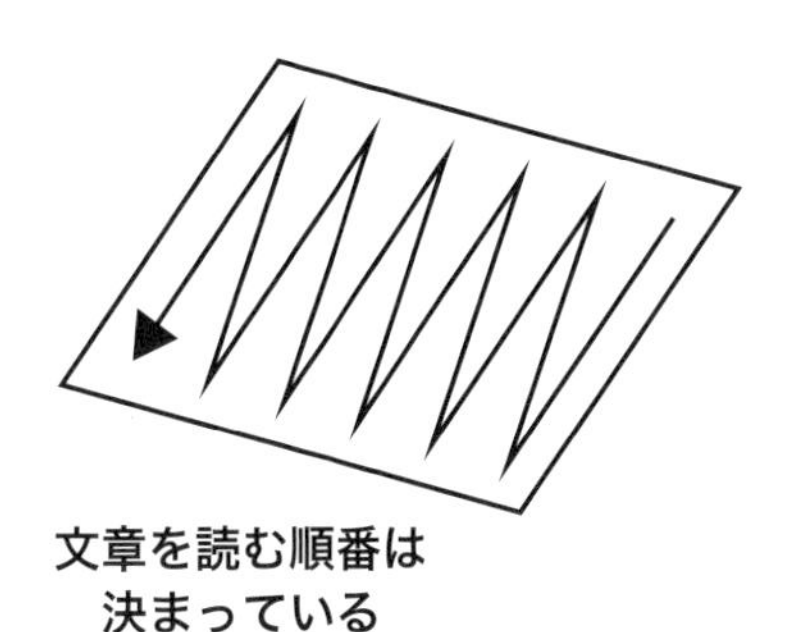
文章を読む順番は
決まっている

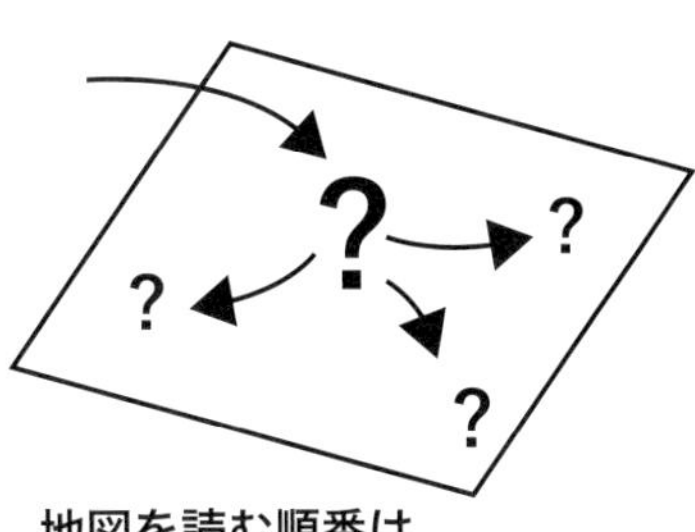
?
?
?
?
地図を読む順番は
決まっていない

描き方そのものの技巧を味わうこともできます。映像はまさに、その技巧こそが問われるところでしょう。地図はその点、引きの構図で固定され、見るべきポイントを指示できない表現手段です。しかし、地名や地形等、風景や日常生活を読み解く鍵を万遍なく埋め込むことができ、引いた構図でありながら、細かい表現も可能です。構図を固定せず、全体を表すことによって、鑑賞者が自由に構図を設定し、物語を作ることも可能です。ただ、読み込みの自由度が高すぎるがゆえに、玄人には味わい深いものの、初心者からすると鑑賞しにくいものになります。

鑑賞しにくい最大の理由は「どこから見れば良いか分からない」点にあります。鑑賞順序もなければ緩急もなく、膨大な全体像があるだけで、どこから見て、どこに注目すれば良いか分からない……。そこで迷子になるのです。知らない地域の情報を得るのに、文章や映像を頼りにする人は多い一方で、地図を頼りにする人が少数派なのは、そういった背景があるからでしょう。本書でお届けしたかったのは、そんな地図の「鑑賞法」でした。

おわりに

本書では、あらゆる場所の地図を幅広く紹介しながら、地図から都市を読む新感覚「地図感覚」を紐解いてまいりました。地図の本でありながら、地形や歴史、地図記号、名所旧跡の解説も出てこなければ、学校の地理で習うような事柄もほとんど出てきません。なぜかというと、こうしたアプローチも重要でおもしろいのですが、今やグラフィカルな地形や歴史の趣味本から、大学や予備校の先生の分かりやすい地理解説本まで充実しており、私があえて書くまでもないからです。

一方、近年では、防災等の問題解決やマーケティングの目的で、地図や統計等、あらゆる地理情報を重ねて処理できる地理情報システム（ＧＩＳ）が使われることもありますが、操作は少々難しく、利用はほぼプロに限られています。また、ドローンやＧＰＳ等、地理情報に関する新たな機器の活用に明るい人もいれば、各種ＩＴ技術の試行錯誤、プログラミングを得意とする人もいます。こうした人々によって、新たな地理情報の活用の形が日々試行錯誤されています。

地形や歴史、学校地理といったオーソドックスな地理（およびそこで使われる地図）と、ＩＴの先端で模索される地理（およびそこで使われる地図）。これらは地図、地理への新旧二大アプローチとも言えそうです。しかし私自身は「地理人」を名乗っておきながら、そのどちらの畑にもおらず、一体自らが地図、地理の何を好み、何を感じ、どう役立てているか、立ち位置を見失うこともありました。

立脚点を探し求める中で、ふと自分の持っている「地図のグラフィカルな模様や情報に対する興味」と、「人々が生きる現代社会の日常に対する興味」をうまく重ねることはできないだろうか、と思い当たりました。これは私が多くの人と多くの話を交わし、全国の各都市・地方を訪れることができたことが大きく影響しています。そしてそこで見出せたのが「地図感覚」だったのです。それゆえ本書で紹介する新たな切り口で、これまで地図・地理に関心がなかった人にも興味深く読んでもらえるだろう、と思っています。

乳幼児が新たな言葉を覚える際は、新たに覚えた言葉を何度も繰り返して、言い表したい対象と言語表現を重ね合わせることを試みます。地図感覚も、地図上のビジュアルと実際の風景や雰囲気、人々の生きる様子をいくつも重ね合わせてこそ、ついてくる感覚です。

本来は本書で例示する地域を、読者のみなさんの身近な場所で示したいところでしたが、全国のあらゆる人が本書を手に取ることを考えると、地域を限定できませんでした。そのため、取り上げる場所は、全国各地に散らばることとなり、たまになじみのある場所が出てきても、ほとんどの場所はなじみがないかもしれません。ぜひ、例示した場所と似ている、あなたの身近なところを探していただき、実際の場所の印象と地図上の見た目をつないで、地図感覚を身につけていただければと思います。

今やネット地図の普及で、地図を見る機会は増えましたが、逆に「地図が読めない人が増えている」という声も聞きます。目的地や経路が検索できるようになり、便利になった一方で、現在位置と検索結果を地図上で追うことに追われ、スマートフォンの画面が小さいこともあって、全体感を見る機会は減っていると思います。

紙地図世代の人々の中には、地図上を右往左往しながら現在地や経路を探し、おのずと地図感覚を身につけた人もいます。ネット地図の普及は利便性が向上した反面、特に地図好きでない限りは自然と「地図感覚」を身につけることは難しくなっています。私自身、ネット地図の発展は積極的に肯定しつつも、こうした「地図感覚」を言語化し、身につけるアプローチを紹介したい、また地図感覚を育む都市地図の発展も紹介したい、という思いで本書を執筆しています。

地図感覚を身につけると方向音痴は治るのか……そんな期待をする人もいるでしょう。結論から言うと、なかなか簡単には治りません。私は方向感覚があるほうですが、自然とどちらが北かを意識することが多く、地図さえあれば迷うこともありません。しかし人の顔を記憶するのがとても苦手で、何度か会った人でも、髪を切ったり持ち物が変わったりすると分からなくなります。最近はFacebookで、その人の時期とコンディションが異なる複数の顔写真を、会う前に確認することができるため、症状は若干改善されました。結局のところ、普通の人と同様とまではいかなくとも、少し手がかりが増えると、ミスが減るのです。方向音痴も、絶えず何度も地図上の実際の風景、距離感の違いを重ね、地図感覚をつけることで、少々は改善されるはずです。

最後に本書を書き進める手が止まり、どうにもならない窮地を打開する大きな一手を打ってくれた岡村麻美さん、地図感覚をお持ちで都市にも詳しく、的確なご意見を述べていただいた辻寛さん、中峰宏恵さん、そして本書の内容の趣旨を咀嚼していただき、内容や構成、見せ方についてアドバイスをいただいた平湯あつしさん、地図提供でご尽力いただいた昭文社の竹内渉さん、ゼンリンの小松みかさんには、本書刊行に大きく貢献いただき、この場を借りて深く御礼申し上げます。

今和泉隆行

◉ 都市地図(149、159、237、241、243p):「仙台市」(1979年、2018年)、「宇都宮市」(1992年)、「前橋市」(1981年)、「名古屋市」(1967年)、「四日市市」(1969年)、「鹿児島市」(1992年、1997年、2005年)

◉ スーパー都市地図(149p):「スーパー都市地図 仙台市」(1999年)

ゼンリン(27、35p) ZENRIN

◉ 「ゼンリン住宅地図 川崎市麻生区」

Google(25、27、31、77p)

◉ Google マップ　https://www.google.com/maps/

ヤフー・ゼンリン(27、33、47、49、51、53、55、57、69、77、79、81、137、139、141、143、145p)

◉ Yahoo!地図　https://map.yahoo.co.jp/

マピオン・ゼンリン(27、33p)

◉ 地図 Mapion(マピオン)https://www.mapion.co.jp/

ゼンリンデータコム・ゼンリン(59、61p) いつもNAVI

◉ いつもNAVI　https://www.mapion.co.jp/

【写真・図版提供】

◉ (53p)株式会社　三越伊勢丹

◉ (67p)西日本新聞社『九州データブック　2012』掲載

◉ (111p)しながわWEB写真館(品川区)提供

◉ (203p)野内隆裕

【出典一覧】

国土地理院

この地図は、国土地理院長の承認を得て、同院発行の2万5千分1地形図、1万分1地形図、空中写真、電子地形図20万及び電子地形図(タイル)を複製したものである。(承認番号平30情複、第896号)

- ◉ 1万分の1地形図:「池袋」(1988年)、「世田谷」(1988年)
- ◉ 旧1万分の1地形図:「王子」(1916年、1929年、1955年)、「經堂」(1929年)、「経堂」(1955年)
- ◉ 2万分の1迅速図・仮製図:「京都」(1889年)、「伏見」(1889年)
- ◉ 2万分の1正式図:「金澤」(1909年)、「濱松」(1890年)、「岡山」(1895年)、「御野村」(1895年)
- ◉ 2万5千分の1地形図:「金沢」(1977年、2015年)、「粟崎」(1977年、2015年)
- ◉ 電子地形図(タイル)
- ◉ 電子地形図20万:「東京」、「千葉」、「新潟」、「長岡」、「静岡」、「長崎」、「熊本」
- ◉ 空中写真:CKT20092(2009年)、CKT20104(2010年)、CKT20175(2017年)

この地図の作成に当たっては、国土地理院長の承認を得て、同院発行の数値地図(国土基本情報)電子国土基本図(地図情報)及び数値地図(国土基本情報20万)を使用した。(承認番号平30情使、第939号)

- ◉ 数値地図:「弘前」、「盛岡」、「船橋」、「習志野」、「蘇我」、「赤羽」、「東京西部」、「横浜東部」、「横浜西部」、「静岡東部」、「静岡西部」、「新潟北部」、「新潟南部」、「神戸首部」、「岡山」、「松江」、「宇和島」、「熊本」、「鹿児島北部」、「鹿児島南部」
- ◉ 数値地図(国土基本情報20万):「東京」、「水戸」

昭文社

- ◉ 街の達人(25、27、31、37、39、91、93、95、97、99、101、103、105、113、115、117、119、121、123、133、135、137、151、153、155、157、159、245p):「街の達人 埼玉 便利情報地図」(2009年)、「街の達人 全東京 便利情報地図」(2016年)、「街の達人 全神奈川 便利情報地図」(2007年)、「街の達人 千葉 便利情報地図」、(2016年)「街の達人 長野 便利情報地図」(2017年)、「街の達人 新潟 便利情報地図」(2008年)、「街の達人 京阪神 便利情報地図」(2014年)、「街の達人 広島 便利情報地図」(2006年)、「街の達人 北九州 下関 便利情報地図」(2006年)
- ◉ シティマップル(151、153、159p):「シティマップル 埼玉県道路地図」(1996年、2003年)、「シティマップル 全東京 道路地図」(2001年)、「シティマップル 神奈川県道路地図」(1993年、2003年)
- ◉ ハンディマップル(119p):「ハンディマップルでっか字福岡 北九州 詳細便利地図」(2018年)
- ◉ 県別マップル(245p):「県別マップル 大阪府道路地図」(2015年)
- ◉ スーパーマップル(159、245p):「スーパーマップル九州道路地図」(2016年)、「スーパーマップル 詳細名古屋道路地図」(2002年)

【著者について】

今和泉隆行（いまいずみ・たかゆき）

1985年生まれ、通称「地理人」。7歳の頃から空想地図（実在しない都市の地図）を描き、大学生時代に47都道府県300都市を回って全国の土地勘をつける。ゼンリンメールマガジンや日経ビジネス等で、都市や地図の読み解き方を中心に執筆中。その他、ワークショップや研修、テレビドラマの地理監修・地図製作にも携わっている。著書に『みんなの空想地図』（白水社）がある。

「地図感覚」から都市を読み解く
——新しい地図の読み方

2019年3月20日　初版
2021年7月10日　6刷

著　者　今和泉隆行

発行者　株式会社晶文社
東京都千代田区神田神保町1-11 〒101-0051
電話　03-3518-4940（代表）・4942（編集）
URL　http://www.shobunsha.co.jp

印刷・製本　ベクトル印刷株式会社

ISBN978-4-7949-7073-2　Printed in Japan